科学出版社“十三五”普通高等教育本科规划教材

安徽省“十三五”规划教材

大学数学系列教学丛书

高等数学（下册）

范益政　郑婷婷　陈华友　主编

科学出版社

北京

内 容 简 介

微积分是现代数学的基础，几乎应用于现代数学的所有分支. 本书是以丛书编委会近十几年的大学数学教学经验为基础，为适应新形势下的大学数学教育需求而编写的. 编委会成员根据多年的教学经验和体会，在教材的内容体系、观点和方法等方面进行了尝试和创新，本书为高等数学下册，主要内容包括空间解析几何、多元函数微分学、重积分、曲线积分与曲面积分、无穷级数等五章.

本书可作为地方综合性大学及普通本科学校的理工类各专业高等数学课程的教材，也可供其他有关专业学生使用.

图书在版编目（CIP）数据

高等数学.下册 / 范益政，郑婷婷，陈华友主编. —北京：科学出版社，2021. 1
(大学数学系列教学丛书)
科学出版社“十三五”普通高等教育本科规划教材 · 安徽省“十三五”规划教材
ISBN 978-7-03-065917-0

Ⅰ. ①高… Ⅱ. ①范… ②郑… ③陈… Ⅲ. ①高等数学–高等学校–教材 Ⅳ. ①O13

中国版本图书馆 CIP 数据核字（2020）第 158635 号

责任编辑：张中兴 梁 清 / 责任校对：杨聪敏
责任印制：师艳茹 / 封面设计：蓝正设计

科学出版社 出版
北京东黄城根北街 16 号
邮政编码：100717
http://www.sciencep.com

北京科信印刷有限公司印刷
科学出版社发行 各地新华书店经销
*
2021 年 1 月第 一 版 开本：720 × 1000 1/16
2025 年 1 月第八次印刷 印张：15 3/4
字数：318 000

定价：49.00 元

（如有印装质量问题，我社负责调换）

“大学数学系列教学丛书”

编委会名单

FOREWORD / 丛书序言

数学是各门学科的基础, 不仅在自然科学和技术科学中发挥重要作用, 因为"高技术本质上是一种数学技术", 而且在数量化趋势日益明显的大数据背景下, 在经济管理和人文社科等领域也发挥着不可替代的作用. 大学本科是数学知识学习、实践应用和创新能力培养的基础阶段. 如何提高数学素养和培养创新能力是当前大学数学教育所关心的核心问题.

党的二十大提出, 教育、科技、人才是全面建设社会主义现代化国家的基础性、战略性支撑. 大学数学教材建设是高等教育教学改革的重要内容, 是培养基础学科拔尖创新人才的迫切需要, 也是提升基础研究原始创新能力的重要保障. 基于此, 我们编写此套大学数学系列教学丛书. 该丛书根据使用对象的不同、教材内容的覆盖面和难易度, 分为两类: 一类是主要针对理工类学生使用的《高等数学 (上册)》《高等数学 (下册)》《线性代数》和《概率论与数理统计》, 另一类是针对经管类学生使用的《高等数学 (经管类)》《线性代数 (经管类)》和《概率论与数理统计 (经管类)》.

上述丛书所覆盖的内容早在三百多年前就已创立. 例如, 牛顿和莱布尼茨在 1670 年创立了微积分, 这是高等数学的主要内容. 凯莱在 1857 年引入矩阵概念, 佩亚诺在 1888 年定义了向量空间和线性映射, 这些都是线性代数中最基本的概念. 惠更斯在 1657 年就发表了关于概率论的论文, 塑造了概率论的雏形, 而统计理论的产生则是依赖于 18 世纪概率论所取得的进展. 当然, 经过后来的数学家的努力, 这些理论已形成严谨完善的体系, 成为现代数学的基石.

尽管如此, 能够很好领会这些理论的思想本质并不是一件容易的事! 例如, 微积分中关于极限的 ε-δ 语言、线性代数中的向量空间、概率论中的随机变量等. 这些都需要经过反复练习和不断揣摩, 方能提升数学思维, 理解其中精髓.

国内外关于大学数学方面的教材数不胜数. 针对不同高校、不同专业的学生, 这些教材各有千秋. 既然如此, 我们为什么还要继续编写这样一套系列教材呢?

我们最初的设想是要编写一套适合安徽大学理工类、经管类等学生使用的大学数学系列教材. 我校目前使用的教材由于编写时间较早、版次更新不及时, 部分例题和习题已显陈旧. 面对新形势下大学数学教育的需求以及与高中数学教育的衔接, 我们有必要在内容体系上进行调整.

在教材的编写以及与科学出版社的沟通过程中, 我们发现, 真正适合安徽大学等地方综合性大学及普通本科学校的规划教材并不多见. 安徽大学作为安徽省属唯一的双一流学科建设高校, 本科专业涉及理学、工学、文学、历史学、哲学、经济学、法学、管理学、教育学、艺术学等 10 个门类, 数学学科在全省发挥带头示范作用, 所以我们有责任编写一套大学数学系列教学从书, 尝试在全省范围内推动大学数学教学和改革工作.

本套系列教材涵盖了教育部高等学校大学数学课程教学指导委员会规定的关于高等数学、线性代数、概率论与数理统计的基本内容, 吸收了国内外优秀教材的优点, 并结合安徽大学的大学数学教学的实际情况和基本要求, 总结了诸位老师多年的教学经验, 为地方综合性大学及普通本科学校的理工类和经管类等专业学生所编写.

本套系列教材力求简洁易懂、脉络清晰. 在这套教材中, 我们把重点放在基本概念和基本定理上, 而不会去面面俱到、不厌其烦地对概念和定理进行注解、对例题充满技巧地进行演示, 使教材成为一个无所不能、大而全的产物. 我们之所以这样做是为了让学生避免因为细枝末节而未能窥见这门课程的主干和全貌, 误解了课程的本质内涵, 从而未能真正了解课程的精髓. 例如, 在线性代数中, 以矩阵这一具体对象作为全书首章内容, 并贯穿全书始末, 建立抽象内容与具体对象的联系, 让学生逐渐了解这门课程的思维方式.

另一方面, 本套系列教材突出与高中数学教学和大学各专业间的密切联系. 例如, 在高等数学中, 实现了与中学数学的衔接, 增加了反三角函数、复数等现行中学数学中弱化的知识点, 对高中学生已熟知的导数公式、导数应用等内容进行简洁处理, 以极限为出发点引入微积分, 并过渡到抽象环节和严格定义. 在每章最后一节增加应用微积分解决理工或经管领域实际问题的案例, 突出了数学建模思想, 以培养学生应用数学能力.

以上就是我们编写这套系列教材的动机和思路. 这仅是以管窥豹, 一隅之见, 或失偏颇, 还请各位专家和读者提出宝贵建议和意见, 以便在教材再版中修订和完善.

PREFACE / 前言

微积分是现代数学的基础, 几乎被应用于现代数学的所有分支, 微积分基本定理建立了微分和积分之间的联系, 而 ε-δ 语言使得微积分建立在了一个严谨的分析基础之上, 推动了 20 世纪数学的发展.《高等数学》的主要内容是一元或多元的微积分, 分为上下两册, 本书为下册.

为满足理工类专业对高等数学教学的需求, 本书在叙述内容的同时, 更注重现代数学思想的表达, 目的是帮助理工类学生掌握微积分蕴含的思想并受之启发, 给学生后期发展起到重要的帮助作用. 为体现上述想法, 本书具有以下特色.

1. 实现了分析与代数的联系. 在空间解析几何、多元函数微分学和傅里叶级数等章节, 我们引入向量空间和欧氏空间等概念, 从结构的角度分析问题. 在讨论隐函数的存在性以及曲线曲面的表示等方面, 雅可比矩阵的秩发挥着重要作用.

2. 抓住本质, 突出重点. 本书强调多元微积分的基本思想和基本方法, 立足于重积分、曲线与曲面积分的基本理论和基本技能, 把主要篇幅集中在最基本、最主要的内容上, 真正使读者掌握抽象数学概念, 领会其中的数学思想.

3. 定位准确, 满足专业需求. 本书根据理工类不同专业对数学的不同需求, 在编写时充分考虑理论与应用、经典与现代、知识与能力等内容的定位, 并在书中提出一些问题, 请读者思考或自行证明, 以此激发学习兴趣, 提升学生的自学能力.

本书的第 8 章、第 10 章和第 11 章由章飞编写, 第 9 章和第 12 章由徐鑫编写. 全书由郑婷婷和范益政统稿.

本书在编写上力求体系完整, 简明扼要, 通俗易懂. 在本书编写的过程中, 我们参阅了国内外许多教材, 在此恕不一一列出, 谨致以衷心的感谢!

限于编者水平, 书中难免有疏漏或不妥之处, 敬请读者批评指正.

编　者

2020 年 8 月

CONTENTS / 目录

Chapter 8 第8章

空间解析几何

自从笛卡儿引入坐标系, 代数方法便应用于几何问题的讨论, 例如我们在中学所学的平面解析几何. 本章将在三维空间引入坐标系, 讨论其中的几何对象, 即所谓的空间解析几何.

8.1 空间直角坐标系

一、空间直角坐标系

在三维空间某点 O 作三条相互垂直且具有相同单位长度的数轴 Ox, Oy, Oz, 由此构成**空间直角坐标系**, 其中 O 称为坐标原点, Ox, Oy, Oz 分别称为 x 轴、y 轴和 z 轴, 满足右手系准则, 如图 8.1.1 所示.

在空间直角坐标系中, 任意两个坐标轴可以确定一个平面, 称为坐标面. 由 x 轴及 y 轴所确定的坐标面称为 xOy 面, 由 y 轴及 z 轴, 以及 z 轴及 x 轴所确定的坐标面分别称为 yOz 面和 zOx 面. 三个坐标面把空间分成八个部分, 每一部分称为一个卦限, 由此得到八个卦限, 分别用字母 I, II, III, IV, V, VI, VII, VIII 表示, 如图 8.1.2 所示.

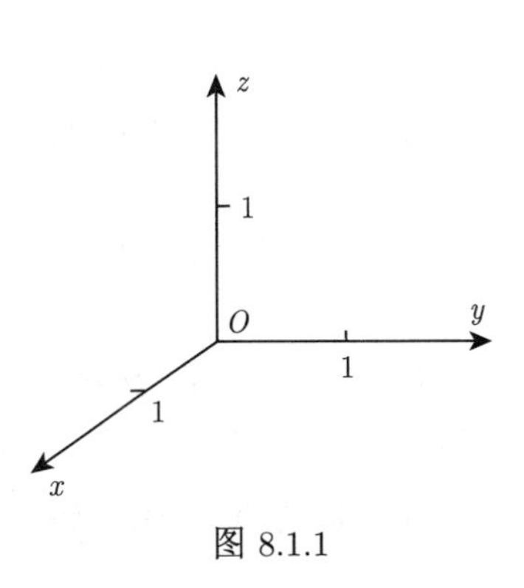

图 8.1.1

二、空间点的坐标

设 M 为三维空间中的一点. 过点 M 作三个分别垂直于 x 轴、y 轴和 z 轴的平面, 它们与 x 轴、y 轴、z 轴的交点分别为 P, Q, R (图 8.1.3), 这三点在 x 轴、y 轴、z 轴上的坐标分别为 x, y, z. 因此, 空间中的任一点 M 唯一确定了一个有序数

组 (x,y,z), 称为点 M 的**坐标**, 记为 $M(x,y,z)$, 其中 x,y,z 分别称为点 M 的横坐标、纵坐标和竖坐标.

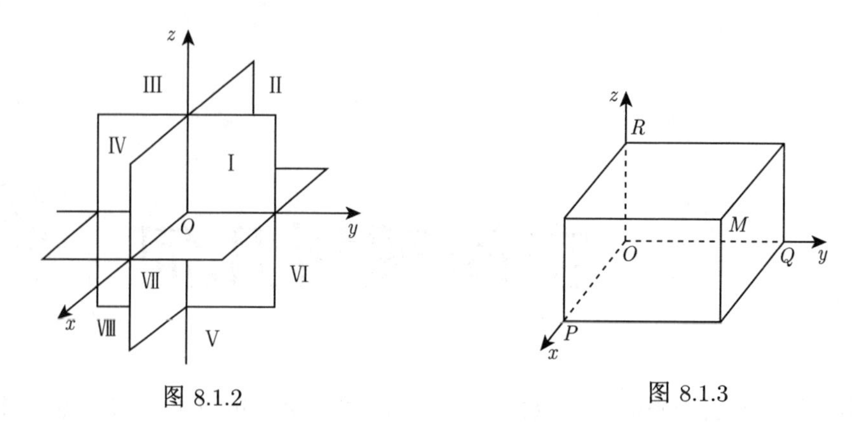

图 8.1.2　　　　图 8.1.3

反之, 任给一个有序数组 (x,y,z), 在 x 轴上取坐标为 x 的点 P, 在 y 轴上取坐标为 y 的点 Q, 在 z 轴上取坐标为 z 的点 R, 然后过 P, Q 与 R 分别作 x 轴、y 轴与 z 轴的垂直平面. 这三个相互垂直的平面的交点 M 即为以 (x,y,z) 为坐标的点.

在空间中给定一个直角坐标系, 根据上述定义, 我们就建立了空间中的点和其坐标之间的一一对应关系.

三、两点间的距离公式

设 $M_1(x_1,y_1,z_1), M_2(x_2,y_2,z_2)$ 为空间内的两个点, M_1 和 M_2 之间的**距离**定义为线段 M_1M_2 的长度, 即

$$|M_1M_2| = \sqrt{(x_2-x_1)^2+(y_2-y_1)^2+(z_2-z_1)^2}.$$

例 8.1.1　设点 P 在 x 轴上, 它到点 $P_1(0,\sqrt{2},3)$ 的距离是它到点 $P_2(0,1,-1)$ 的距离的两倍, 求点 P 的坐标.

解　因为点 P 在 x 轴上, 故可设 P 的坐标为 $(x,0,0)$, 则

$$\begin{aligned}|PP_1| &= \sqrt{x^2+(-\sqrt{2})^2+(-3)^2} = \sqrt{x^2+11},\\ |PP_2| &= \sqrt{x^2+(-1)^2+1^2} = \sqrt{x^2+2},\end{aligned}$$

由于 $|PP_1| = 2|PP_2|$, 即 $\sqrt{x^2+11} = 2\sqrt{x^2+2}$, 解得 $x=\pm 1$. 故 P 的坐标为 $(1,0,0)$ 或 $(-1,0,0)$. □

四、空间的曲面与曲线

1. 空间曲面及其方程

设 S 为空间一曲面. 如果 S 是由方程 $F(x,y,z)=0$ 的解集构成的, 即

$$S=\{(x,y,z)\mid F(x,y,z)=0\},$$

则称 $F(x,y,z)=0$ 为**曲面 S 的方程** (图 8.1.4).

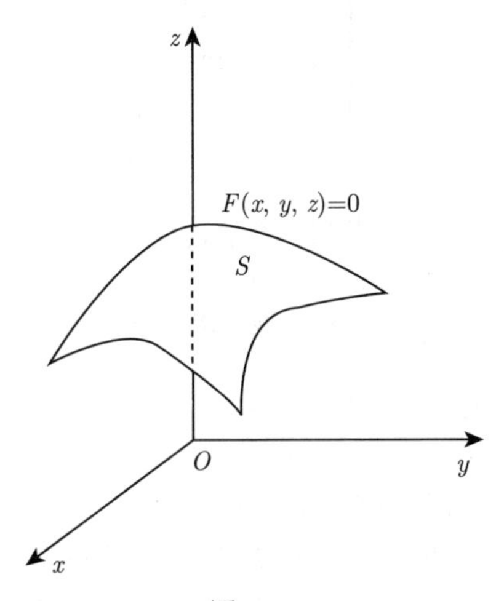

图 8.1.4

例如, 球心在 $M_0(x_0,y_0,z_0)$ 且半径为 R 的球面的方程为

$$(x-x_0)^2+(y-y_0)^2+(z-z_0)^2=R^2.$$

2. 空间曲线及其方程

(1) 空间曲线的一般方程.

空间曲线可以视为两个曲面的交线. 设 $F(x,y,z)=0$ 和 $G(x,y,z)=0$ 是两个曲面方程, 它们的交线为 C, 则曲线 C 的方程为

$$\begin{cases} F(x,y,z)=0, \\ G(x,y,z)=0, \end{cases}$$

上述方程组称为**曲线 C 的一般方程**.

(2) 空间曲线的参数方程.

空间曲线也可以视为质点的运动轨迹. 如果曲线 C 上任意一点 M 的坐标 (x,y,z) 都是时间 t 的函数, 即

$$\begin{cases} x = x(t), \\ y = y(t), \\ z = z(t), \end{cases}$$

则上式给出了曲线 C 关于时间 t 的参数方程. 一般情形下, 如果一个曲线 C 可以表示为上述形式, 其中 t 为一般意义下的参数, 则称之为**曲线 C 的参数方程**.

例如, 方程

$$\begin{cases} x = a\cos\theta, \\ y = a\sin\theta, \\ z = b\theta \end{cases}$$

表示一条空间螺旋线.

关于曲面与曲线的更多内容将在 8.4 节讨论.

习 题 8.1

1. 求 $P_1(2,-1,0), P_2(-1,2,3)$ 之间的距离.
2. 证明: 以 $A(1,2,2)$, $B(2,1,4)$, $C(4,3,1)$ 为顶点的三角形是直角三角形.
3. 求与 z 轴和点 $(1,3,-1)$ 等距离的点的轨迹方程.
4. 已知球面过原点, 球心坐标为 $(3,-2,1)$, 求该球面方程.
5. 求经过 $(0,0,0)$, $(0,4,0)$, $(0,2,-2)$, $(2,2,0)$ 四个点的球面方程.

8.2 向 量 代 数

一、向量的概念

三维空间的**向量**定义为一条有方向的线段 (或有向线段). 有向线段的长度即为向量的长度, 也称为向量的**模**, 有向线段的方向即为向量的方向. 我们可以采用黑体小写拉丁字母来记一个向量, 如向量 $\boldsymbol{a}$, 也可采用有向线段表示, 如 $\overrightarrow{AB}$, 其表示由起点 A 指向终点 B 的向量. 向量 $\boldsymbol{a}$ 或 $\overrightarrow{AB}$ 的模分别记为 $|\boldsymbol{a}|$, $\left|\overrightarrow{AB}\right|$. 模等于 1 的向量称为**单位向量**.

二、向量的线性运算

1. 向量的加法

设有两个向量 $\boldsymbol{a}$ 与 $\boldsymbol{b}$, 任取一点 A, 作 $\overrightarrow{AB} = \boldsymbol{a}$, 再以 B 为起点, 作 $\overrightarrow{BC} = \boldsymbol{b}$, 连接 AC (图 8.2.1), 则向量 $\boldsymbol{a}$ 与 $\boldsymbol{b}$ 的**和**定义为向量 $\overrightarrow{AC} = \boldsymbol{c}$, 记为 $\boldsymbol{a}+\boldsymbol{b}$, 即 $\boldsymbol{c} = \boldsymbol{a}+\boldsymbol{b}$.

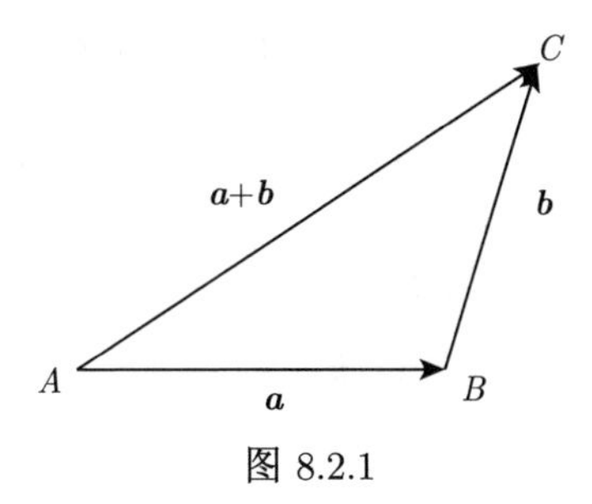

图 8.2.1

模等于 0 的向量称为**零向量**, 记为 $\mathbf{0}$. 与 $\boldsymbol{a}$ 的模相等而方向相反的向量, 称为 $\boldsymbol{a}$ 的**负向量**, 记为 $-\boldsymbol{a}$, 例如向量 $\overrightarrow{AB}$ 的负向量为 $\overrightarrow{BA}$. 定义向量 $\boldsymbol{a}$ 与向量 $\boldsymbol{b}$ 的差为 $\boldsymbol{a}-\boldsymbol{b}=\boldsymbol{a}+(-\boldsymbol{b})$.

向量的加法满足下列运算规律:

(1) $\boldsymbol{a}+\boldsymbol{b}=\boldsymbol{b}+\boldsymbol{a}$;

(2) $(\boldsymbol{a}+\boldsymbol{b})+\boldsymbol{c}=\boldsymbol{a}+(\boldsymbol{b}+\boldsymbol{c})$;

(3) 对任意的向量 $\boldsymbol{a}$, $\boldsymbol{a}+\mathbf{0}=\mathbf{0}+\boldsymbol{a}=\boldsymbol{a}$;

(4) 对任意的向量 $\boldsymbol{a}$, 存在它的负向量 $\boldsymbol{b}$, 使得 $\boldsymbol{a}+\boldsymbol{b}=\mathbf{0}$.

2. 数与向量的乘法

实数 λ 与向量 $\boldsymbol{a}$ 的乘积, 记为 $\lambda\boldsymbol{a}$, 定义为一个向量, 它的模为

$$|\lambda\boldsymbol{a}|=|\lambda||\boldsymbol{a}|.$$

当 $\lambda>0$ 时, $\lambda\boldsymbol{a}$ 与 $\boldsymbol{a}$ 的方向相同; 当 $\lambda<0$ 时, $\lambda\boldsymbol{a}$ 与 $\boldsymbol{a}$ 的方向相反; 当 $\lambda=0$ 时, $|\lambda\boldsymbol{a}|=0$, 即 $\lambda\boldsymbol{a}$ 为零向量.

数与向量的乘积满足下列运算规律:

(5) $1\boldsymbol{a}=\boldsymbol{a}$;

(6) $\lambda(\mu\boldsymbol{a})=\mu(\lambda\boldsymbol{a})=(\lambda\mu)\boldsymbol{a}$;

(7) $(\lambda+\mu)\boldsymbol{a}=\lambda\boldsymbol{a}+\mu\boldsymbol{a}, \lambda(\boldsymbol{a}+\boldsymbol{b})=\lambda\boldsymbol{a}+\lambda\boldsymbol{b}$;

(8) $\lambda(\boldsymbol{a}+\boldsymbol{b})=\lambda\boldsymbol{a}+\lambda\boldsymbol{b}$,

其中 $\lambda,\mu\in\mathbb{R}$, $\boldsymbol{a},\boldsymbol{b}$ 为向量.

向量加法与数乘运算统称为向量的线性运算. 设 V 为三维空间中所有向量构成的集合, 则在上述加法和数乘定义下, V 成为 $\mathbb{R}$ 上的一个向量空间. 如果在 V 中放置一个直角坐标系, 则 V 同构于 $\mathbb{R}^3=\{(x,y,z)\mid x,y,z\in\mathbb{R}\}$. 所以我们可用 $\mathbb{R}^3$ 来记三维向量空间 V.

现在在三维空间 V 中建立直角坐标系. 设 $\boldsymbol{r}$ 为 V 中的任一向量. 把向量 $\boldsymbol{r}$ 的起点平移至坐标原点 O, 并设平移后的终点为 M, 如图 8.2.2 所示. 记 $\boldsymbol{i}$, $\boldsymbol{j}$, $\boldsymbol{k}$ 分别

为 x 轴、y 轴和 z 轴上与坐标轴方向一致的单位向量, 则

$$\boldsymbol{r}=\overrightarrow{OM}=\overrightarrow{OP}+\overrightarrow{PN}+\overrightarrow{NM}=\overrightarrow{OP}+\overrightarrow{OQ}+\overrightarrow{OR}=x\boldsymbol{i}+y\boldsymbol{j}+z\boldsymbol{k}.$$

由此给出向量 $\boldsymbol{r}$ 的坐标分解, $x\boldsymbol{i}$, $y\boldsymbol{j}$, $z\boldsymbol{k}$ 称为 $\boldsymbol{r}$ 沿三个坐标轴方向的分量. 上式也给出了 $\boldsymbol{r}$ 的坐标 (x,y,z), 并记 $\boldsymbol{r}=(x,y,z)$.

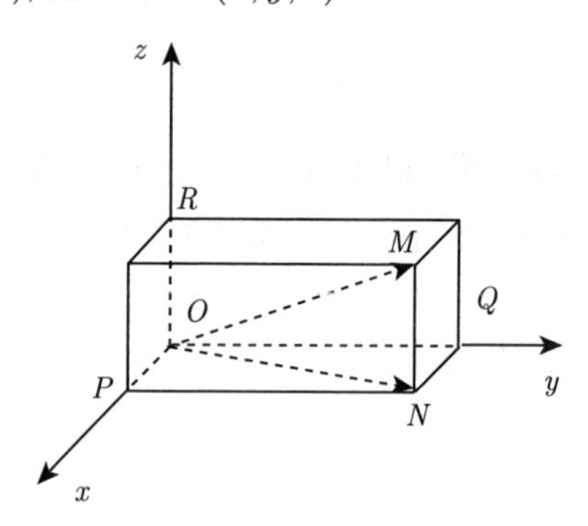

图 8.2.2

利用向量的坐标、向量的加法 (减法) 和数乘可直接对坐标运算. 设 $\boldsymbol{a}=(a_x,a_y,a_z)$, $\boldsymbol{b}=(b_x,b_y,b_z)$, 即 $\boldsymbol{a}=a_x\boldsymbol{i}+a_y\boldsymbol{j}+a_z\boldsymbol{k},\boldsymbol{b}=b_x\boldsymbol{i}+b_y\boldsymbol{j}+b_z\boldsymbol{k}$, 则

$$\begin{aligned}\boldsymbol{a}+\boldsymbol{b}&=(a_x+b_x)\boldsymbol{i}+(a_y+b_y)\boldsymbol{j}+(a_z+b_z)\boldsymbol{k},\\ \boldsymbol{a}-\boldsymbol{b}&=(a_x-b_x)\boldsymbol{i}+(a_y-b_y)\boldsymbol{j}+(a_z-b_z)\boldsymbol{k},\\ \lambda\boldsymbol{a}&=\lambda a_x\boldsymbol{i}+\lambda a_y\boldsymbol{j}+\lambda a_z\boldsymbol{k},\end{aligned}$$

或者

$$\begin{aligned}\boldsymbol{a}+\boldsymbol{b}&=(a_x+b_x,a_y+b_y,a_z+b_z),\\ \boldsymbol{a}-\boldsymbol{b}&=(a_x-b_x,a_y-b_y,a_z-b_z),\\ \lambda\boldsymbol{a}&=(\lambda a_x,\lambda a_y,\lambda a_z),\end{aligned}$$

其中 $\lambda\in\mathbb{R}$.

由此可见, 对向量进行加、减及与数相乘运算时, 只需对向量的各个坐标分别进行相应的数量运算就可以了.

设非零向量 $\boldsymbol{r}=(x,y,z)$ 与 x 轴、y 轴和 z 轴的正向的夹角分别为 α, β, γ, 则称 α, β, γ 为 $\boldsymbol{r}$ 的**方向角**, $\cos\alpha,\cos\beta,\cos\gamma$ 为 $\boldsymbol{r}$ 的**方向余弦**. 显然

$$\cos\alpha=\frac{x}{|\boldsymbol{r}|},\quad \cos\beta=\frac{y}{|\boldsymbol{r}|},\quad \cos\gamma=\frac{z}{|\boldsymbol{r}|},$$

从而 $(\cos\alpha, \cos\beta, \cos\gamma) = \dfrac{\boldsymbol{r}}{|\boldsymbol{r}|}$. 由此可知

$$\cos^2\alpha + \cos^2\beta + \cos^2\gamma = 1.$$

例 8.2.1 已知两点 $A(2,2,\sqrt{2})$ 和 $B(1,3,0)$, 求向量 $\overrightarrow{AB}$ 的模、方向余弦和方向角.

解 因为 $\overrightarrow{AB} = (1-2, 3-2, 0-\sqrt{2}) = (-1, 1, -\sqrt{2})$, 所以

$$|\overrightarrow{AB}| = \sqrt{(-1)^2 + 1^2 + (-\sqrt{2})^2} = 2,$$

从而

$$(\cos\alpha, \cos\beta, \cos\gamma) = \frac{\overrightarrow{AB}}{|\overrightarrow{AB}|},$$

即 $\cos\alpha = -\dfrac{1}{2}, \cos\beta = \dfrac{1}{2}, \cos\gamma = -\dfrac{\sqrt{2}}{2}$. 故 $\alpha = \dfrac{2\pi}{3}, \beta = \dfrac{\pi}{3}, \gamma = \dfrac{3\pi}{4}$. □

三、向量的数量积

1. 数量积的定义

设 $\boldsymbol{a} = (a_x, a_y, a_z)$, $\boldsymbol{b} = (b_x, b_y, b_z)$ 为两个向量, 则向量 $\boldsymbol{a}$ 和 $\boldsymbol{b}$ 的**数量积**, 记为 $\boldsymbol{a} \cdot \boldsymbol{b}$, 定义为

$$\boldsymbol{a} \cdot \boldsymbol{b} = |\boldsymbol{a}| \cdot |\boldsymbol{b}| \cdot \cos\theta,$$

其中 θ 为 $\boldsymbol{a}$ 与 $\boldsymbol{b}$ 的夹角, 且规定 $0 \leqslant \theta \leqslant \pi$.

向量的数量积也称**点积**或**内积**, 有时也用记号 $\langle \boldsymbol{a}, \boldsymbol{b} \rangle$ 表示. 内积有更一般的公理化定义, 在此不再赘述, 有兴趣的读者请查阅线性代数相关书籍.

2. 数量积的运算规律

设 $\boldsymbol{a}, \boldsymbol{b}, \boldsymbol{c}$ 为三个向量, $\lambda \in \mathbb{R}$, 则内积满足如下运算规律:

(1) $\boldsymbol{a} \cdot \boldsymbol{b} = \boldsymbol{b} \cdot \boldsymbol{a}$;

(2) $(\boldsymbol{a} + \boldsymbol{b}) \cdot \boldsymbol{c} = \boldsymbol{a} \cdot \boldsymbol{c} + \boldsymbol{b} \cdot \boldsymbol{c}$;

(3) $(\lambda\boldsymbol{a}) \cdot \boldsymbol{b} = \boldsymbol{a} \cdot (\lambda\boldsymbol{b}) = \lambda(\boldsymbol{a} \cdot \boldsymbol{b})$.

3. 数量积的坐标表示

设 $\boldsymbol{a} = (a_x, a_y, a_z)$, $\boldsymbol{b} = (b_x, b_y, b_z)$, 则按内积的运算规律可得

$$\begin{aligned}
\boldsymbol{a} \cdot \boldsymbol{b} &= (a_x\boldsymbol{i} + a_y\boldsymbol{j} + a_z\boldsymbol{k}) \cdot (b_x\boldsymbol{i} + b_y\boldsymbol{j} + b_z\boldsymbol{k}) \\
&= a_xb_x\boldsymbol{i} \cdot \boldsymbol{i} + a_xb_y\boldsymbol{i} \cdot \boldsymbol{j} + a_xb_z\boldsymbol{i} \cdot \boldsymbol{k} + a_yb_x\boldsymbol{j} \cdot \boldsymbol{i} + a_yb_y\boldsymbol{j} \cdot \boldsymbol{j} \\
&\quad + a_yb_z\boldsymbol{j} \cdot \boldsymbol{k} + a_zb_x\boldsymbol{k} \cdot \boldsymbol{i} + a_zb_y\boldsymbol{k} \cdot \boldsymbol{j} + a_zb_z\boldsymbol{k} \cdot \boldsymbol{k}.
\end{aligned}$$

因为 $\boldsymbol{i}, \boldsymbol{j}, \boldsymbol{k}$ 是两两互相垂直的单位向量, 所以

$$\boldsymbol{i}\cdot\boldsymbol{j}=\boldsymbol{j}\cdot\boldsymbol{i}=\boldsymbol{j}\cdot\boldsymbol{k}=\boldsymbol{k}\cdot\boldsymbol{j}=\boldsymbol{k}\cdot\boldsymbol{i}=\boldsymbol{i}\cdot\boldsymbol{k}=0,$$

$$\boldsymbol{i}\cdot\boldsymbol{i}=\boldsymbol{j}\cdot\boldsymbol{j}=\boldsymbol{k}\cdot\boldsymbol{k}=1.$$

从而

$$\boldsymbol{a}\cdot\boldsymbol{b}=a_xb_x+a_yb_y+a_zb_z.$$

这就是两个向量的数量积的坐标表示.

4. 向量夹角

设 $\boldsymbol{a},\boldsymbol{b}$ 为两个非零向量, θ 为它们的夹角. 根据内积定义,

$$\cos\theta=\frac{\boldsymbol{a}\cdot\boldsymbol{b}}{|\boldsymbol{a}|\cdot|\boldsymbol{b}|}=\frac{a_xb_x+a_yb_y+a_zb_z}{\sqrt{a_x^2+a_y^2+a_z^2}\sqrt{b_x^2+b_y^2+b_z^2}}.$$

故 $\theta=\arccos\dfrac{\boldsymbol{a}\cdot\boldsymbol{b}}{|\boldsymbol{a}|\cdot|\boldsymbol{b}|}$.

例 8.2.2　已知 $\boldsymbol{a}=(1,1,-4),\boldsymbol{b}=(1,-2,2)$, 求内积 $\boldsymbol{a}\cdot\boldsymbol{b}$ 以及 $\boldsymbol{a}$ 与 $\boldsymbol{b}$ 的夹角.

解　$\boldsymbol{a}\cdot\boldsymbol{b}=1\cdot1+1\cdot(-2)+(-4)\cdot2=-9$. 因为

$$\cos\theta=\frac{a_xb_x+a_yb_y+a_zb_z}{\sqrt{a_x^2+a_y^2+a_z^2}\sqrt{b_x^2+b_y^2+b_z^2}}=-\frac{\sqrt{2}}{2},$$

所以 $\theta=\dfrac{3\pi}{4}$.　□

四、向量的向量积

1. 向量积的定义

两个向量 $\boldsymbol{a}$ 与 $\boldsymbol{b}$ 的**向量积**(也称**外积**), 记为 $\boldsymbol{a}\times\boldsymbol{b}$, 定义为一个向量, 其模为

$$|\boldsymbol{a}\times\boldsymbol{b}|=|\boldsymbol{a}|\cdot|\boldsymbol{b}|\cdot\sin\theta,$$

其中 θ 为 $\boldsymbol{a}$ 与 $\boldsymbol{b}$ 的夹角, 且规定 $0\leqslant\theta\leqslant\pi$; 当 $\boldsymbol{a}$ 与 $\boldsymbol{b}$ 不共线时, 其方向垂直于由 $\boldsymbol{a}$ 与 $\boldsymbol{b}$ 所决定的平面, 且 $\boldsymbol{a}$, $\boldsymbol{b}$, $\boldsymbol{a}\times\boldsymbol{b}$ 构成右手系, 如图 8.2.3 所示; 如果 $\boldsymbol{a}$ 与 $\boldsymbol{b}$ 共线, 则 $|\boldsymbol{a}\times\boldsymbol{b}|=0$, 即 $\boldsymbol{a}\times\boldsymbol{b}=\boldsymbol{0}$.

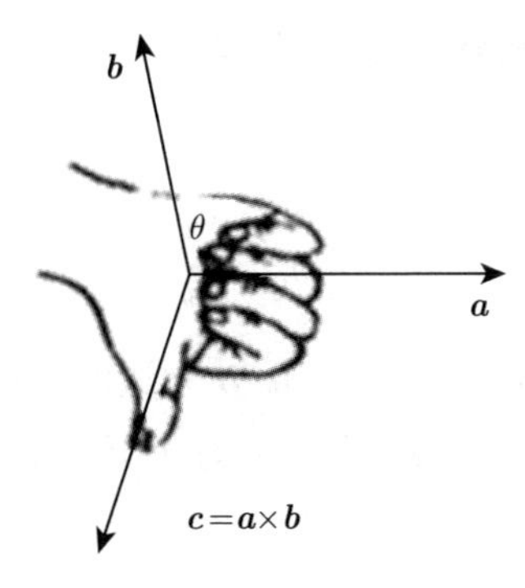

图 8.2.3

2. 向量积的性质

请读者自行验证如下关于向量积的两个性质.

性质 8.2.1 设 $\boldsymbol{a}$ 为向量, 则 $\boldsymbol{a}\times\boldsymbol{a}=\boldsymbol{0}$.

性质 8.2.2 两个向量 $\boldsymbol{a},\boldsymbol{b}$ 共线的充要条件是 $\boldsymbol{a}\times\boldsymbol{b}=\boldsymbol{0}$.

3. 向量积的运算规律

设 $\boldsymbol{a},\boldsymbol{b},\boldsymbol{c}$ 为三个向量, $\lambda\in\mathbb{R}$, 则向量积满足如下运算规律:

(1) $\boldsymbol{a}\times\boldsymbol{b}=-\boldsymbol{b}\times\boldsymbol{a}$.

(2) $(\boldsymbol{a}+\boldsymbol{b})\times\boldsymbol{c}=\boldsymbol{a}\times\boldsymbol{c}+\boldsymbol{b}\times\boldsymbol{c}$, $\boldsymbol{c}\times(\boldsymbol{a}+\boldsymbol{b})=\boldsymbol{c}\times\boldsymbol{a}+\boldsymbol{c}\times\boldsymbol{b}$.

(3) $(\lambda\boldsymbol{a})\times\boldsymbol{b}=\boldsymbol{a}\times(\lambda\boldsymbol{b})=\lambda(\boldsymbol{a}\times\boldsymbol{b})$.

三维向量空间 $\mathbb{R}^3$ 在上述加法、数乘和向量积定义下, 构成 $\mathbb{R}$ 上的一个代数, 它关于向量积的乘法是非交换的、非结合的. 有兴趣的读者请查阅代数相关书籍.

4. 向量积的坐标表示

设 $\boldsymbol{a}=a_x\boldsymbol{i}+a_y\boldsymbol{j}+a_z\boldsymbol{k},\boldsymbol{b}=b_x\boldsymbol{i}+b_y\boldsymbol{j}+b_z\boldsymbol{k}$. 根据向量积的运算规律, 可得

$$\begin{aligned}\boldsymbol{a}\times\boldsymbol{b}&=(a_x\boldsymbol{i}+a_y\boldsymbol{j}+a_z\boldsymbol{k})\times(b_x\boldsymbol{i}+b_y\boldsymbol{j}+b_z\boldsymbol{k})\\&=a_xb_x\boldsymbol{i}\times\boldsymbol{i}+a_xb_y\boldsymbol{i}\times\boldsymbol{j}+a_xb_z\boldsymbol{i}\times\boldsymbol{k}\\&\quad+a_yb_x\boldsymbol{j}\times\boldsymbol{i}+a_yb_y\boldsymbol{j}\times\boldsymbol{j}+a_yb_z\boldsymbol{j}\times\boldsymbol{k}\\&\quad+a_zb_x\boldsymbol{k}\times\boldsymbol{i}+a_zb_y\boldsymbol{k}\times\boldsymbol{j}+a_zb_z\boldsymbol{k}\times\boldsymbol{k}.\end{aligned}$$

由于

$$\boldsymbol{i}\times\boldsymbol{i}=\boldsymbol{j}\times\boldsymbol{j}=\boldsymbol{k}\times\boldsymbol{k}=\boldsymbol{0},$$

$$\boldsymbol{i}\times\boldsymbol{j}=-\boldsymbol{j}\times\boldsymbol{i}=\boldsymbol{k},\quad \boldsymbol{j}\times\boldsymbol{k}=-\boldsymbol{k}\times\boldsymbol{j}=\boldsymbol{i},\quad \boldsymbol{k}\times\boldsymbol{i}=-\boldsymbol{i}\times\boldsymbol{k}=\boldsymbol{j},$$

所以

$$\boldsymbol{a}\times\boldsymbol{b}=(a_yb_z-a_zb_y)\boldsymbol{i}+(a_zb_x-a_xb_z)\boldsymbol{j}+(a_xb_y-a_yb_x)\boldsymbol{k}.$$

为了便于记忆, 利用三阶行列式, 上式可写成

$$\boldsymbol{a}\times\boldsymbol{b}=\begin{vmatrix}\boldsymbol{i}&\boldsymbol{j}&\boldsymbol{k}\\a_x&a_y&a_z\\b_x&b_y&b_z\end{vmatrix}.$$

向量积的几何意义为: $|\boldsymbol{a}\times\boldsymbol{b}|$ 是以 $\boldsymbol{a}$, $\boldsymbol{b}$ 为边的平行四边形的面积.

例 8.2.3 设向量 $\boldsymbol{a}=\boldsymbol{i}+2\boldsymbol{j}-\boldsymbol{k},\boldsymbol{b}=2\boldsymbol{j}+3\boldsymbol{k}$. 计算向量积 $\boldsymbol{a}\times\boldsymbol{b}$, 以及以 $\boldsymbol{a}$, $\boldsymbol{b}$ 为边的平行四边形的面积.

解 $$\boldsymbol{a}\times\boldsymbol{b}=\begin{vmatrix}\boldsymbol{i}&\boldsymbol{j}&\boldsymbol{k}\\1&2&-1\\0&2&3\end{vmatrix}=\begin{vmatrix}2&-1\\2&3\end{vmatrix}\boldsymbol{i}-\begin{vmatrix}1&-1\\0&3\end{vmatrix}\boldsymbol{j}+\begin{vmatrix}1&2\\0&2\end{vmatrix}\boldsymbol{k}$$

$$=8\boldsymbol{i}-3\boldsymbol{j}+2\boldsymbol{k}.$$

根据向量积的模的几何意义, 以 $\boldsymbol{a}$, $\boldsymbol{b}$ 为边的平行四边形的面积 S 为

$$S=|\boldsymbol{a}\times\boldsymbol{b}|=\sqrt{8^2+(-3)^2+2^2}=\sqrt{77}.$$

□

五、向量的混合积

1. 向量的混合积的定义

设 $\boldsymbol{a}$, $\boldsymbol{b}$ 和 $\boldsymbol{c}$ 为 $\mathbb{R}^3$ 的三个向量. 称向量 $\boldsymbol{a}\times\boldsymbol{b}$ 与向量 $\boldsymbol{c}$ 的数量积 $(\boldsymbol{a}\times\boldsymbol{b})\cdot\boldsymbol{c}$ 为 $\boldsymbol{a},\boldsymbol{b},\boldsymbol{c}$ 的**混合积**, 记为 $(\boldsymbol{a},\boldsymbol{b},\boldsymbol{c})$.

2. 混合积的坐标表示

设 $\boldsymbol{a}=(a_x,a_y,a_z)$, $\boldsymbol{b}=(b_x,b_y,b_z)$, $\boldsymbol{c}=(c_x,c_y,c_z)$, 则

$$\boldsymbol{a}\times\boldsymbol{b}=\begin{vmatrix}\boldsymbol{i}&\boldsymbol{j}&\boldsymbol{k}\\a_x&a_y&a_z\\b_x&b_y&b_z\end{vmatrix}=\begin{vmatrix}a_y&a_z\\b_y&b_z\end{vmatrix}\boldsymbol{i}-\begin{vmatrix}a_x&a_z\\b_x&b_z\end{vmatrix}\boldsymbol{j}+\begin{vmatrix}a_x&a_y\\b_x&b_y\end{vmatrix}\boldsymbol{k}.$$

根据向量的数量积的坐标表达式, 可得

$$(\boldsymbol{a},\boldsymbol{b},\boldsymbol{c})=(\boldsymbol{a}\times\boldsymbol{b})\cdot\boldsymbol{c}=c_x\begin{vmatrix}a_y&a_z\\b_y&b_z\end{vmatrix}-c_y\begin{vmatrix}a_x&a_z\\b_x&b_z\end{vmatrix}+c_z\begin{vmatrix}a_x&a_y\\b_x&b_y\end{vmatrix}$$

$$=\begin{vmatrix}a_x&a_y&a_z\\b_x&b_y&b_z\\c_x&c_y&c_z\end{vmatrix}.$$

根据行列式的性质, 容易验证 $(\boldsymbol{a},\boldsymbol{b},\boldsymbol{c})=(\boldsymbol{b},\boldsymbol{c},\boldsymbol{a})=(\boldsymbol{c},\boldsymbol{a},\boldsymbol{b})$.

3. 向量的混合积的几何意义

向量的混合积的几何意义: 如果 $\boldsymbol{a},\boldsymbol{b},\boldsymbol{c}$ 不共面, 则 $|(\boldsymbol{a},\boldsymbol{b},\boldsymbol{c})|$ 就是以向量 $\boldsymbol{a},\boldsymbol{b},\boldsymbol{c}$ 为边的平行六面体的体积. 如果 $\boldsymbol{a},\boldsymbol{b},\boldsymbol{c}$ 构成右手系, 则混合积是正的; 如果 $\boldsymbol{a},\boldsymbol{b},\boldsymbol{c}$ 构成左手系, 则混合积是负的. 如图 8.2.4 所示. 混合积也可刻画三个向量的共面性. 请读者自行验证如下结论.

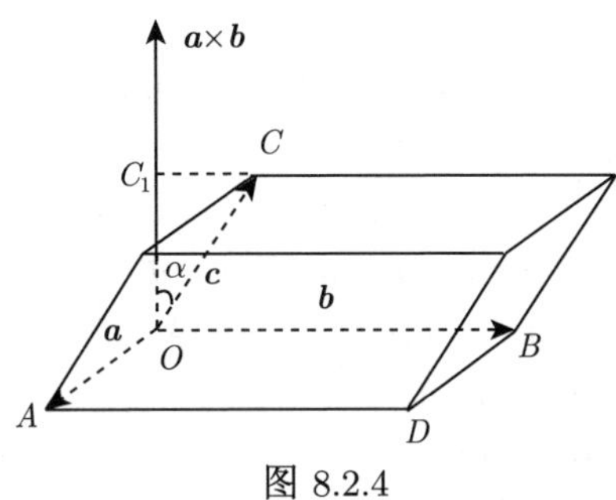

图 8.2.4

向量 $\boldsymbol{a},\boldsymbol{b},\boldsymbol{c}$ 共面的充分必要条件是 $(\boldsymbol{a},\boldsymbol{b},\boldsymbol{c})=0$, 即

$$\begin{vmatrix} a_x & a_y & a_z \\ b_x & b_y & b_z \\ c_x & c_y & c_z \end{vmatrix}=0.$$

例 8.2.4 已知 $(\boldsymbol{a},\boldsymbol{b},\boldsymbol{c})=2$, 计算 $[(\boldsymbol{a}+\boldsymbol{b})\times(\boldsymbol{b}+\boldsymbol{c})]\cdot(\boldsymbol{c}+\boldsymbol{a})$.

解

$$\begin{aligned}
&[(\boldsymbol{a}+\boldsymbol{b})\times(\boldsymbol{b}+\boldsymbol{c})]\cdot(\boldsymbol{c}+\boldsymbol{a})\\
&=(\boldsymbol{a}\times\boldsymbol{b}+\boldsymbol{a}\times\boldsymbol{c}+\boldsymbol{b}\times\boldsymbol{b}+\boldsymbol{b}\times\boldsymbol{c})\cdot(\boldsymbol{c}+\boldsymbol{a})\\
&=(\boldsymbol{a}\times\boldsymbol{b})\cdot\boldsymbol{c}+(\boldsymbol{a}\times\boldsymbol{c})\cdot\boldsymbol{c}+\boldsymbol{0}\cdot\boldsymbol{c}+(\boldsymbol{b}\times\boldsymbol{c})\cdot\boldsymbol{c}+(\boldsymbol{a}\times\boldsymbol{b})\cdot\boldsymbol{a}\\
&\quad+(\boldsymbol{a}\times\boldsymbol{c})\cdot\boldsymbol{a}+\boldsymbol{0}\cdot\boldsymbol{a}+(\boldsymbol{b}\times\boldsymbol{c})\cdot\boldsymbol{a}\\
&=2(\boldsymbol{a}\times\boldsymbol{b})\cdot\boldsymbol{c}=2(\boldsymbol{a},\boldsymbol{b},\boldsymbol{c})=4.
\end{aligned}$$

□

例 8.2.5 已知 $A(1,-1,2),B(5,-6,2),C(1,3,-1),D(x,y,z)$ 四点共面, 试求 D 点的坐标所满足的方程.

解 易见, A, B, C, D 四点共面等价于 $\overrightarrow{AB}$, $\overrightarrow{AC}$, $\overrightarrow{AD}$ 三个向量共面. 由于

$$\overrightarrow{AB}=(4,-5,0),\quad \overrightarrow{AC}=(0,4,-3),\quad \overrightarrow{AD}=(x-1,y+1,z-2),$$

根据三个向量共面的充要条件, 可知

$$\begin{vmatrix} x-1 & y+1 & z-2 \\ 4 & -5 & 0 \\ 0 & 4 & -3 \end{vmatrix}=0,$$

即 $15x+12y+16z-35=0$.

□

习　题　8.2

1. 已知 $\boldsymbol{a}=\boldsymbol{i}+2\boldsymbol{j}-\boldsymbol{k}$, $\boldsymbol{b}=3\boldsymbol{i}-2\boldsymbol{j}+2\boldsymbol{k}$, 求 $\boldsymbol{a}+\boldsymbol{b}$, $\boldsymbol{a}-\boldsymbol{b}$ 和 $3\boldsymbol{a}-2\boldsymbol{b}$.

2. 已知四边形 $ABCD$ 中, $\overrightarrow{AB}=\boldsymbol{a}-2\boldsymbol{c}$, $\overrightarrow{CD}=5\boldsymbol{a}+6\boldsymbol{b}-8\boldsymbol{c}$, 对角线 $\overrightarrow{AC}$, $\overrightarrow{BD}$ 的中点分别为 E, F, 求 $\overrightarrow{EF}$.

3. 已知向量 $\boldsymbol{a},\boldsymbol{b}$ 互相垂直, 向量 $\boldsymbol{c}$ 与 $\boldsymbol{a},\boldsymbol{b}$ 的夹角都是 $60°$, 且 $|\boldsymbol{a}|=1, |\boldsymbol{b}|=2, |\boldsymbol{c}|=3$, 计算:

(1) $(\boldsymbol{a}+\boldsymbol{b})^2$;　(2) $(\boldsymbol{a}+\boldsymbol{b})(\boldsymbol{a}-\boldsymbol{b})$;　(3) $(3\boldsymbol{a}-2\boldsymbol{b})\cdot(\boldsymbol{b}-3\boldsymbol{c})$;　(4) $(\boldsymbol{a}+2\boldsymbol{b}-\boldsymbol{c})^2$.

4. 已知 $|\boldsymbol{a}|=1$, $|\boldsymbol{b}|=5, \boldsymbol{a}\cdot\boldsymbol{b}=3$. 试求:

(1) $|\boldsymbol{a}\times\boldsymbol{b}|$;　(2) $[(\boldsymbol{a}+\boldsymbol{b})\times(\boldsymbol{a}-\boldsymbol{b})]^2$;　(3) $[(\boldsymbol{a}-2\boldsymbol{b})\times(\boldsymbol{b}-2\boldsymbol{a})]^2$.

5. 证明: 若 $\boldsymbol{a}\times\boldsymbol{b}=\boldsymbol{c}\times\boldsymbol{d}$, $\boldsymbol{a}\times\boldsymbol{c}=\boldsymbol{b}\times\boldsymbol{d}$, 则 $\boldsymbol{a}-\boldsymbol{d}$ 与 $\boldsymbol{b}-\boldsymbol{c}$ 共线.

6. 已知三点 $A(5,1,-1), B(0,-4,3), C(1,-3,7)$, 求三角形 ABC 的面积.

7. 设 $\boldsymbol{a}$, $\boldsymbol{b}$, $\boldsymbol{c}$ 为三个非零向量, 证明

(1) $(\boldsymbol{a},\ \boldsymbol{b},\ \boldsymbol{c}+\lambda\boldsymbol{a}+\mu\boldsymbol{b})=(\boldsymbol{a},\ \boldsymbol{b},\ \boldsymbol{c})$;

(2) $(\boldsymbol{a}+\boldsymbol{b},\ \boldsymbol{b}+\boldsymbol{c},\ \boldsymbol{c}+\boldsymbol{a})=2(\boldsymbol{a},\ \boldsymbol{b},\ \boldsymbol{c})$.

8. 设向量 $\boldsymbol{a}=(3,0,-1)$, $\boldsymbol{b}=(2,-4,3)$, $\boldsymbol{c}=(-1,-2,2)$, 问这三个向量是否共面? 若不共面, 求以它们为边的平行六面体体积.

9. 已知 A,B,C,D 四点坐标, 判断它们是否共面? 如果不共面, 求以它们为顶点的四面体体积和从顶点 D 所引出的高的长.

(1) $A\left(1,0,1\right), B\left(4,4,6\right), C\left(2,2,3\right), D\left(10,14,17\right)$;

(2) $A\left(2,3,1\right), B\left(4,1,-2\right), C\left(6,3,7\right), D\left(-5,4,8\right)$.

8.3　空间的平面与直线

一、空间的平面

1. 平面的点法式方程

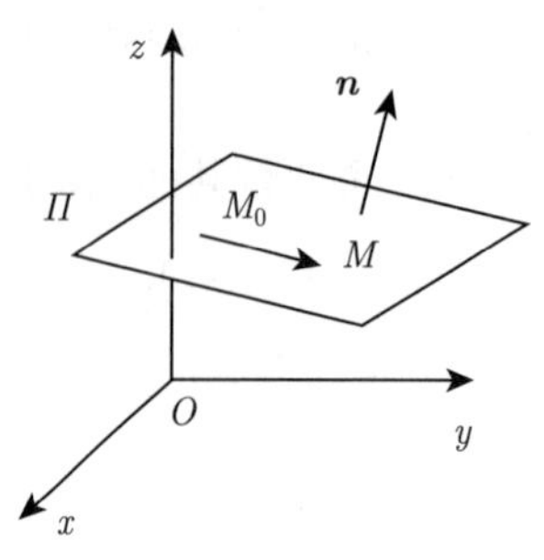

图 8.3.1

如果非零向量 $\boldsymbol{n}$ 垂直于平面 Π, 则称向量 $\boldsymbol{n}$ 为平面 Π 的**法向量**. 显然, 平面 Π 上的任一向量均与该平面的法向量 $\boldsymbol{n}$ 垂直, 如图 8.3.1 所示. 设平面 Π 的法向量 $\boldsymbol{n}=(A,B,C)$, $M_0(x_0,y_0,z_0)$ 为平面 Π 上一点, 则对平面 Π 上的任意一点 $M(x,y,z)$, 根据数量积的定义,

$$\boldsymbol{n}\cdot\overrightarrow{M_0M}=0,$$

即

$$A(x-x_0)+B(y-y_0)+C(z-z_0)=0, \tag{8.3.1}$$

这就是平面 Π 的方程. 由于方程 (8.3.1) 是由平面上的一点和平面的法向量所确定的, 所以称其为平面 Π 的**点法式方程**.

对方程 (8.3.1) 整理后, 有

$$Ax + By + Cz - (Ax_0 + By_0 + Cz_0) = 0,$$

即

$$Ax + By + Cz + D = 0, \tag{8.3.2}$$

方程 (8.3.2) 称为平面 Π 的**一般方程**, 其中 $D = -(Ax_0 + By_0 + Cz_0)$.

特别地, 过点 $P(a,0,0), Q(0,b,0), R(0,0,c)$ (a, b, c 均不为零) 的平面 Π 的方程为

$$\frac{x}{a} + \frac{y}{b} + \frac{z}{c} = 1, \tag{8.3.3}$$

方程 (8.3.3) 称为平面 Π 的**截距式方程**.

例 8.3.1 求过三点 $M_1(1,1,1)$, $M_2(-3,2,1)$ 及 $M_3(4,3,2)$ 的平面的方程.

解 由于平面的法向量 $\boldsymbol{n}$ 与向量 $\overrightarrow{M_1M_2}$, $\overrightarrow{M_1M_3}$ 都垂直, 因此可取 $\overrightarrow{M_1M_2} \times \overrightarrow{M_1M_3}$ 作为平面的法向量 $\boldsymbol{n}$, 即

$$\boldsymbol{n} = \overrightarrow{M_1M_2} \times \overrightarrow{M_1M_3} = \begin{vmatrix} \boldsymbol{i} & \boldsymbol{j} & \boldsymbol{k} \\ -4 & 1 & 0 \\ 3 & 2 & 1 \end{vmatrix} = \boldsymbol{i} + 4\boldsymbol{j} - 11\boldsymbol{k}.$$

根据平面的点法式方程, 所求平面的方程为

$$(x-1) + 4(y-1) - 11(z-1) = 0,$$

即 $x + 4y - 11z + 6 = 0$. □

例 8.3.2 设平面经过两点 $M_1(1,1,1)$ 和 $M_2(0,1,-1)$ 且垂直于平面 $x+y+z=0$, 求它的方程.

解 设所求平面的法向量为 $\boldsymbol{n}$, 由题设知

$$\boldsymbol{n} \perp \overrightarrow{M_1M_2}, \quad \boldsymbol{n} \perp \boldsymbol{n}_1,$$

其中 $\boldsymbol{n}_1$ 为平面 $x + y + z = 0$ 的法向量. 故所求平面的法向量 $\boldsymbol{n}$ 可取 $\boldsymbol{n}_1 \times \overrightarrow{M_1M_2}$, 即

$$\boldsymbol{n} = \boldsymbol{n}_1 \times \overrightarrow{M_1M_2} = \begin{vmatrix} \boldsymbol{i} & \boldsymbol{j} & \boldsymbol{k} \\ 1 & 1 & 1 \\ -1 & 0 & -2 \end{vmatrix} = 2\boldsymbol{i} - \boldsymbol{j} - \boldsymbol{k}.$$

因此所求平面方程为 $2(x-1) - (y-1) - (z-1) = 0$, 即 $2x - y - z = 0$. □

2. 空间平面的位置关系

设两平面的方程分别为

$$\Pi_1: A_1x + B_1y + C_1z + D_1 = 0,$$
$$\Pi_2: A_2x + B_2y + C_2z + D_2 = 0,$$

则它们的法向量分别为

$$\boldsymbol{n}_1 = (A_1, B_1, C_1), \quad \boldsymbol{n}_2 = (A_2, B_2, C_2).$$

当 Π_1 和 Π_2 相交时, 形成两个互补的二面角, 其中一个二面角和向量 $\boldsymbol{n}_1$ 与 $\boldsymbol{n}_2$ 的夹角 γ 相同. **平面 Π_1 和 Π_2 的夹角**定义为 $\theta = \min\{\gamma, \pi - \gamma\}$, 即 $\theta \in \left[0, \dfrac{\pi}{2}\right]$. 根据内积的定义,

$$\cos\theta = \frac{|\boldsymbol{n}_1 \cdot \boldsymbol{n}_2|}{|\boldsymbol{n}_1| \cdot |\boldsymbol{n}_2|} = \frac{|A_1A_2 + B_1B_2 + C_1C_2|}{\sqrt{A_1^2 + B_1^2 + C_1^2} \cdot \sqrt{A_2^2 + B_2^2 + C_2^2}}.$$

因此, 容易得到以下结论.

平面 Π_1, Π_2 互相垂直的充分必要条件是 $A_1A_2 + B_1B_2 + C_1C_2 = 0$;

平面 Π_1, Π_2 互相平行的充分必要条件是 $\dfrac{A_1}{A_2} = \dfrac{B_1}{B_2} = \dfrac{C_1}{C_2}$;

平面 Π_1，Π_2 重合的充分必要条件是 $\dfrac{A_1}{A_2} = \dfrac{B_1}{B_2} = \dfrac{C_1}{C_2} = \dfrac{D_1}{D_2}$.

3. 点到平面的距离

设 $P_0(x_0, y_0, z_0)$ 是平面 $\Pi: Ax + By + Cz + D = 0$ 外一点, 下面考虑 P_0 到平面 Π 的距离. 在 Π 上任取一点 $P_1(x_1, y_1, z_1)$, 则 P_0 到 Π 的距离就是 $\overrightarrow{P_1P_0}$ 在平面 Π 法向量 $\boldsymbol{n}$ 上的投影的绝对值 d (图 8.3.2), 即

$$d = \left|\overrightarrow{P_1P_0} \cdot \frac{\boldsymbol{n}}{|\boldsymbol{n}|}\right|.$$

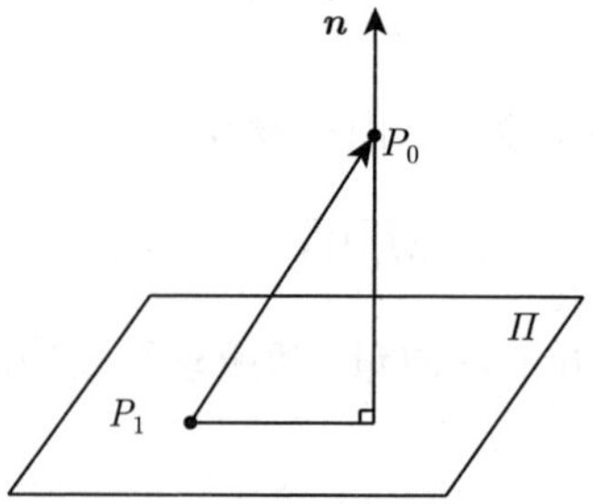

图 8.3.2

因为

$$\overrightarrow{P_1P_0} = (x_0 - x_1, y_0 - y_1, z_0 - z_1), \quad \boldsymbol{n} = (A, B, C),$$

故

$$d = \left| \frac{\boldsymbol{n}}{|\boldsymbol{n}|} \cdot \overrightarrow{P_1P_0} \right| = \frac{|\boldsymbol{n} \cdot \overrightarrow{P_1P_0}|}{|\boldsymbol{n}|}$$
$$= \frac{|A(x_0 - x_1) + B(y_0 - y_1) + C(z_0 - z_1)|}{\sqrt{A^2 + B^2 + C^2}}.$$

因为点 P_1 在平面 Π 上, 所以 P_1 满足平面方程, 即 $Ax_1 + By_1 + Cz_1 = -D$. 代入上式, 即得点 $P_0(x_0, y_0, z_0)$ 到平面 $\Pi: Ax + By + Cz + D = 0$ 的距离为

$$d = \frac{|Ax_0 + By_0 + Cz_0 + D|}{\sqrt{A^2 + B^2 + C^2}}.$$

二、空间的直线

1. 空间直线的一般方程

空间不平行的两个平面必然相交于一直线. 因此, 空间的直线 L 可视为两个平面 Π_1 与 Π_2 的交线. 设平面 Π_1 与 Π_2 的方程为

$$\Pi_1 \ : \ A_1x + B_1y + C_1z + D_1 = 0, \quad \Pi_2 \ : \ A_2x + B_2y + C_2z + D_2 = 0.$$

则其交线 L 的方程为

$$\begin{cases} A_1x + B_1y + C_1z + D_1 = 0, \\ A_2x + B_2y + C_2z + D_2 = 0. \end{cases} \tag{8.3.4}$$

方程 (8.3.4) 称为直线 L 的**一般方程**.

2. 空间直线的点向式方程与参数方程

设 L 为空间一条直线. 如果非零向量 $\boldsymbol{s} = (l, m, n)$ 平行于直线 L, 则称向量 $\boldsymbol{s}$ 为直线 L 的一个**方向向量**. 设 $M_0(x_0, y_0, z_0)$ 为直线 L 上一点, 则对直线 L 上任意一点 $M(x, y, z)$, $\overrightarrow{M_0M}$ 与 $\boldsymbol{s}$ 共线, 即存在常数 t, 使得

$$\overrightarrow{M_0M} = t\boldsymbol{s}. \tag{8.3.5}$$

由此可得

$$\frac{x - x_0}{l} = \frac{y - y_0}{m} = \frac{z - z_0}{n}. \tag{8.3.6}$$

方程 (8.3.6) 称为直线 L 的**点向式方程**.

在方程 (8.3.6) 中, 如果 $l=0,\ m\neq 0,\ n\neq 0$, 则方程 (8.3.6) 为

$$\begin{cases} x-x_0=0, \\ \dfrac{y-y_0}{m}=\dfrac{z-z_0}{n}. \end{cases}$$

其他情形可作类似理解.

根据式 (8.3.5), 我们可得

$$\begin{cases} x=x_0+lt, \\ y=y_0+mt, \\ z=z_0+nt. \end{cases} \tag{8.3.7}$$

方程 (8.3.7) 称为直线 L 的**参数方程**.

例 8.3.3　把直线 L 的一般方程 $\begin{cases} 2x+y+z-5=0, \\ 2x+y-3z-1=0 \end{cases}$ 化为点向式方程和参数方程.

解　先在直线 L 上任取一点 (x_0,y_0,z_0). 例如, 设 $x_0=1$, 代入直线方程得

$$\begin{cases} y_0+z_0=3, \\ y_0-3z_0=-1, \end{cases}$$

解得 $y_0=2, z_0=1$, 所以, $(1,2,1)$ 是直线 L 上一点.

下面求直线的方向向量. 由于 L 是平面 $\Pi_1: 2x+y+z-5=0$ 和平面 $\Pi_2: 2x+y-3z-1=0$ 的交线, 所以 L 垂直于 Π_1 的法向量 $\boldsymbol{n}_1=(2,1,1)$ 以及 Π_2 的法向量 $\boldsymbol{n}_2=(2,1,-3)$. 故 L 的方向向量可取

$$\boldsymbol{s}=\boldsymbol{n}_1\times\boldsymbol{n}_2=\begin{vmatrix} \boldsymbol{i} & \boldsymbol{j} & \boldsymbol{k} \\ 2 & 1 & 1 \\ 2 & 1 & -3 \end{vmatrix}=-4\boldsymbol{i}+8\boldsymbol{j}.$$

因此, 直线 L 的点向式方程为

$$\frac{x-1}{-4}=\frac{y-2}{8}=\frac{z-1}{0} \quad 或 \quad \frac{x-1}{1}=\frac{y-2}{-2}=\frac{z-1}{0}.$$

由上述第二个方程, 立即可得 L 的参数方程

$$\begin{cases} x=1+t, \\ y=2-2t, \\ z=1. \end{cases}$$

□

3. 空间直线的位置关系

设 L_1 和 L_2 为两条直线, 方程分别为

$$L_1: \frac{x-x_1}{l_1}=\frac{y-y_1}{m_1}=\frac{z-z_1}{n_1},$$

$$L_2: \frac{x-x_2}{l_2}=\frac{y-y_2}{m_2}=\frac{z-z_2}{n_2}.$$

则 $P_1(x_1,y_1,z_1)$ 和 $P_2(x_2,y_2,z_2)$ 分别为 L_1 和 L_2 上的点; $\boldsymbol{s}_1=(l_1,m_1,n_1)$ 和 $\boldsymbol{s}_2=(l_2,m_2,n_2)$ 分别为 L_1 和 L_2 的方向向量.

显然, 我们有以下结论, 请读者自行验证.

(1) 当 $\boldsymbol{s}_1$ 和 $\boldsymbol{s}_2$ 共线时,

(i) L_1 和 L_2 平行的充要条件是 $\overrightarrow{P_1P_2}$ 与 $\boldsymbol{s}_1$ 不共线;

(ii) L_1 和 L_2 重合的充要条件是 $\overrightarrow{P_1P_2}$ 与 $\boldsymbol{s}_1$ 共线;

(2) 当 $\boldsymbol{s}_1$ 和 $\boldsymbol{s}_2$ 不共线时,

(i) L_1 和 L_2 交于一点的充要条件是 $(\overrightarrow{P_1P_2},\boldsymbol{s}_1,\boldsymbol{s}_2)=0$;

(ii) L_1 和 L_2 异面的充要条件是 $(\overrightarrow{P_1P_2},\boldsymbol{s}_1,\boldsymbol{s}_2)\neq 0$.

特别地, 若 L_1 和 L_2 异面, 则异面直线 L_1 和 L_2 的距离为

$$d(L_1,L_2)=\frac{\left|\left(\overrightarrow{P_1P_2},\boldsymbol{s}_1,\boldsymbol{s}_2\right)\right|}{|\boldsymbol{s}_1\times\boldsymbol{s}_2|}.$$

4. 点到直线的距离

设直线 L 过点 P_0, 方向向量为 $\boldsymbol{s}$. 设 P_1 是直线 L 外一点. 根据向量积的几何意义, 点 P_1 与直线 L 的距离 d 是以 $\overrightarrow{P_0P_1}$ 和 $\boldsymbol{s}$ 为边的平行四边形的边 $\boldsymbol{s}$ 上的高, 所以

$$d=\frac{\left|\overrightarrow{P_0P_1}\times\boldsymbol{s}\right|}{|\boldsymbol{s}|}.$$

5. 夹角

(1) 两直线的夹角.

两直线的方向向量的夹角 (通常指锐角) 称为**两直线的夹角**. 设直线 L_1 和 L_2 的方向向量分别为

$$\boldsymbol{s}_1=(l_1,m_1,n_1) \quad \text{和} \quad \boldsymbol{s}_2=(l_2,m_2,n_2).$$

根据向量内积的定义, L_1 和 L_2 的夹角 θ 的余弦表达式为

$$\cos\theta=\frac{|l_1l_2+m_1m_2+n_1n_2|}{\sqrt{l_1^2+m_1^2+n_1^2}\cdot\sqrt{l_2^2+m_2^2+n_2^2}}.$$

(2) 直线与平面的夹角.

当直线 L 与平面 Π 不垂直时, 则称直线 L 和它在平面 Π 上的投影直线的夹角 θ $\left(0 \leqslant \theta < \dfrac{\pi}{2}\right)$ 为**直线 L 与平面 Π 的夹角**. 当直线 L 与平面 Π 垂直时, 则定义直线 L 与平面 Π 的夹角为 $\dfrac{\pi}{2}$.

设直线 L 的方向向量为 $\boldsymbol{s} = (l, m, n)$, 平面 Π 的法向量为 $\boldsymbol{n} = (A, B, C)$, 则直线 L 与平面 Π 的夹角 θ 的正弦表达式为

$$\sin\theta = \frac{|Al + Bm + Cn|}{\sqrt{A^2 + B^2 + C^2} \cdot \sqrt{l^2 + m^2 + n^2}}.$$

三、平面束

由几何知识, 经过一条直线 L 的平面有无穷多个, 平行于一个平面 Π 的平面也有无穷多个. 如何来确定这些平面的共性呢? 我们先引入平面束的定义. 称经过同一直线 L 的所有平面构成的集合为**有轴平面束**, 其中 L 为平面束的轴; 称平行于同一平面 Π 的所有平面构成的集合为**平行平面束**.

设直线 L 的一般方程为

$$\begin{cases} A_1x + B_1y + C_1z + D_1 = 0, \\ A_2x + B_2y + C_2z + D_2 = 0, \end{cases}$$

则以 L 为轴的有轴平面束的方程为

$$\lambda(A_1x + B_1y + C_1z + D_1) + \mu(A_2x + B_2y + C_2z + D_2) = 0,$$

其中 λ, μ 是不全为零的任意实数. 特别地, 如下方程:

$$A_1x + B_1y + C_1z + D_1 + \lambda(A_2x + B_2y + C_2z + D_2) = 0$$

表示除平面 $\Pi_2 : A_2x + B_2y + C_2z + D_2 = 0$ 外经过 L 的所有平面, 其中 λ 为任意实数.

平行于平面 $\Pi : Ax + By + Cz + D = 0$ 的平行平面束方程为

$$Ax + By + Cz + \lambda = 0,$$

其中 λ 为任意实数.

例 8.3.4　求直线 $L : \begin{cases} 2x - y + z - 1 = 0, \\ x + y - z + 1 = 0 \end{cases}$ 在平面 $\Pi : x + 2y - z = 0$ 上的投影直线的方程.

解 过直线 L 的平面束方程为

$$\lambda(2x-y+z-1)+\mu(x+y-z+1)=0,$$

即

$$(2\lambda+\mu)x+(-\lambda+\mu)y+(\lambda-\mu)z+(-\lambda+\mu)=0. \tag{8.3.8}$$

设 Π' 为过直线 L 且与平面 Π 垂直的平面, 则 Π' 与 Π 的交线即为 L 在 Π 上的投影直线 L'. 根据式 (8.3.8), 由于 Π' 与 Π 垂直, 故

$$(2\lambda+\mu)\cdot 1+(-\lambda+\mu)\cdot 2+(\lambda-\mu)\cdot(-1)=0,$$

即 $\lambda=4\mu$. 代入式 (8.3.8) 并约去 μ, 化简可得 Π' 的方程为

$$3x-y+z-1=0.$$

因此, 投影直线 L' 的方程为

$$\begin{cases} 3x-y+z-1=0, \\ x+2y-z=0. \end{cases}$$

□

例 8.3.5 求通过直线 $\begin{cases} x+5y+z=0, \\ x-z+4=0 \end{cases}$ 且与平面 $x-4y-8z+12=0$ 成 $\dfrac{\pi}{4}$ 角的平面.

解 设所求的平面为 $\mu(x+5y+z)+\lambda(x-z+4)=0$, 整理即得

$$(\mu+\lambda)x+5\mu y+(\mu-\lambda)z+4\lambda=0.$$

根据平面的夹角公式,

$$\frac{(\mu+\lambda)+5\mu\times(-4)+(\mu-\lambda)\times(-8)}{\sqrt{(\mu+\lambda)^2+(5\mu)^2+(\mu-\lambda)^2}\cdot\sqrt{1^2+(-4)^2+(-8)^2}}=\pm\cos\frac{\pi}{4}=\pm\frac{\sqrt{2}}{2},$$

从而 $\mu:\lambda=0:1$ 或 $(-4):3$, 即所求平面为

$$x-z+4=0 \quad 或 \quad x+20y+7z-12=0.$$

□

习 题 8.3

1. 求过点 $M_1(3,-5,1)$ 和 $M_2(4,1,2)$ 且垂直于平面 $x-8y+3z-1=0$ 的平面.
2. 设平面过原点及点 $(6,-3,2)$, 且与平面 $4x-y+2z=8$ 垂直, 求此平面方程.

3. 设平面 $\frac{x}{a}+\frac{y}{b}+\frac{z}{c}=1$ 分别与三个坐标轴交于点 A,B,C. 求 $\triangle ABC$ 的面积.

4. 求 l,m,n 的值, 使得 $(l-3)x+(m+1)y+(n-3)z+8=0$ 和 $(m+3)x+(n-9)y+(l-3)z-16=0$ 表示同一平面.

5. 求平面 $3x+6y-2z-7=0$ 与 $3x+6y-2z+14=0$ 之间的距离.

6. 求两平面 $x-y+2z-6=0$ 和 $2x+y+z-5=0$ 的夹角.

7. 求点 (2, 1, 1) 到平面 $x+y-z+1=0$ 的距离.

8. 求过点 $M(1,0,-2)$ 且与两直线 $\frac{x-1}{1}=\frac{y}{1}=\frac{z+1}{-1}$ 和 $\frac{x}{1}=\frac{y-1}{-1}=\frac{z+1}{0}$ 都垂直的直线.

9. 求过直线 $\frac{x-1}{2}=\frac{y+2}{-3}=\frac{z-2}{2}$ 且与平面 $3x+2y-z-5=0$ 垂直的平面.

10. 求过点 $P(2,0,-1)$ 和直线 $\frac{x+1}{2}=\frac{y}{-1}=\frac{z-2}{3}$ 的平面.

11. 求过直线 $\frac{x-2}{1}=\frac{y+3}{-5}=\frac{z+1}{-1}$ 且与直线

$$\begin{cases} 2x-y+z-3=0, \\ x+2y-z-5=0 \end{cases}$$

平行的平面.

12. 求过点 (−3, 2, 5) 且与两平面 $x-4z=3$ 和 $2x-y-5z=1$ 的交线平行的直线方程.

13. 求过点 (2, 1, 2) 且与直线 $\frac{x-2}{1}=\frac{y-3}{1}=\frac{z-4}{2}$ 垂直相交的直线的方程.

14. 判别下列各对直线的相互位置. 如果是相交的或平行的直线, 求出它们所在的平面; 如果是异面直线, 求出它们之间的距离.

(1) $\frac{x-3}{3}=\frac{y-8}{-1}=\frac{z-3}{1}$ 与 $\frac{x+3}{-3}=\frac{y+7}{2}=\frac{z-6}{4}$;

(2) $\begin{cases} x=t, \\ y=2t+1, \\ z=-t-2 \end{cases}$ 与 $\frac{x-1}{4}=\frac{y-4}{7}=\frac{z+2}{-5}$.

15. 求点 $P(2,3,-1)$ 到直线 $\begin{cases} 2x-2y+z+3=0, \\ 3x-2y+2z+17=0 \end{cases}$ 的距离.

16. 求直线 $\begin{cases} x+y-z-1=0, \\ x-y+z+1=0 \end{cases}$ 在平面 $x+y+z=0$ 上的投影直线的方程.

17. 求过直线 $\frac{x+1}{0}=\frac{y+2}{2}=\frac{z}{-3}$ 且与点 $P(4,1,2)$ 的距离为 3 的平面.

8.4 几种常见的二次曲面

一、柱面

给定曲线 C 和直线 L, 且 L 与 C 不共面, 由平行于 L 的动直线沿曲线 C 移动所产生的曲面称为**柱面**, 其中, 曲线 C 称为该**柱面的准线**, 动直线称为该**柱面的母线**.

下面仅讨论母线平行于坐标轴的柱面. 设准线 C 为 xOy 面内的一条曲线, 其方程为 $F(x,y)=0$, 沿 C 作母线平行于 z 轴的柱面 (图 8.4.1). 在柱面上任取一点 $M(x,y,z)$, 则 M 在 xOy 平面的投影为点 $M_0(x,y,0)$. 由于 M_0 在准线 C 上, 所以 $F(x,y)=0$, 即 M 的坐标应满足方程 $F(x,y)=0$. 故该柱面的方程为 $F(x,y)=0$.

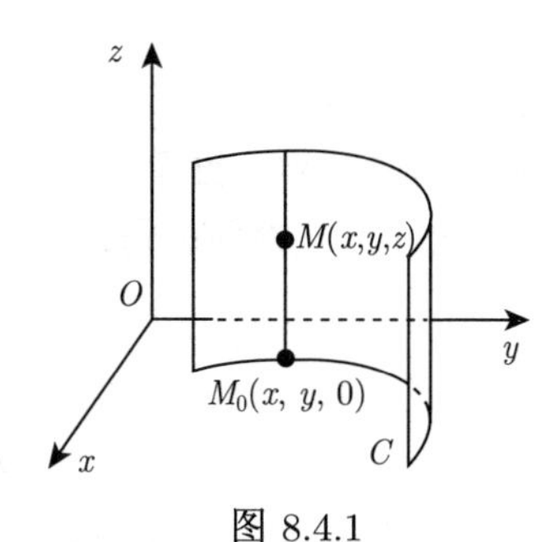

图 8.4.1

一般地, 方程 $F(x,y)=0$ 表示母线平行于 z 轴的柱面, 其准线为 xOy 面上的曲线 $F(x,y)=0$. 方程 $G(x,z)=0$ 表示母线平行于 y 轴的柱面, 其准线为 zOx 面上的曲线 $G(x,z)=0$. 方程 $H(y,z)=0$ 表示母线平行于 x 轴的柱面, 其准线为 yOz 面上的曲线 $H(y,z)=0$.

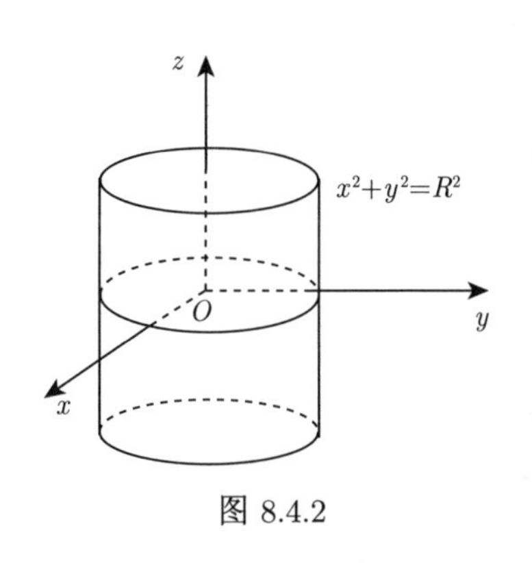

图 8.4.2

例如, 方程 $x^2+y^2=R^2$ 表示母线平行于 z 轴、准线为 xOy 平面上的圆 $x^2+y^2=R^2$ 的柱面 (图 8.4.2), 称其为**圆柱面**. 类似地, 曲面 $x^2+z^2=R^2$, $y^2+z^2=R^2$ 都表示圆柱面.

方程 $y^2=2x$ 表示母线平行于 z 轴, 以 xOy 坐标面上的抛物线 $y^2=2x$ 为准线的柱面, 称其为**抛物柱面** (图 8.4.3).

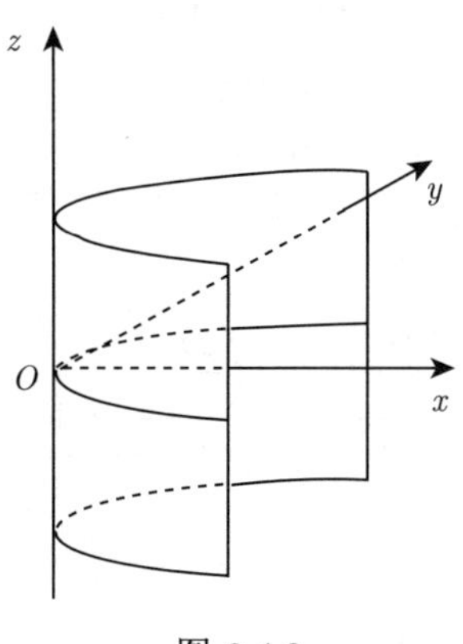

图 8.4.3

方程 $x-z=0$ 表示母线平行于 y 轴的柱面, 其准线是 xOz 面上的直线 $x-z=0$, 所以它是过 y 轴的平面.

二、锥面

给定点 A 与曲线 C, 其中 A 不在 C 上, 由过点 A 且与曲线 C 相交的动直线运动所形成的曲面称为**锥面**, 其中点 A 称为该**锥面的顶点**, 曲线 C 称为该**锥面的准线**, 动直线称为该**锥面的母线**. 如图 8.4.4 所示.

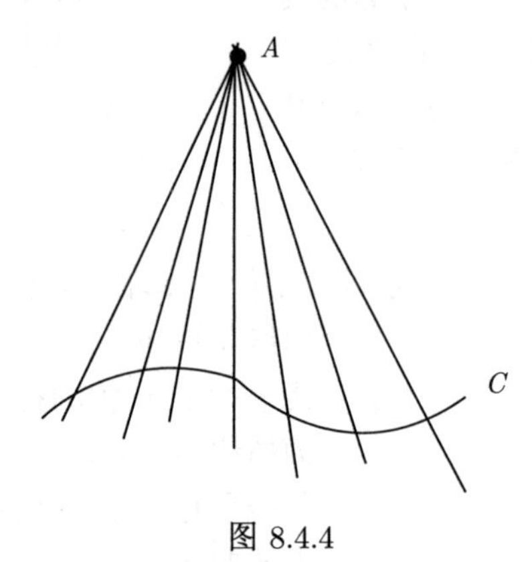

图 8.4.4

例 8.4.1 求以坐标原点 O 为顶点, 以椭圆

$$C:\begin{cases}\dfrac{x^2}{a^2}+\dfrac{y^2}{b^2}=1,\\ z=c\quad(c\neq 0)\end{cases}$$

为准线的锥面方程.

解 设 $P(x,y,z)$ 为锥面上任意一点, 过点 P 的母线 OP 交准线 C 于点 $P_1(x_1,y_1,z_1)$, 则

$$\overrightarrow{OP_1}=t\overrightarrow{OP},$$

即 $x_1=tx$, $y_1=ty$, $z_1=tz$, 代入 C 的方程,

$$\frac{(tx)^2}{a^2}+\frac{(ty)^2}{b^2}=1,\quad tz=c.$$

消去参数 t, 得到锥面方程

$$\frac{\left(\dfrac{cx}{z}\right)^2}{a^2}+\frac{\left(\dfrac{cy}{z}\right)^2}{b^2}=1,$$

即

$$\frac{x^2}{a^2}+\frac{y^2}{b^2}-\frac{z^2}{c^2}=0.$$

特别地, 当 $a=b$ 时, 该锥面是圆锥面. □

三、旋转曲面

设平面曲线 C 与直线 L 共面, 由曲线 C 围绕直线 L 旋转一周所形成的曲面称为**旋转曲面**, 其中曲线 C 称为该**旋转曲面的母线**, 直线 L 称为该**旋转曲面的旋转轴**.

设 $C: f(y,z)=0$ 为 yOz 平面上的曲线, 该曲线绕 z 轴旋转一周, 形成旋转曲面, 如图 8.4.5 所示. 下面讨论该旋转曲面的方程.

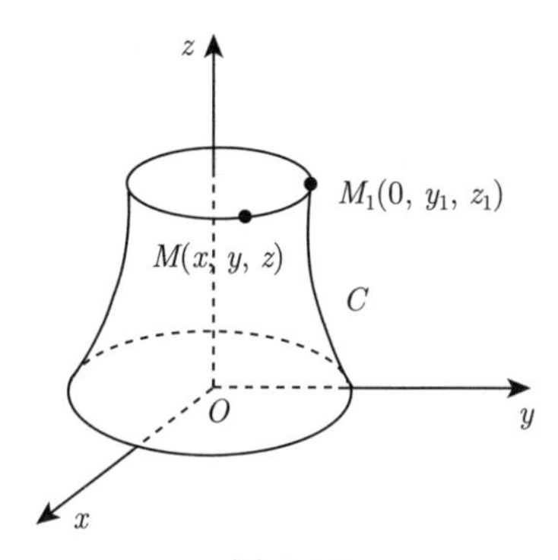

图 8.4.5

设 $M(x,y,z)$ 为旋转曲面上的任意一点. 过点 M 作垂直于 z 轴的平面, 交曲线 C 于点 $M_1(0,y_1,z_1)$, 则点 M 可视为由点 M_1 绕 z 轴旋转而得. 因此

$$z=z_1, \quad \sqrt{x^2+y^2}=|y_1|,$$

即

$$z_1=z, \quad y_1=\pm\sqrt{x^2+y^2}.$$

由于点 M_1 在 C 上, 故 $f(y_1,z_1)=0$, 从而旋转曲面的方程为

$$f(\pm\sqrt{x^2+y^2},z)=0. \tag{8.4.1}$$

类似地, yOz 平面上的曲线 $f(y,z)=0$ 绕 y 轴旋转一周的旋转曲面方程为

$$f(y,\pm\sqrt{x^2+z^2})=0;$$

xOy 平面上的曲线 $f(x,y)=0$ 绕 x 轴旋转一周的旋转曲面方程为

$$f(x,\pm\sqrt{y^2+z^2})=0.$$

例 8.4.2　直线 L 绕另一条与之相交的直线 L' 旋转一周所形成的旋转曲面为圆锥面. L 与 L' 的交点就是圆锥面的顶点, 两直线的夹角 $\alpha\left(0<\alpha<\dfrac{\pi}{2}\right)$ 称为圆锥面的**半顶角**. 试建立该圆锥面的方程.

解 建立直角坐标系, 使得 L 与 L' 的交点为坐标原点, 直线 L' 与 z 轴重合, 直线 L 在 yOz 面内, 其方程为

$$z = y\cot\alpha.$$

因为 z 轴为旋转轴, 根据式 (8.4.1), 圆锥面的方程为

$$z = \pm\sqrt{x^2+y^2}\cot\alpha,$$

即

$$z^2 = a^2(x^2+y^2),$$

其中 $a = \cot\alpha > 0$. □

四、其他常见的二次曲面

1. 球面

由方程

$$(x-x_0)^2+(y-y_0)^2+(z-z_0)^2 = R^2 \quad (R>0)$$

所确定的曲面称为**球面**, 其中点 $M_0(x_0,y_0,z_0)$ 称为球面的**球心**, R 称为球面**半径**. 特别地, 以原点为球心、以 R 为半径的球面方程为 $x^2+y^2+z^2=R^2$.

球面的几何意义: 到定点 M_0 的距离为 R 的动点的运动轨迹.

2. 椭球面

由方程

$$\frac{x^2}{a^2}+\frac{y^2}{b^2}+\frac{z^2}{c^2}=1 \quad (a>0,b>0,c>0) \tag{8.4.2}$$

所确定的曲面称为**椭球面**. 如果 $a=b=c$, 则式 (8.4.2) 表示球面. 因此, 球面是椭球面的特殊情形.

把 zOx 面上的椭圆 $\dfrac{x^2}{a^2}+\dfrac{z^2}{c^2}=1$ 绕 z 轴旋转一周所得的曲面称为**旋转椭球面**, 根据式 (8.4.1), 其方程为

$$\frac{x^2+y^2}{a^2}+\frac{z^2}{c^2}=1. \tag{8.4.3}$$

如果把旋转椭球面 (8.4.3) 沿 y 轴方向伸缩 $\dfrac{b}{a}$ 倍, 则得到椭球面 (8.4.2). 把球面 $x^2+y^2+z^2=a^2$ 沿 z 轴方向伸缩 $\dfrac{c}{a}$ 倍, 则得到旋转椭球面 (8.4.3). 请读者考虑其他类型的旋转椭球面.

3. **单叶双曲面**

由方程

$$\frac{x^2}{a^2}+\frac{y^2}{b^2}-\frac{z^2}{c^2}=1 \quad (a>0,b>0,c>0) \tag{8.4.4}$$

所确定的曲面称为**单叶双曲面** (图 8.4.6).

把 zOx 平面上的双曲线 $\dfrac{x^2}{a^2}-\dfrac{z^2}{c^2}=1$ 绕 z 轴旋转一周所得的曲面称为**旋转单叶双曲面**. 根据式 (8.4.1), 其方程为

$$\frac{x^2+y^2}{a^2}-\frac{z^2}{c^2}=1. \tag{8.4.5}$$

把旋转单叶双曲面 (8.4.5) 沿 y 轴方向伸缩 $\dfrac{b}{a}$ 倍, 即得单叶双曲面 (8.4.4).

4. **双叶双曲面**

由方程

$$\frac{x^2}{a^2}-\frac{y^2}{b^2}-\frac{z^2}{c^2}=1 \quad (a>0,b>0,c>0) \tag{8.4.6}$$

所表示的曲面称为**双叶双曲面** (图 8.4.7).

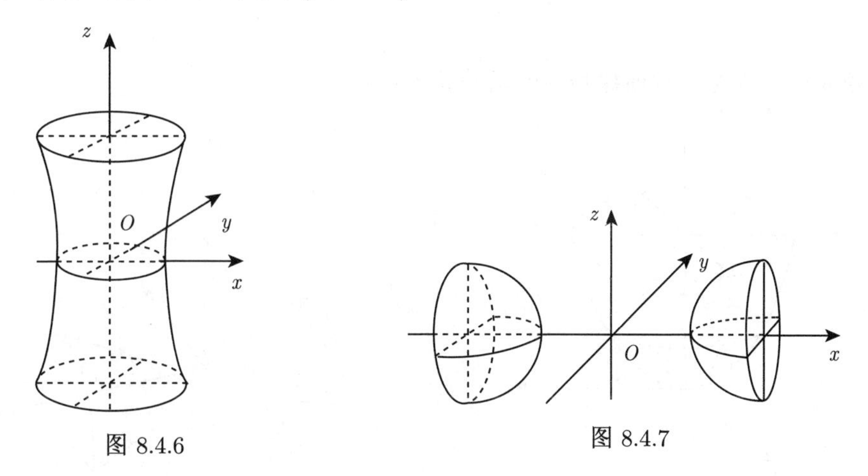

图 8.4.6　　图 8.4.7

把 zOx 平面上的双曲线 $\dfrac{x^2}{a^2}-\dfrac{z^2}{c^2}=1$ 绕 x 轴旋转一周所得的曲面称为**旋转双叶双曲面**. 根据式 (8.4.1), 其方程为

$$\frac{x^2}{a^2}-\frac{y^2+z^2}{c^2}=1. \tag{8.4.7}$$

把旋转双叶双曲面 (8.4.7) 沿 y 轴方向伸缩 $\dfrac{b}{c}$ 倍, 即得双叶双曲面 (8.4.6).

5. 椭圆抛物面

由方程

$$\frac{x^2}{a^2}+\frac{y^2}{b^2}=z \quad (a>0,b>0) \tag{8.4.8}$$

所确定的曲面称为**椭圆抛物面** (图 8.4.8).

把 zOx 面上的抛物线 $\frac{x^2}{a^2}=z$ 绕 z 轴旋转一周所得曲面称为**旋转抛物面**, 其方程为

$$\frac{x^2+y^2}{a^2}=z. \tag{8.4.9}$$

把旋转抛物面 (8.4.9) 沿 y 轴方向伸缩 $\frac{b}{a}$ 倍, 即得到椭圆抛物面 (8.4.8).

由方程

$$\frac{x^2}{a^2}+\frac{y^2}{b^2}=-z \quad (a>0,b>0) \tag{8.4.10}$$

所确定的曲面也是椭圆抛物面. 请读者讨论其图像及类似性质.

6. 双曲抛物面

由方程

$$\frac{x^2}{a^2}-\frac{y^2}{b^2}=z \quad (a>0,b>0) \tag{8.4.11}$$

所确定的曲面称为**双曲抛物面**或**马鞍面** (图 8.4.9).

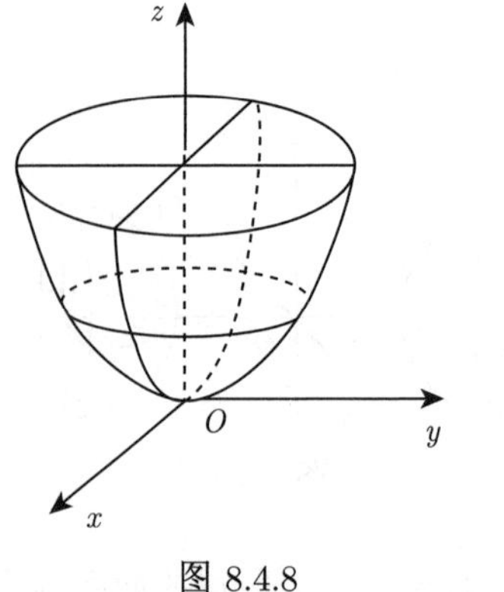

图 8.4.8

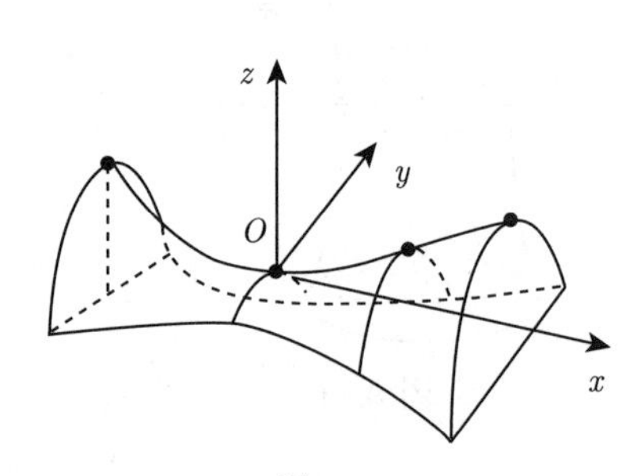

图 8.4.9

用平面 $x=t$ 截此曲面, 所得截线为平面 $x=t$ 上的抛物线 $l:-\frac{y^2}{b^2}=z-\frac{t^2}{a^2}$, 此抛物线开口朝下, 顶点坐标为 $\left(t,0,\frac{t^2}{a^2}\right)$. 当 t 变化时, l 的形状不变, l 的顶点轨迹形成平面 $y=0$ 上的抛物线 $L:z=\frac{x^2}{a^2}$. 因此, 双曲抛物面就是母线 l 以其顶点

在准线 L 上移动所产生的曲面. 请读者思考以平面 $z=t$ 截此曲面所得曲线. 当然, 由方程

$$\frac{x^2}{a^2}-\frac{y^2}{b^2}=-z \quad (a>0,b>0) \tag{8.4.12}$$

所确定的曲面也是双曲抛物面.

五、空间曲线在坐标面上的投影

设空间曲线 C 的一般方程为

$$\begin{cases} F(x,y,z)=0, \\ G(x,y,z)=0. \end{cases} \tag{8.4.13}$$

从方程组 (8.4.13) 消去变量 z 后, 所得的方程设为

$$H(x,y)=0. \tag{8.4.14}$$

由于方程 (8.4.14) 是由方程组 (8.4.13) 消去变量 z 所得的, 因此, 当坐标 x,y,z 满足方程组 (8.4.13) 时, 它也一定满足方程 (8.4.14), 故曲线 C 上的点都在方程 (8.4.14) 所表示的曲面上. 注意到方程 (8.4.14) 表示一个母线平行于 z 轴的柱面. 根据上述讨论, 该柱面一定包含曲线 C.

以 C 为准线且母线平行于 z 轴的柱面称为曲线 C 关于 xOy 面的**投影柱面**, 该投影柱面与 xOy 面的交线称为曲线 C 在 xOy 面上的**投影曲线**, 简称**投影**. 根据式 (8.4.14), C 在 xOy 面上的投影曲线的方程为

$$\begin{cases} H(x,y)=0, \\ z=0. \end{cases}$$

类似可得曲线 C 在 yOz 面或 zOx 面上的投影曲线的方程. 请读者自行讨论.

例 8.4.3　已知两球面的方程为 $x^2+y^2+z^2=1$ 和 $x^2+(y-1)^2+(z-1)^2=1$, 求它们的交线 C 在 xOy 面上的投影方程.

解　将题中两个方程相减, 可得 $y+z=1$. 将 $z=1-y$ 代入第一个方程 $x^2+y^2+z^2=1$, 可得 $x^2+2y^2-2y=0$, 即为交线 C 关于 xOy 面的投影柱面方程. 因此, 交线 C 在 xOy 面上的投影方程为

$$\begin{cases} x^2+2y^2-2y=0, \\ z=0. \end{cases}$$ □

例 8.4.4　设一个几何体由上半球面 $z=\sqrt{4-x^2-y^2}$ 和锥面 $z=\sqrt{3(x^2+y^2)}$ 所围成, 求它在 xOy 面上的投影.

解　如图 8.4.10 所示, 半球面与锥面交线为

$$C:\begin{cases} z=\sqrt{4-x^2-y^2}, \\ z=\sqrt{3(x^2+y^2)}. \end{cases}$$

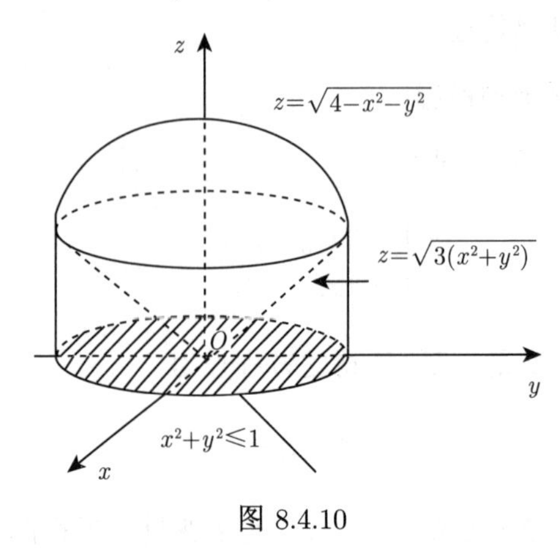

图 8.4.10

消去 z 并整理, 可得投影柱面方程为

$$x^2+y^2=1.$$

故 C 在 xOy 面上的投影曲线为

$$\begin{cases} x^2+y^2=1, \\ z=0, \end{cases}$$

即 xOy 平面上的以原点为圆心的单位圆, 从而该几何体在 xOy 平面上的投影为单位圆盘, 即

$$\begin{cases} x^2+y^2\leqslant 1, \\ z=0. \end{cases}$$

□

习　题　8.4

1. 设柱面的准线方程为 $\begin{cases} x+y-z-1=0, \\ x-y+z=0, \end{cases}$ 母线平行于直线 $x=y=z$, 求该柱面方程.

2. 求准线为

$$\begin{cases} (x-1)^2+(y+3)^2+(z-2)^2=25, \\ x+y-z+2=0, \end{cases}$$

母线平行于直线 $x=y$, $z=c$ 的柱面方程.

3. 求顶点在原点, 准线为 $\begin{cases} x^2-2z+1=0, \\ y-z+1=0 \end{cases}$ 的锥面方程.

4. 求以原点为顶点且经过三坐标轴的圆锥面方程.

5. 求下列旋转曲面的方程.

(1) 曲线 $\begin{cases} z^2=5x, \\ y=0 \end{cases}$ 绕 x 轴旋转一周;

(2) 曲线 $\begin{cases} x^2+z^2=9, \\ y=0 \end{cases}$ 绕 z 轴旋转一周.

6. 求曲线 $\begin{cases} z=x^2+y^2, \\ x^2+2x+y^2=0 \end{cases}$ 在 xOy 面上的投影.

7. 求曲线 $\begin{cases} x^2+y^2+z^2=1, \\ y^2=z \end{cases}$ 在 zOx 面上的投影.

// 复习题8 //

1. 试证: 在允许平移下, 三角形的三条中线可以构成一个三角形.

2. 利用向量证明 $\triangle ABC$ 的三条中线交于一点 P, 并且对任意一点 O, 有

$$\overrightarrow{OP}=\frac{1}{3}\left(\overrightarrow{OA}+\overrightarrow{OB}+\overrightarrow{OC}\right).$$

3. 已知 $|\boldsymbol{a}|=2$, $|\boldsymbol{b}|=5$, $\boldsymbol{a}$ 与 $\boldsymbol{b}$ 的夹角为 $\frac{2}{3}\pi$. 当 λ 为何值时, 向量 $\lambda\boldsymbol{a}+17\boldsymbol{b}$ 与 $3\boldsymbol{a}-\boldsymbol{b}$ 垂直.

4. 证明: 向量 $\boldsymbol{a},\boldsymbol{b},\boldsymbol{c}$ 不共面当且仅当 $\boldsymbol{a}\times\boldsymbol{b}$, $\boldsymbol{b}\times\boldsymbol{c}$, $\boldsymbol{c}\times\boldsymbol{a}$ 不共面.

5. 已知 $|\boldsymbol{a}|=2$, $|\boldsymbol{b}|=\sqrt{2}$, 且 $|\boldsymbol{a}\times\boldsymbol{b}|=2$, 求 $\boldsymbol{a}\cdot\boldsymbol{b}$.

6. 设 $\boldsymbol{a}=(-1,3,2)$, $\boldsymbol{b}=(2,-3,-4)$, $\boldsymbol{c}=(-3,12,6)$. 试证 $\boldsymbol{a}$, $\boldsymbol{b}$, $\boldsymbol{c}$ 共面, 并用 $\boldsymbol{a}$, $\boldsymbol{b}$ 表示 $\boldsymbol{c}$, 求 $\boldsymbol{c}$ 在 z 轴上的投影及 $\boldsymbol{c}$ 在 $\boldsymbol{a}$ 上的投影.

7. 已知两直线方程 $L_1:\frac{x-1}{1}=\frac{y-2}{0}=\frac{z-3}{-1}$ 和 $L_2:\frac{x+2}{2}=\frac{y-1}{1}=\frac{z}{1}$, 求过 L_1 且平行于 L_2 的平面方程.

8. 求过点 $P(1,1,1)$ 且与直线 $L:\frac{x}{1}=\frac{y}{1}=\frac{z+2}{-3}$ 垂直相交的直线方程.

9. 讨论两直线 $L_1:\frac{x-3}{2}=\frac{y}{4}=\frac{z+1}{3}$ 和 $L_2:\begin{cases} x=2t-1, \\ y=3, \\ z=t+2 \end{cases}$ 是否相交. 若相交, 求它们的交点; 若不相交, 求它们的距离.

10. 求直线 $L:\frac{x-1}{1}=\frac{y}{1}=\frac{z-1}{-1}$ 在平面 $\Pi: x-y+2z-1=0$ 上的投影直线 L_0 的

方程.

11. 求过点 $(-1,0,4)$, 平行于平面 $3x-4y+z-10=0$, 且与直线 $\frac{x+1}{1}=\frac{y-3}{1}=\frac{z}{2}$ 相交的直线的方程.

12. 求过点 $M(-1,0,1)$, 垂直于直线 $\frac{x-2}{3}=\frac{y+1}{-4}=\frac{z}{1}$, 且与直线 $\frac{x+1}{1}=\frac{y-3}{1}=\frac{z}{2}$ 相交的直线的方程.

13. 求直线 $\frac{x}{3}=\frac{y}{2}=\frac{z}{6}$ 绕 z 轴旋转一周而成的旋转曲面方程.

14. 求以点 $A(0,0,1)$ 为顶点, 以椭圆 $\begin{cases} \frac{x^2}{25}+\frac{y^2}{9}=1, \\ z=3 \end{cases}$ 为准线的锥面方程.

15. 设圆锥面 $z=\sqrt{x^2+y^2}$ 与柱面 $z^2=2x$ 的交线为 C, 求 C 在 xOy 平面上的投影曲线的方程.

Chapter 9 第9章

多元函数微分学

在前面我们讨论了仅含一个自变量的函数的微分和积分, 即一元函数微积分. 从本章开始我们将讨论含多个变量的函数的微积分, 即多元函数的微积分. 多元函数的微积分与一元函数微积分有相似性但也有差异性. 本章主要以二元函数为主, 讨论多元函数微分学.

9.1 多元函数的概念

设 $\mathbb{R}$ 为实数全体. 定义 n 个 $\mathbb{R}$ 的笛卡儿乘积为

$$\mathbb{R}^n = \mathbb{R} \times \mathbb{R} \times \cdots \times \mathbb{R} = \{(x_1, x_2, \cdots, x_n) \mid x_i \in \mathbb{R}, i = 1, 2, \cdots, n\}.$$

根据定义, $\mathbb{R}^n$ 的元素 $\boldsymbol{x} = (x_1, x_2, \cdots, x_n)$ 即为由 n 个实数 $x_1, x_2, \cdots, x_n$ 构成的有序数组, 称之为**向量或点**, 称 x_i 为向量 $\boldsymbol{x}$ 的第 i 个**坐标或分量**. 特别地, $\mathbb{R}^n$ 的零向量定义并记为 $\mathbf{0} = (0, 0, \cdots, 0)$.

类似于 8.2 节关于向量加法和数乘的坐标表示, 在 $\mathbb{R}^n$ 中定义加法和数乘运算. 设 $\boldsymbol{x} = (x_1, x_2, \cdots, x_n)$, $\boldsymbol{y} = (y_1, y_2, \cdots, y_n)$ 为 $\mathbb{R}^n$ 的向量, $\lambda \in \mathbb{R}$, 则

$$\begin{aligned}
&\boldsymbol{x} + \boldsymbol{y} = (x_1 + y_1, x_2 + y_2, \cdots, x_n + y_n), \\
&\lambda \boldsymbol{x} = (\lambda x_1, \lambda x_2, \cdots, \lambda x_n).
\end{aligned}$$

根据线性代数知识, $\mathbb{R}^n$ 为 $\mathbb{R}$ 上的 n 维向量空间.

如果在 n 维向量空间 $\mathbb{R}^n$ 再引入内积

$$\langle \boldsymbol{x}, \boldsymbol{y} \rangle = x_1 y_1 + x_2 y_2 + \cdots + x_n y_n,$$

则 $\mathbb{R}^n$ 为 $\mathbb{R}$ 上的 n 维欧氏 (Euclid) 空间. 向量 $\boldsymbol{x}$ 的长度 $|\boldsymbol{x}|$ 定义为

$$|\boldsymbol{x}| = \langle \boldsymbol{x}, \boldsymbol{x} \rangle^{\frac{1}{2}} = \sqrt{x_1^2 + x_2^2 + \cdots + x_n^2}.$$

向量 (或点) $\boldsymbol{x}$ 和 $\boldsymbol{y}$ 的距离定义为

$$|\boldsymbol{x} - \boldsymbol{y}| = \sqrt{(y_1 - x_1)^2 + (y_2 - x_2)^2 + \cdots + (y_n - x_n)^2}.$$

显然, 当 $n = 1, 2, 3$ 时, 上式分别为一维数轴、二维平面及三维空间内两点的距离.

在几何空间引入坐标轴或直角坐标系后, 则空间每一个点或向量都有唯一的坐标与之对应. 因此, 根据此对应规则, 一条直线等同于 (或同构于) 一维欧氏空间 $\mathbb{R}$, 二维平面等同于二维欧氏空间 $\mathbb{R}^2$, 三维几何空间等同于三维欧氏空间 $\mathbb{R}^3$.

有了距离概念之后, 下面介绍平面上的邻域与区域概念.

一、平面区域与平面点集

在二维平面上建立直角坐标系 xOy 并引入内积, 则二维平面等同于 $\mathbb{R}^2$. 故以下对 $\mathbb{R}^2$ 中的点或向量讨论, 其中的点或向量记为 (x, y), 有时为了强调点 P, 也可记为 $P(x, y)$.

1. 邻域

设点 $P_0(x_0, y_0) \in \mathbb{R}^2$, $\delta > 0$. 则称如下点集

$$\begin{aligned} U(P_0, \delta) &= \{P \in \mathbb{R}^2 \mid |P_0P| < \delta\} \\ &= \{(x, y) \in \mathbb{R}^2 \mid \sqrt{(x - x_0)^2 + (y - y_0)^2} < \delta\} \end{aligned}$$

为点 P_0 的 δ **邻域** (图 9.1.1), 也可简记为 $U(P_0)$.

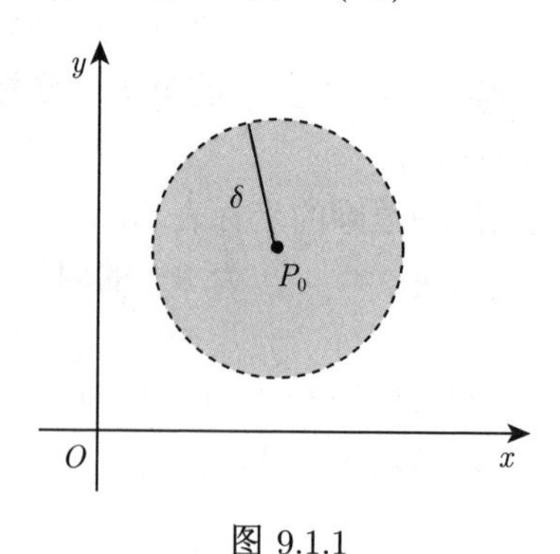

图 9.1.1

点 P_0 的 δ **去心邻域**定义为

$$\mathring{U}(P_0, \delta) = U(P_0, \delta) \backslash \{P_0\} = \{(x, y) \in \mathbb{R}^2 \mid 0 < \sqrt{(x - x_0)^2 + (y - y_0)^2} < \delta\}.$$

2. 区域

设 $E \subseteq \mathbb{R}^2$ 为平面上的点集, P 为平面上一点.

若存在点 P 的一个 δ 邻域 $U(P,\delta)$, 使得 $U(P,\delta) \subseteq E$, 则称 P 为 E 的**内点**, 如图 9.1.2 所示. 显然 E 的内点都属于 E.

由 E 的所有内点构成的集合称为 E 的**内部**, 记为 E^o. 如果 E 的每一点都是它的内点, 即 $E = E^o$, 则称 E 为**开集**. 例如, $\{(x,y)|1 < x^2 + y^2 < 2\}$ 是开集 (图 9.1.3).

图 9.1.2　　图 9.1.3　　图 9.1.4

若存在 P 的某个 δ 邻域 $U(P,\delta)$, 使得 $U(P,\delta) \cap E = \varnothing$, 则称 P 为 E 的**外点**, 如图 9.1.4. 如果 P 的任意 δ 邻域既含有 E 的点, 又含有不属于 E 的点, 则称 P 为 E 的**边界点**, 如图 9.1.5 所示. E 的边界点的全体称为 E 的**边界**, 记为 ∂E. 例如, 点集 $\{(x,y)|x^2 + y^2 \leqslant 2\}$ 的边界为圆 $x^2 + y^2 = 2$.

如果存在 P 的某个 δ 邻域 $U(P,\delta)$, 使得 $U(P,\delta) \cap E = \{P\}$, 则称 P 为 E 的**孤立点**. 显然, 孤立点是边界点.

如果 P 的任意邻域都含有 E 的无限个点, 则称 P 为 E 的**聚点**. 显然, E 的内点都是聚点, E 的非孤立点的边界点都是聚点. 因此, E 的聚点可以属于 E, 也可以不属于 E. 例如, 考虑集合 $E = \{(x,y)|0 < x^2 + y^2 \leqslant 1\}$, 原点 $O(0,0)$ 是 E 的边界点, 也是 E 的聚点, 但它不属于 E; 圆 $x^2 + y^2 = 1$ 上的点都是 E 的边界点, 也是 E 的聚点, 它们都属于 E.

E 的聚点的全体记为 E'. 如果 E 包含了它的所有聚点, 即 $E' \subseteq E$, 则称 E 为**闭集**, 如图 9.1.6 所示.

记 E 的补集为 E^c. 请有兴趣的读者证明如下结论: E 为开集当且仅当 E^c 为闭集.

如果 E 内任意两点都能用属于 E 的折线段连接起来, 则称 E 为**连通集**. 连通的开集称为**开区域**或简称为**区域**. 例如, $\{(x,y)|0 < x^2 + y^2 < 2\}$ 及 $\{(x,y)|y > x^2\}$ 都是开区域.

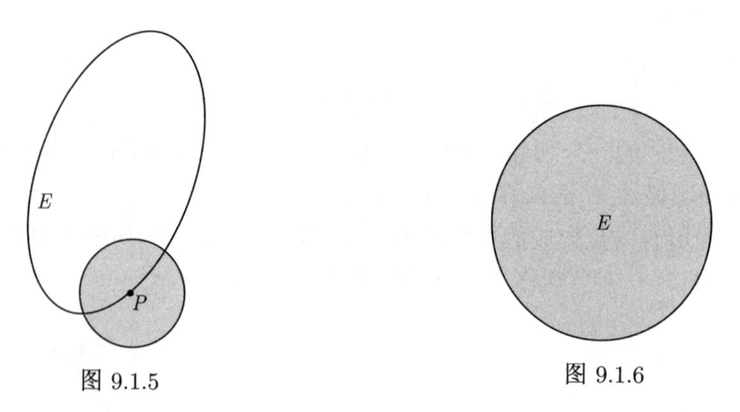

图 9.1.5 图 9.1.6

开区域连同它的边界称为**闭区域**. 例如, $\{(x,y)|x^2+y^2 \leqslant 2\}$ 及 $\{(x,y)|y \geqslant x^2\}$ 都是闭区域.

对于点集 E, 若存在正数 M, 使得对任意的 $\boldsymbol{x} \in E$,

$$|\boldsymbol{x}| < M,$$

即 $E \subseteq U(O,M)$, 则称 E 为**有界集**; 否则, 称 E 为**无界集**. 例如, $\{(x,y)|x^2+y^2 \leqslant 2\}$ 为有界闭区域, 而 $\{(x,y)|y > x^2\}$ 为无界开区域.

二、多元函数的概念

1. 二元函数的定义

前几章我们主要讨论一元函数 $y=f(x)$, 其因变量只依赖于一个自变量. 但在很多实际问题中, 经常会遇到因变量与多个自变量之间的依赖关系, 因此有必要讨论多元函数.

例 9.1.1 底半径为 r、高为 h 的圆柱体的体积

$$V = \pi r^2 h,$$

其中 $r>0, h>0$. 当 r, h 在集合 $\{(r,h)|r>0, h>0\}$ 内取定每一组值 (r,h) 时, 体积 V 有唯一确定的值与之对应. □

例 9.1.2 在空间直角坐标系中, 于原点 O 处放上电量为 q 的正电荷, 在此电场范围内任一点 $M(x,y,z)$ 处的电势

$$u = \frac{kq}{r},$$

其中 k 为常数, r 是 O 到 M 的距离, 即 $r=\sqrt{x^2+y^2+z^2}$. □

以上两例具体意义虽然不同, 但从变量关系来看, 却有共同点, 即其中一个变量是随其他多个变量的变化而相应变化的. 下面给出多元函数的定义.

定义 9.1.1　设 D 是 $\mathbb{R}^2$ 的一个点集. 如果对于 D 内每一点 $P(x,y)$, 按照某种法则 f, 变量 z 有唯一确定的值与之对应, 则称 z 是关于变量 x, y 的**二元函数**, 记为

$$z=f(x,y) \text{ 或 } z=f(P).$$

其中 x,y 称为**自变量**, z 称为**因变量**, D 称为函数 f 的**定义域**, $f(D)=\{z\in\mathbb{R} \mid z=f(x,y),(x,y)\in D\}$ 称为 f 的**值域**.

类似地, 可定义三元函数

$$u=f(x,y,z) \text{ 或 } u=f(P),\ P=(x,y,z)\in D\subseteq\mathbb{R}^3,$$

或 n 元函数

$$u=f(x_1,x_2,\cdots,x_n) \text{ 或 } u=f(P),\ P=(x_1,x_2,\cdots,x_n)\in D\subseteq\mathbb{R}^n.$$

由定义可知, 当 $n=1$ 时, $f(P)$ 即为一元函数. 习惯上, 称 $n\geqslant 2$ 情形下的 n 元函数为多元函数.

与一元函数相类似, 在讨论由具体解析式给出的多元函数 $u=f(P)$ 的定义域时, 一般约定使得这个解析式有意义的自变量所确定的点集为此函数的定义域.

例 9.1.3　求函数 $z=\sqrt{x-\sqrt{y}}$ 的定义域, 并作出定义域的图形.

解　函数 $z=\sqrt{x-\sqrt{y}}$ 的定义域是 $\mathbb{R}^2$ 上满足不等式

$$\begin{cases} x-\sqrt{y}\geqslant 0, \\ y\geqslant 0 \end{cases}$$

的一切点 (x,y) (图 9.1.7), 即点集

$$D=\{(x,y)|x^2\geqslant y\geqslant 0,x\geqslant 0\}.$$

它是位于第一象限内抛物线 $y=x^2$ 右侧的无界闭区域. □

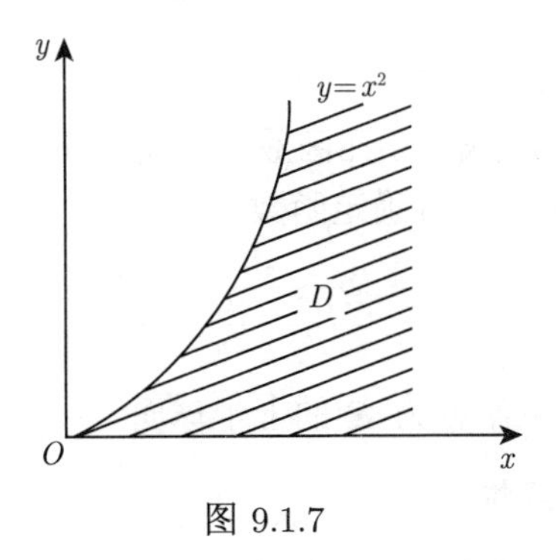

图 9.1.7

例 9.1.4　求函数 $z=\sqrt{4-x^2-y^2}+\dfrac{1}{\sqrt{x^2+y^2-1}}$ 的定义域.

解　要使此函数有意义, 只要

$$\begin{cases} 4-x^2-y^2\geqslant 0, \\ x^2+y^2-1>0, \end{cases}$$

即 $1<x^2+y^2\leqslant 4$, 此定义域为以原点为圆心的环形区域 (图 9.1.8). □

2. 二元函数的几何意义

设函数 $z=f(x,y)$ 的定义域是 D. 我们把自变量 x, y 及因变量 z 作为三维几何空间的直角坐标. 称点集

$$\{(x,y,z)|z=f(x,y),(x,y)\in D\}$$

为二元函数 $z=f(x,y)$ 的**图形**.

一般地, 函数 $z=f(x,y)$ 的图形是一张曲面, 而其定义域 D 正是该曲面在 xOy 面上的投影区域 (图 9.1.9).

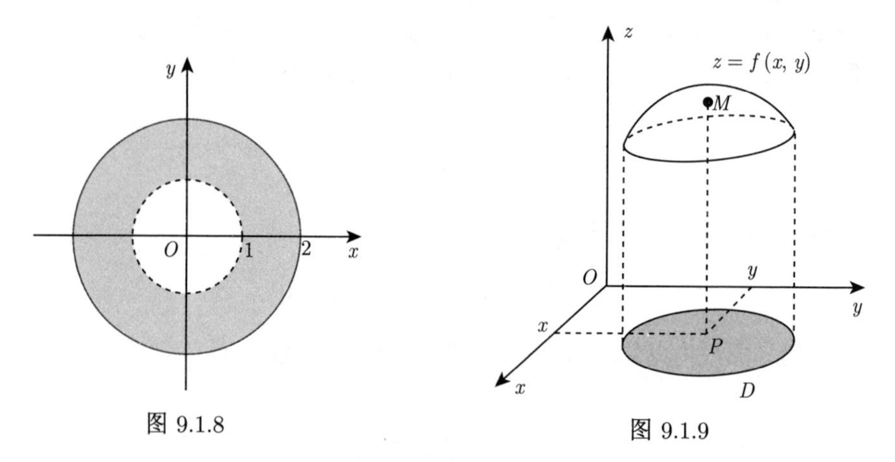

图 9.1.8　　　　图 9.1.9

例如, 由空间解析几何可知, 二元函数 $z=ax+by+c$ 的图形是一张平面; 由方程 $x^2+y^2+z^2=R^2\ (z\geqslant 0)$ 可确定函数

$$z=\sqrt{R^2-x^2-y^2},$$

其图形是球心为坐标原点且半径为 R 的上半球面.

三、二元函数的极限与连续性

前文在 $\mathbb{R}^2$ 中引入了距离和邻域的概念, 由此我们可以讨论二元函数的极限.

定义 9.1.2 设函数 $f(x,y)$ 在 $P_0(x_0,y_0)$ 的某个去心邻域内有定义, A 为一个实数. 如果对于任意给定的 $\varepsilon>0$, 存在 $\delta>0$, 使得当 $P(x,y)\in \mathring{U}(P_0,\delta)$ 时, 或等价地,

$$0<|PP_0|=\sqrt{(x-x_0)^2+(y-y_0)^2}<\delta,$$

都有

$$|f(x,y)-A|<\varepsilon,$$

则称当 (x,y) 趋于 (x_0,y_0) 时, 函数 $f(x,y)$ 的**极限**为 A 或**收敛**于 A, 记为

$$\lim_{(x,y)\to(x_0,y_0)} f(x,y)=A \quad 或 \quad \lim_{\substack{x\to x_0\\ y\to y_0}} f(x,y)=A \quad 或 \quad \lim_{P\to P_0} f(P)=A.$$

例 9.1.5 证明: $\lim\limits_{\substack{x\to 0\\ y\to 0}} \dfrac{xy(x^2-y^2)}{x^2+y^2}=0.$

证明 当 $(x,y)\neq(0,0)$ 时,

$$\left|\frac{xy(x^2-y^2)}{x^2+y^2}-0\right|=|xy|\cdot\frac{|x^2-y^2|}{x^2+y^2}\leqslant |x|\cdot|y|\leqslant\frac{x^2+y^2}{2}.$$

可见, 对任何 $\varepsilon>0$, 取 $\delta=\sqrt{2\varepsilon}$, 则当

$$0<\sqrt{(x-0)^2+(y-0)^2}<\delta,$$

都有

$$\left|\frac{xy(x^2-y^2)}{x^2+y^2}-0\right|\leqslant|xy|\leqslant\frac{x^2+y^2}{2}<\frac{\delta^2}{2}=\varepsilon.$$

根据极限定义,

$$\lim_{\substack{x\to 0\\ y\to 0}}\frac{xy(x^2-y^2)}{x^2+y^2}=0.$$ □

例 9.1.6 求下列二元函数的极限.

(1) $\lim\limits_{\substack{x\to 0\\ y\to 0}}\dfrac{\sin(x^2+y^2)}{\sqrt{x^2+y^2}}$; (2) $\lim\limits_{\substack{x\to 0\\ y\to 0}}(1+xy)^{\frac{1}{\tan xy}}$.

解 (1) 设 $u=x^2+y^2$, 则当 $x\to 0$, $y\to 0$ 时, $u\to 0^+$. 故

$$\lim_{\substack{x\to 0\\ y\to 0}}\frac{\sin(x^2+y^2)}{\sqrt{x^2+y^2}}=\lim_{u\to 0^+}\frac{\sin u}{\sqrt{u}}=\lim_{u\to 0^+}\frac{\sin u}{u}\cdot\sqrt{u}=1\cdot 0=0.$$

(2) $\lim\limits_{\substack{x\to 0\\ y\to 0}}(1+xy)^{\frac{1}{\tan xy}}=\lim\limits_{\substack{x\to 0\\ y\to 0}}(1+xy)^{\frac{1}{xy}\frac{xy}{\tan xy}}=\mathrm{e}.$ □

根据极限定义, $\lim\limits_{\substack{x\to x_0\\y\to y_0}} f(x,y)=A$ 是指: 当点 $P(x,y)$ 以任意方式趋于点 $P_0(x,y)$ 时, $f(x,y)$ 都趋于 A. 由于平面上由一点到另一点有无数条路径, 因此二元函数的极限要比一元函数复杂得多. 特别地, 如果当 $P(x,y)$ 以不同路径趋近于 $P_0(x,y)$ 时, $f(x,y)$ 趋于不同值, 则函数 $f(x,y)$ 的极限不存在.

例 9.1.7　证明函数

$$f(x,y)=\begin{cases}\dfrac{x^2y}{x^4+y^2}, & x^2+y^2\neq 0,\\ 0, & x^2+y^2=0\end{cases}$$

在点 $(0,0)$ 的极限不存在.

证明　当点 $P(x,y)$ 沿 x 轴 $(y=0)$ 或 y 轴 $(x=0)$ 趋近于 $(0,0)$ 时,

$$\lim_{\substack{x\to 0\\y=0}} f(x,y)=0 \quad 及 \quad \lim_{\substack{y\to 0\\x=0}} f(x,y)=0.$$

当点 $P(x,y)$ 沿过原点的直线 $y=kx$ 趋近于点 $(0,0)$ 时, 仍有

$$\lim_{\substack{x\to 0\\y=kx}} f(x,y)=\lim_{x\to 0}\frac{kx^3}{x^4+k^2x^2}=\lim_{x\to 0}\frac{kx}{x^2+k^2}=0.$$

这说明, 当点 $P(x,y)$ 沿无数条直线 $y=kx$ (包括 $x=0$ 或 $y=0$) 趋于 $(0,0)$ 时, 函数趋于同一值 0. 但是当点 $P(x,y)$ 沿着抛物线 $y=kx^2$ 趋于点 $(0,0)$ 时,

$$\lim_{\substack{x\to 0\\y=kx^2}}\frac{kx^4}{x^4+k^2x^4}=\lim_{x\to 0}\frac{k}{1+k^2}=\frac{k}{1+k^2}.$$

它的值随 k 取不同的值而改变, 所以 $f(x,y)$ 在 $(0,0)$ 的极限不存在. □

定义 9.1.3　设函数 $f(x,y)$ 在点 $P_0(x_0,y_0)$ 的某个邻域内有定义. 如果

$$\lim_{\substack{x\to x_0\\y\to y_0}} f(x,y)=f(x_0,y_0),$$

则称 $f(x,y)$ 在点 P_0**连续**; 否则, 称 P_0 是 $f(x,y)$ 的**间断点**.

在例 9.1.7 中, 当 $(x,y)\to(0,0)$ 时, $f(x,y)$ 的极限不存在, 所以 $(0,0)$ 是 $f(x,y)$ 的间断点.

例 9.1.8　求极限 $\lim\limits_{\substack{x\to 1\\y\to 1}}\dfrac{xy-1}{\sqrt{xy}+1}$.

解　因为 $\lim\limits_{\substack{x\to 1\\y\to 1}}\sqrt{xy}+1=2$, $\lim\limits_{\substack{x\to 1\\y\to 1}} xy-1=0$, 且函数 $\dfrac{xy-1}{\sqrt{xy}+1}$ 在点 $(1,1)$ 连续,

故

$$\lim_{\substack{x\to 1\\ y\to 1}}\frac{xy-1}{\sqrt{xy}+1}=0. \qquad \square$$

如果函数 $f(x,y)$ 在区域 D 内每一点都连续, 则称函数 $f(x,y)$ 在区域 D 内连续.

二元连续函数与一元连续函数有以下类似性质:

(1) 二元连续函数经过四则运算后仍为二元连续函数 (在商的情形下, 要除去分母函数为零的点);

(2) (最值定理) 如果 $f(x,y)$ 在有界闭集 (也称紧集) D 上连续, 则 $f(x,y)$ 必在 D 上取到最大值和最小值;

(3) (介值定理) 如果 $f(x,y)$ 在有界闭区域 D 上连续, 在 D 上取到最大值 M 和最小值 m, 则对任意的 $c\in[m,M]$, 必存在点 $(\xi,\eta)\in D$, 使得 $f(\xi,\eta)=c$.

四、向量值函数

平面曲线的参数方程

$$\begin{cases} x=\varphi(t), \\ y=\psi(t), \end{cases} \quad t\in[a,b]$$

可视为一元函数的推广, 多个因变量 (x 和 y) 是自变量 t 的函数.

定义 9.1.4 设 D 为 $\mathbb{R}^n$ 的点集, D 到 $\mathbb{R}^m$ 的映射

$$\boldsymbol{f}: D\to\mathbb{R}^m,\ \boldsymbol{x}=(x_1,x_2,\cdots,x_n)\mapsto \boldsymbol{f}(\boldsymbol{x})=\boldsymbol{z}=(z_1,z_2,\cdots,z_m)$$

称为 n 元 m 维**向量值函数**, 记为 $\boldsymbol{z}=\boldsymbol{f}(\boldsymbol{x})$, 其中 D 称为 $\boldsymbol{f}$ 的定义域, $f(D)=\{f(\boldsymbol{x})\in\mathbb{R}^m \mid \boldsymbol{x}\in D\}$ 称为 $\boldsymbol{f}$ 的值域.

当 $m=1$ 时, 向量值函数 $\boldsymbol{f}$ 即为多元函数. 从几何角度看, $\boldsymbol{f}$ 把 $\mathbb{R}^n$ 中的点映射到 $\mathbb{R}^m$ 的点.

显然, 每个 z_i 都是 x 的函数, 记为 $z_i=f_i(\boldsymbol{x})$, $i=1,2,\cdots,m$, 称为 $\boldsymbol{f}$ 的坐标 (或分量) 函数. 因此, $\boldsymbol{f}$ 可表示为

$$\begin{cases} z_1=f_1(\boldsymbol{x}), \\ z_2=f_2(\boldsymbol{x}), \\ \quad\cdots\cdots \\ z_m=f_m(\boldsymbol{x}), \end{cases} \quad \boldsymbol{x}\in D,$$

或者表示为

$$\boldsymbol{f}=(f_1,f_2,\cdots,f_m).$$

因此, 上述平面曲线的参数方程可表示为

$$\boldsymbol{r}(t)=(\varphi(t),\psi(t)),\quad t\in[a,b].$$

向量值函数 $\boldsymbol{f}$ 在点 $\boldsymbol{x}_0$ 连续当且仅当其坐标函数 $f_1,f_2,\cdots,f_m$ 在 $\boldsymbol{x}_0$ 连续. 请有兴趣的读者补充证明.

习　题　9.1

1. 判断题.

(1) $z=\ln[x(x-y)]$ 与 $z=\ln x+\ln(x-y)$ 表示同一个函数.　　(　　)

(2) 若 $\lim\limits_{\substack{x\to0\\y=kx}}f(x,y)=\varphi(k)\neq C$, 则 $\lim\limits_{\substack{x\to0\\y\to0}}f(x,y)$ 必定不存在.　　(　　)

(3) 若 $z=f(x,y)$ 在点 $P(x_0,y_0)$ 连续, 则 $\lim\limits_{\substack{x\to x_0\\y\to y_0}}f(x,y)$ 必存在.　　(　　)

2. 已知函数 $f(x,y)=x^2+y^2-xy\tan\dfrac{x}{y}$, 试求 $f(tx,ty)$.

3. 求下列函数的定义域, 并画出其图形.

(1) $z=\ln(x+y-1)$;　　(2) $z=\arcsin\dfrac{x}{5}+\arcsin\dfrac{y}{4}$.

4. 试用极限定义证明: $\lim\limits_{\substack{x\to0\\y\to0}}(x+y)\sin\dfrac{1}{x}\sin\dfrac{1}{y}=0$.

5. 求下列极限.

(1) $\lim\limits_{\substack{x\to0\\y\to a}}\dfrac{\sin xy}{x}$;　　(2) $\lim\limits_{\substack{x\to0\\y\to0}}\dfrac{xy}{\sqrt{xy+1}-1}$;

(3) $\lim\limits_{\substack{x\to0\\y\to0}}\left(x\sin\dfrac{1}{y}+y\sin\dfrac{1}{x}\right)$;　　(4) $\lim\limits_{\substack{x\to0\\y\to0}}(1+\sin xy)^{\frac{1}{xy}}$;

(5) $\lim\limits_{\substack{x\to1\\y\to0}}\dfrac{\ln(x+\mathrm{e}^y)}{\sqrt{x^2+y^2}}$;　　(6) $\lim\limits_{\substack{x\to0\\y\to0}}\dfrac{\sin(x^2y)-\arcsin x^2y}{x^6y^3}$;

(7) $\lim\limits_{\substack{x\to+\infty\\y\to+\infty}}\left(\dfrac{xy}{x^2+y^2}\right)^{x^2}$.

6. 设 $f(x,y)=\dfrac{x^2y^2}{x^2y^2+(x-y)^2}$, 证明: 极限 $\lim\limits_{\substack{x\to0\\y\to0}}f(x,y)$ 不存在.

9.2　多元函数的偏导数与全微分

一、多元函数的偏导数

1. 多元函数偏导数的概念

在一元函数中, 我们研究过函数的变化率, 并由此引入了导数的概念. 由于多元函数的自变量不止一个, 且因变量随自变量的变化情形比较复杂, 因此多元函数的变化率会出现多种情形. 以二元函数 $z=f(x,y)$ 为例, 当点 $P(x,y)$ 从点 $P_0(x_0,y_0)$ 出发沿不同方向变动时, 函数的变化率也不尽相同. 本节我们研究当点 $P(x,y)$ 沿着平行于 x 轴或 y 轴方向变动时, 函数 $f(x,y)$ 的变化率.

当点 (x,y) 沿平行于 x 轴方向变化时, y 是固定不变的, 此时可视 $f(x,y)$ 是 x 的一元函数, 该一元函数对 x 的导数即为二元函数 $f(x,y)$ 对 x 的偏导数. $f(x,y)$ 对 y 的偏导数可作类似理解.

定义 9.2.1 设函数 $z=f(x,y)$ 在点 $P_0(x_0,y_0)$ 的某个邻域内有定义. 如果一元函数 $z=f(x,y_0)$ 在 $x=x_0$ 可导, 或等价地, 极限

$$\lim_{\Delta x\to 0}\frac{f(x_0+\Delta x,y_0)-f(x_0,y_0)}{\Delta x}$$

存在, 则称此极限为 $z=f(x,y)$ 在点 $P_0(x_0,y_0)$ 对 x 的**偏导数**, 记为

$$f'_x(x_0,y_0),\ z'_x(x_0,y_0),\ \frac{\partial z}{\partial x}(x_0,y_0),\ \frac{\partial f}{\partial x}(x_0,y_0),\ \left.\frac{\partial z}{\partial x}\right|_{(x_0,y_0)},\ 或\ \left.\frac{\partial f}{\partial x}\right|_{(x_0,y_0)}.$$

类似地, 如果 $z=f(x_0,y)$ 在 $y=y_0$ 可导, 或等价地, 极限

$$\lim_{\Delta y\to 0}\frac{f(x_0,y_0+\Delta y)-f(x_0,y_0)}{\Delta y}$$

存在, 则称此极限为 $z=f(x,y)$ 在点 $P_0(x_0,y_0)$ 对 y 的偏导数, 记为

$$f'_y(x_0,y_0),\ z'_y(x_0,y_0),\ \frac{\partial z}{\partial y}(x_0,y_0),\ \frac{\partial f}{\partial y}(x_0,y_0),\ \left.\frac{\partial z}{\partial y}\right|_{(x_0,y_0)},\ 或\ \left.\frac{\partial f}{\partial y}\right|_{(x_0,y_0)}.$$

如果函数 $z=f(x,y)$ 在区域 D 内每一点 (x,y) 对 x (或 y) 的偏导数 $f'_x(x,y)$ (或 $f'_y(x,y)$) 都存在, 则称 $f'_x(x,y)$ (或 $f'_y(x,y)$) 为函数 $z=f(x,y)$ 对 x (或 y) 的**偏导函数**, 简称偏导数, 记为

$$f'_x(x,y),\ z'_x(x,y),\ \frac{\partial z}{\partial x},\ \frac{\partial f}{\partial x};\ f'_y(x,y),\ z'_y(x,y),\ \frac{\partial z}{\partial y},\ \frac{\partial f}{\partial y}.$$

例 9.2.1 设函数

$$f(x,y)=\begin{cases}\dfrac{x^2y}{x^4+y^2}, & x^2+y^2\neq 0,\\ 0, & x^2+y^2=0,\end{cases}$$

求 $f(x,y)$ 在点 $(0,0)$ 处的偏导数.

解 由偏导数的定义

$$f'_x(0,0)=\lim_{\Delta x\to 0}\frac{f(0+\Delta x,0)-f(0,0)}{\Delta x}=\lim_{\Delta x\to 0}\frac{0}{\Delta x}=0,$$

$$f'_y(0,0) = \lim_{\Delta y \to 0} \frac{f(0,0+\Delta y) - f(0,0)}{\Delta y} = \lim_{\Delta y \to 0} \frac{0}{\Delta y} = 0. \quad \square$$

例 9.2.1 表明, 即使 $f(x,y)$ 在点 $(0,0)$ 关于 x 和 y 的两个偏导数都存在, 但这个函数在 $(0,0)$ 不连续 (见例 9.1.7). 这与一元函数可导必连续的结论是不同的. 请读者思考其中原因.

下面给出二元函数偏导数的几何意义. 二元函数 $z = f(x,y)$ 的图形为一个曲面 C, 当 $y = y_0$ 时, $z = f(x,y_0)$ 是关于 x 的一元函数, 它的图形就是平面 $y = y_0$ 与曲面 C 的交线 C_x(图 9.2.1). 因此, 由导数的几何意义可知, $f'_x(x_0,y_0) = \left.\dfrac{\mathrm{d}f(x,y_0)}{\mathrm{d}x}\right|_{x=x_0}$ 就是曲线 C_x 在点 $M(x_0,y_0,f(x_0,y_0))$ 处切线 T_x 的斜率, 即 $f'_x(x_0,y_0) = \tan\alpha$.

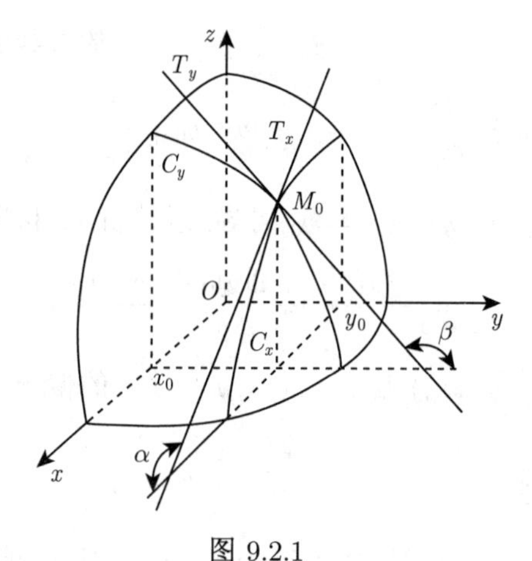

图 9.2.1

类似地, $f'_y(x_0,y_0)$ 就是曲线 C_y 在点 $M(x_0,y_0,f(x_0,y_0))$ 处切线 T_y 的斜率, 即 $f'_y(x_0,y_0) = \tan\beta$.

2. 偏导数计算

由定义可知, 求二元函数偏导数的问题, 实际上仍然是一元函数的求导问题, 因此, 一元函数的求导公式和求导法则都仍然适用, 在求 $\dfrac{\partial f}{\partial x}$ 时, 视 y 为常量而只对 x 求导; 求 $\dfrac{\partial f}{\partial y}$ 时, 视 x 为常量而只对 y 求导.

例 9.2.2 求 $z = x^2 - 2xy^2 + 3y^3$ 在点 $(1,2)$ 的偏导数.

解 先求偏导函数. 对 x 求偏导函数时, 视 y 为常量, 得

$$\frac{\partial z}{\partial x} = 2x - 2y^2.$$

对 y 求偏导函数时, 视 x 为常量, 得

$$\frac{\partial z}{\partial y}=-4xy+9y^2.$$

z 在 $(1,2)$ 处的偏导数, 就是偏导函数在点 $(1,2)$ 处的值. 于是

$$\frac{\partial z}{\partial x}(1,2)=-6,\quad \frac{\partial z}{\partial y}(1,2)=28.$$ □

例 9.2.3 设 $z=x^y\ (x>0, x\neq 1)$, 证明: $\dfrac{x}{y}\dfrac{\partial z}{\partial x}+\dfrac{1}{\ln x}\dfrac{\partial z}{\partial y}=2z$.

证明 因为 $\dfrac{\partial z}{\partial x}=yx^{y-1}$, $\dfrac{\partial z}{\partial y}=x^y\ln x$, 于是

$$\frac{x}{y}\frac{\partial z}{\partial x}+\frac{1}{\ln x}\frac{\partial z}{\partial y}=\frac{x}{y}yx^{y-1}+\frac{1}{\ln x}x^y\ln x=x^y+x^y=2z.$$ □

例 9.2.4 求 $r=\sqrt{x^2+y^2+z^2}$ 的偏导数, 并验证

$$\left(\frac{\partial r}{\partial x}\right)^2+\left(\frac{\partial r}{\partial y}\right)^2+\left(\frac{\partial r}{\partial z}\right)^2=1.$$

解 注意到函数 r 是 x,y,z 的三元函数, 对 x 求偏导数时, 视 y,z 为常量, 根据复合函数的求导法则,

$$\frac{\partial r}{\partial x}=\frac{1}{2}\left(x^2+y^2+z^2\right)^{-\frac{1}{2}}\cdot 2x=\frac{x}{\sqrt{x^2+y^2+z^2}}=\frac{x}{r},$$

类似地, 可得 $\dfrac{\partial r}{\partial y}=\dfrac{y}{r}$, $\dfrac{\partial r}{\partial z}=\dfrac{z}{r}$. 于是

$$\left(\frac{\partial r}{\partial x}\right)^2+\left(\frac{\partial r}{\partial y}\right)^2+\left(\frac{\partial r}{\partial z}\right)^2=\frac{x^2+y^2+z^2}{r^2}=\frac{r^2}{r^2}=1.$$ □

在 9.3 节我们将详细讨论多元复合函数的导数.

3. 高阶偏导数

设函数 $z=f(x,y)$ 在区域 D 内具有偏导函数

$$\frac{\partial z}{\partial x}=f'_x(x,y),\quad \frac{\partial z}{\partial y}=f'_y(x,y),$$

它们在 D 内仍为 x, y 的二元函数. 如果它们的偏导数也存在, 则称其为函数 $z = f(x,y)$ 的二阶偏导数. 按照对变量求偏导次序的不同有四个二阶偏导数, 分别用下列记号表示:

$$\frac{\partial^2 z}{\partial x^2} = \frac{\partial}{\partial x}\left(\frac{\partial z}{\partial x}\right) = (f'_x)'_x = f''_{xx}(x,y),$$

$$\frac{\partial^2 z}{\partial x \partial y} = \frac{\partial}{\partial y}\left(\frac{\partial z}{\partial x}\right) = (f'_x)'_y = f''_{xy}(x,y),$$

$$\frac{\partial^2 z}{\partial y \partial x} = \frac{\partial}{\partial x}\left(\frac{\partial z}{\partial y}\right) = (f'_y)'_x = f''_{yx}(x,y),$$

$$\frac{\partial^2 z}{\partial y^2} = \frac{\partial}{\partial y}\left(\frac{\partial z}{\partial y}\right) = (f'_y)'_y = f''_{yy}(x,y),$$

其中第二和第三个偏导数称为**二阶混合偏导数**, 注意两种不同表达形式中求偏导的顺序.

$f(x,y)$ 的二阶偏导函数的偏导数称为 $f(x,y)$ 的三阶偏导数. 一般地, $f(x,y)$ 的 $n-1$ 阶偏导函数的偏导数称为 $f(x,y)$ 的 n 阶偏导数. 二阶及二阶以上的偏导数统称为高阶偏导数.

例 9.2.5 设

$$f(x,y)=\begin{cases} \dfrac{xy(x^2-y^2)}{x^2+y^2}, & x^2+y^2 \neq 0, \\ 0, & x^2+y^2 = 0, \end{cases}$$

求 $f''_{xy}(0,0)$ 和 $f''_{yx}(0,0)$.

解 首先求一阶偏导函数.

$$f'_x(x,y) = \begin{cases} \dfrac{y(x^4+4x^2y^2-y^4)}{(x^2+y^2)^2}, & x^2+y^2 \neq 0, \\ 0, & x^2+y^2 = 0, \end{cases}$$

$$f'_y(x,y) = \begin{cases} \dfrac{x(x^4-4x^2y^2-y^4)}{(x^2+y^2)^2}, & x^2+y^2 \neq 0, \\ 0, & x^2+y^2 = 0. \end{cases}$$

根据偏导数的定义,

$$f''_{xy}(0,0) = \lim_{\Delta y \to 0} \frac{f'_x(0,\Delta y) - f'_x(0,0)}{\Delta y} = \lim_{\Delta y \to 0} \frac{-\Delta y}{\Delta y} = -1,$$

$$f''_{yx}(0,0) = \lim_{\Delta x \to 0} \frac{f'_y(\Delta x,0) - f'_y(0,0)}{\Delta x} = \lim_{\Delta x \to 0} \frac{\Delta x}{\Delta x} = 1. \quad \square$$

由上例可以看出, 一般情形下 $f''_{xy}(x,y) \neq f''_{yx}(x,y)$.

例 9.2.6 求函数 $z=\mathrm{e}^{2x}\cos y$ 的二阶偏导数及 $\dfrac{\partial^3 z}{\partial y\partial x^2}, \dfrac{\partial^3 z}{\partial x^2\partial y}$.

解 易见, $\dfrac{\partial z}{\partial x}=2\mathrm{e}^{2x}\cos y$, $\dfrac{\partial z}{\partial y}=-\mathrm{e}^{2x}\sin y$, 故

$$\frac{\partial^2 z}{\partial x^2}=\frac{\partial}{\partial x}\left(\frac{\partial z}{\partial x}\right)=\frac{\partial}{\partial x}\left(2\mathrm{e}^{2x}\cos y\right)=4\mathrm{e}^{2x}\cos y,$$

$$\frac{\partial^2 z}{\partial y^2}=\frac{\partial}{\partial y}\left(\frac{\partial z}{\partial y}\right)=\frac{\partial}{\partial y}\left(-\mathrm{e}^{2x}\sin y\right)=-\mathrm{e}^{2x}\cos y,$$

$$\frac{\partial^2 z}{\partial x\partial y}=\frac{\partial}{\partial y}\left(\frac{\partial z}{\partial x}\right)=\frac{\partial}{\partial y}\left(2\mathrm{e}^{2x}\cos y\right)=-2\mathrm{e}^{2x}\sin y,$$

$$\frac{\partial^2 z}{\partial y\partial x}=\frac{\partial}{\partial x}\left(\frac{\partial z}{\partial y}\right)=\frac{\partial}{\partial y}\left(-\mathrm{e}^{2x}\sin y\right)=-2\mathrm{e}^{2x}\sin y,$$

$$\frac{\partial^3 z}{\partial y\partial x^2}=\frac{\partial}{\partial x}\left(\frac{\partial^2 z}{\partial y\partial x}\right)=\frac{\partial}{\partial x}(-2\mathrm{e}^{2x}\sin y)=-4\mathrm{e}^{2x}\sin y,$$

$$\frac{\partial^3 z}{\partial x^2\partial y}=\frac{\partial}{\partial y}\left(\frac{\partial^2 z}{\partial x^2}\right)=\frac{\partial}{\partial y}(4\mathrm{e}^{2x}\cos y)=-4\mathrm{e}^{2x}\sin y.$$

□

例 9.2.7 求函数 $z=\mathrm{e}^{x+y}+\ln(x^2+y)$ 的二阶混合偏导数.

解

$$\frac{\partial z}{\partial x}=\mathrm{e}^{x+y}+\frac{2x}{x^2+y},\quad \frac{\partial z}{\partial y}=\mathrm{e}^{x+y}+\frac{1}{x^2+y},$$

$$\frac{\partial^2 z}{\partial x\partial y}=\mathrm{e}^{x+y}-\frac{2x}{\left(x^2+y\right)^2},\quad \frac{\partial^2 z}{\partial y\partial x}=\mathrm{e}^{x+y}-\frac{2x}{\left(x^2+y\right)^2}.$$

□

由例 9.2.6 和例 9.2.7, 我们看到两个二阶混合偏导数是相等的, 即 $\dfrac{\partial^2 z}{\partial y\partial x}=\dfrac{\partial^2 z}{\partial x\partial y}$. 下面给出它们相等的充分条件. 请有兴趣的读者自行证明.

定理 9.2.1 如果函数 $f(x,y)$ 的两个二阶混合偏导数 $\dfrac{\partial^2 z}{\partial y\partial x}$ 及 $\dfrac{\partial^2 z}{\partial x\partial y}$ 在点 (x_0,y_0) 连续, 则

$$\frac{\partial^2 z}{\partial y\partial x}(x_0,y_0)=\frac{\partial^2 z}{\partial x\partial y}(x_0,y_0).$$

二、全微分

1. 全微分的概念

在一元函数中, 我们讨论过函数的微分, 下面我们把一元函数的微分概念推广到多元函数.

定义 9.2.2　设函数 $z = f(x, y)$ 在点 $P(x, y)$ 的某邻域内有定义, $P_1(x+\Delta x, y+\Delta y)$ 是该邻域内任一点. 如果函数在点 $P(x, y)$ 处的全增量

$$\Delta z = f(x + \Delta x, y + \Delta y) - f(x, y)$$

可表示为

$$\Delta z = A\Delta x + B\Delta y + o(\rho), \tag{9.2.1}$$

其中 A, B 与 $\Delta x, \Delta y$ 无关, $\rho = |PP_1| = \sqrt{(\Delta x)^2 + (\Delta y)^2}$, 而 $o(\rho)$ 在 $\rho \to 0$ (即 $\Delta x \to 0$, $\Delta y \to 0$) 时是比 ρ 高阶的无穷小, 则称函数 $z = f(x, y)$ 在点 $P(x, y)$**可微**, $A\Delta x + B\Delta y$ 称为函数 $z = f(x, y)$ 在点 $P(x, y)$ 处的**全微分**, 记为 $\mathrm{d}z(x, y)$ 或 $\mathrm{d}f(x, y)$, 简记为 $\mathrm{d}z$ 或 $\mathrm{d}f$, 即

$$\mathrm{d}z = A\Delta x + B\Delta y.$$

如果函数 $f(x, y)$ 在区域 D 内每一点都可微, 就称 $f(x, y)$ 在 D 内可微.

从全微分的定义可知, 如果 $z = f(x, y)$ 在点 $P(x, y)$ 可微, 则全微分 $\mathrm{d}z$ 是增量 $\Delta x, \Delta y$ 的线性函数, 且当 $\Delta x \to 0$, $\Delta y \to 0$ (即 $\rho \to 0$) 时, $\lim\limits_{\rho \to 0} \Delta z = 0$. 由此可知, 如果函数 $z = f(x, y)$ 在点 $P(x, y)$ 可微, 则该函数在该点必连续, 即**可微必连续**.

2. 函数可微的必要条件与充分条件

函数 $z = f(x, y)$ 究竟在什么条件下存在全微分, 函数可微和可偏导是什么关系? 关于这些问题我们介绍下面两个定理.

定理 9.2.2 (可微的必要条件)　如果函数 $z = f(x, y)$ 在点 $P(x, y)$ 可微, 则函数在该点的偏导数 $\dfrac{\partial z}{\partial x}, \dfrac{\partial z}{\partial y}$ 必定存在, 且函数 $z = f(x, y)$ 在点 $P(x, y)$ 的全微分为

$$\mathrm{d}z = \frac{\partial z}{\partial x}\Delta x + \frac{\partial z}{\partial y}\Delta y.$$

证明　设函数 $z = f(x, y)$ 在点 $P(x, y)$ 可微, 则对于点 P 的某个邻域内的任意一点 $P_1(x + \Delta x, y + \Delta y)$, 由式 (9.2.1),

$$\Delta z = A\Delta x + B\Delta y + o(\rho).$$

特别地, 当 $\Delta y = 0$ 时,

$$f(x + \Delta x, y) - f(x, y) = A\Delta x + o(|\Delta x|).$$

上式两边同时除以 Δx $(\Delta x \neq 0)$, 再让 $\Delta x \to 0$, 得

$$\lim_{\Delta x \to 0} \frac{f(x + \Delta x, y) - f(x, y)}{\Delta x} = A.$$

即 $\dfrac{\partial z}{\partial x}=A$. 类似可证明 $\dfrac{\partial z}{\partial y}=B$. □

类似于一元函数, 函数 $z=f(x,y)$ 在点 $P(x,y)$ 的全微分可以写成如下形式:

$$\mathrm{d}z=\frac{\partial z}{\partial x}\mathrm{d}x+\frac{\partial z}{\partial y}\mathrm{d}y. \tag{9.2.2}$$

上述结论可推广到三元及三元以上的多元函数. 例如, 如果三元函数 $u=f(x,y,z)$ 在点 (x,y,z) 可微, 则它在点 (x,y,z) 的全微分为

$$\mathrm{d}u=\frac{\partial u}{\partial x}\mathrm{d}x+\frac{\partial u}{\partial y}\mathrm{d}y+\frac{\partial u}{\partial z}\mathrm{d}z.$$

定理 9.2.2 表明, 如果函数 $z=f(x,y)$ 在点 (x,y) 可微时, 则它必在点 (x,y) 可偏导, 即**可微必可偏导**. 现在再进一步研究, 如果函数在点 (x,y) 存在偏导数, 在何情形下函数在该点可微? 先来看一个例子.

例 9.2.8 设函数

$$f(x,y)=\begin{cases}\dfrac{x^2y}{x^2+y^2}, & x^2+y^2\neq 0,\\ 0, & x^2+y^2=0.\end{cases}$$

证明: (1) $f'_x(0,0)$ 及 $f'_y(0,0)$ 存在; (2) $f(x,y)$ 在点 $(0,0)$ 不可微.

证明 (1) 根据偏导数定义, 可得

$$f'_x(0,0)=\lim_{\Delta x\to 0}\frac{f(0+\Delta x,0)-f(0,0)}{\Delta x}=0.$$

类似可得 $f'_y(0,0)=0$.

(2) 假设 $f(x,y)$ 在 (0,0) 处可微. 因为

$$\Delta z=f(0+\Delta x,0+\Delta y)-f(0,0)=\frac{(\Delta x)^2\cdot\Delta y}{(\Delta x)^2+(\Delta y)^2},$$

所以

$$\Delta z-\left(f'_x(0,0)\Delta x+f'_y(0,0)\Delta y\right)=\frac{(\Delta x)^2\cdot\Delta y}{(\Delta x)^2+(\Delta y)^2}.$$

当点 $P_1(0+\Delta x,0+\Delta y)$ 沿着直线 $y=x$ 趋于点 $(0,0)$ 时,

$$\frac{\Delta z-[f_x(0,\ 0)\cdot\Delta x+f_y(0,\ 0)\cdot\Delta y]}{\rho}=\frac{(\Delta x)^2\cdot\Delta y}{[(\Delta x)^2+(\Delta y)^2]^{\frac{3}{2}}}=\frac{(\Delta x)^3}{[2(\Delta x)^2]^{\frac{3}{2}}}=\frac{1}{2\sqrt{2}}.$$

这表明, 当 $\rho\to 0$ 时, $\Delta z-[f'_x(0,0)\Delta x-f'_y(0,0)\Delta y]$ 不是 ρ 的高阶无穷小. 因此, $f(x,y)$ 在 $(0,0)$ 不可微. □

这个例子告诉我们, 多元函数可偏导只是可微的必要而非充分条件, 这与一元函数中可导与可微的等价关系是不同的.

定理 9.2.3 (函数可微的充分条件)　如果函数 $z=f(x,y)$ 的偏导数 $\dfrac{\partial z}{\partial x},\dfrac{\partial z}{\partial y}$ 在点 (x,y) 连续, 则 $z=f(x,y)$ 在该点可微.

证明　在点 $P(x,y)$ 的某邻域内任取一点 $P_1(x+\Delta x,y+\Delta y)$, 则函数的全增量

$$\begin{aligned}\Delta z&=f(x+\Delta x,y+\Delta y)-f(x,y)\\&=f(x+\Delta x,y+\Delta y)-f(x,y+\Delta y)+f(x,y+\Delta y)-f(x,y).\end{aligned}\tag{9.2.3}$$

由拉格朗日中值定理,

$$f(x+\Delta x,y+\Delta y)-f(x,y+\Delta y)=f'_x(x+\theta_1\Delta x,y+\Delta y)\Delta x\quad(0<\theta_1<1);\tag{9.2.4}$$

$$f(x,y+\Delta y)-f(x,y)=f'_y(x,y+\theta_2\Delta y)\Delta y\quad(0<\theta_2<1).\tag{9.2.5}$$

由假设, 两个偏导数在点 $P(x,y)$ 都是连续的, 所以

$$\lim_{\substack{\Delta x\to 0\\ \Delta y\to 0}}f'_x(x+\theta_1\Delta x,y+\Delta y)=f'_x(x,y),\quad \lim_{\substack{\Delta x\to 0\\ \Delta y\to 0}}f'_y(x,y+\theta_2\Delta y)=f'_y(x,y),$$

即

$$f'_x(x+\theta_1\Delta x,y+\Delta y)=f'_x(x,y)+\alpha_1,\tag{9.2.6}$$

$$f'_y(x,y+\theta_2\Delta y)=f'_y(x,y)+\alpha_2,\tag{9.2.7}$$

其中 $\lim\limits_{\rho\to 0}\alpha_i=0\ (i=1,2)$, $\rho=\sqrt{(\Delta x)^2+(\Delta y)^2}$.

将式 (9.2.6) 和 (9.2.7) 代入式 (9.2.4) 和 (9.2.5), 因此式 (9.2.3) 可写成

$$\Delta z=f'_x(x,y)\Delta x+f'_y(x,y)\Delta y+\alpha_1\Delta x+\alpha_2\Delta y.\tag{9.2.8}$$

记 $\alpha=\alpha_1\Delta x+\alpha_2\Delta y$, 则

$$\frac{|\alpha|}{\rho}=\frac{|\alpha_1\Delta x+\alpha_2\Delta y|}{\rho}\leqslant|\alpha_1|\cdot\frac{|\Delta x|}{\rho}+|\alpha_2|\cdot\frac{|\Delta y|}{\rho}\leqslant|\alpha_1|+|\alpha_2|,$$

所以

$$\lim_{\rho\to 0}\frac{\alpha}{\rho}=0.$$

这说明当 $\rho\to 0$ 时, α 是 ρ 的高阶无穷小. 故由式 (9.2.8) 可知, $z=f(x,y)$ 在点 $P(x,y)$ 可微. □

二元函数可微的必要条件及充分条件均可推广到三元及三元以上的多元函数, 在此就不再赘述了.

例 9.2.9 求函数 $z=\mathrm{e}^{\sqrt{x^2+y^2}}$ 在点 $(1,2)$ 的全微分.

解

$$\frac{\partial z}{\partial x}=\mathrm{e}^{\sqrt{x^2+y^2}}\cdot\frac{1}{2}\left(x^2+y^2\right)^{-\frac{1}{2}}\cdot 2x=x\left(x^2+y^2\right)^{-\frac{1}{2}}\cdot\mathrm{e}^{\sqrt{x^2+y^2}},$$

$$\frac{\partial z}{\partial y}=\mathrm{e}^{\sqrt{x^2+y^2}}\cdot\frac{1}{2}\left(x^2+y^2\right)^{-\frac{1}{2}}\cdot 2y=y\left(x^2+y^2\right)^{-\frac{1}{2}}\cdot\mathrm{e}^{\sqrt{x^2+y^2}}.$$

它们在 (1,2) 处连续, 且

$$\left.\frac{\partial z}{\partial x}\right|_{(1,2)}=\frac{\sqrt{5}}{5}\mathrm{e}^{\sqrt{5}},\quad \left.\frac{\partial z}{\partial y}\right|_{(1,2)}=\frac{2\sqrt{5}}{5}\mathrm{e}^{\sqrt{5}},$$

故

$$\left.\mathrm{d}z\right|_{(1,2)}=\frac{\sqrt{5}}{5}\mathrm{e}^{\sqrt{5}}\left(\mathrm{d}x+2\mathrm{d}y\right).$$ □

例 9.2.10 求 $u=xyz$ 的全微分.

解 由于

$$\frac{\partial u}{\partial x}=yz,\quad \frac{\partial u}{\partial y}=xz,\quad \frac{\partial u}{\partial z}=xy,$$

显然偏导函数在任一点 (x,y,z) 连续, 故 $u=xyz$ 在每点均可微, 其全微分为

$$\mathrm{d}u=yz\mathrm{d}x+xz\mathrm{d}y+xy\mathrm{d}z.$$ □

3. 全微分在近似计算中的应用

从前面的讨论我们知道, 可微函数 $z=f(x,y)$ 的全增量可以表示成

$$\Delta z=f_x'(x,y)\Delta x+f_y'(x,y)\Delta y+o(\rho)=\mathrm{d}z+o(\rho),$$

其中当 $\rho\to 0$ 时, $o(\rho)$ 是比 $\rho=\sqrt{(\Delta x)^2+(\Delta y)^2}$ 高阶的无穷小.

因此, 当 $|\Delta x|$ 与 $|\Delta y|$ 都很小时, 可得以下近似公式

$$\Delta z\approx \mathrm{d}z=f_x'(x,y)\Delta x+f_y'(x,y)\Delta y, \tag{9.2.9}$$

这样就可以简化 Δz 的计算, 且具有一定的精确度.

例 9.2.11 计算 $(2.01)^{2.98}$ 的近似值.

解 由公式 (9.2.9), 可得近似公式

$$f(x+\Delta y,y+\Delta y)\approx f(x,y)+f_x'(x,y)\Delta x+f_y'(x,y)\Delta y. \tag{9.2.10}$$

取函数 $f(x,y)=x^y$, 则 $f(2.01,2.98)=(2.01)^{2.98}$. 取 $x=2$, $\Delta x=0.01$; $y=3$, $\Delta y=-0.02$, 则 $f(2,3)=8$. 因为 $f'_x=yx^{y-1}$, $f'_y=x^y\ln x$, 故 $f'_x(2,3)=12$, $f'_y(2,3)=8\ln 2$,

$$(2.01)^{2.98}\approx 8+12\times 0.01+8\ln 2\times(-0.02)\approx 8.01.$$

其中 $\ln 2\approx 0.693$. □

例 9.2.12 扇形的中心角 $\alpha=60^\circ$, 半径 $r=20$ cm. 当 α 增加 1°, 为使扇形的面积保持不变, 应当把扇形的半径减少多少?

解 扇形的面积为 $A=\dfrac{1}{2}r^2\alpha$, 其中 α 为中心角的弧度. 取 $r=20$, 其增量为 Δr; $\alpha=\dfrac{\pi}{3}$, 其增量为 $\Delta\alpha=\dfrac{\pi}{180}$. 于是, 问题转化为: 若使面积增量 $\Delta A=0$, Δr 应取何值. 应用全微分近似, 可得

$$\Delta A\approx \mathrm{d}A=\frac{\partial A}{\partial r}\Delta r+\frac{\partial A}{\partial \alpha}\Delta\alpha.$$

当 $\Delta A=0$ 时, 可得

$$\Delta r\approx-\frac{\dfrac{\partial A}{\partial\alpha}\Delta\alpha}{\dfrac{\partial A}{\partial r}}=-\frac{\dfrac{1}{2}r^2\Delta\alpha}{r\alpha}=-\frac{r\Delta\alpha}{2\alpha}.$$

代入具体数据, 则

$$\Delta r\approx-\frac{20\times\dfrac{\pi}{180}}{2\times\dfrac{\pi}{3}}=-\frac{1}{6}=-0.17.$$

所以当半径减少大约 0.17 cm 时, 扇形的面积保持不变. □

在本节最后, 我们补充向量值函数的偏导和可微的定义或性质. 设 D 为 $\mathbb{R}^n$ 的点集, $\boldsymbol{f}:D\to\mathbb{R}^m$ 为向量值函数. 则 $\boldsymbol{f}$ 可以写成坐标函数的形式

$$\boldsymbol{f}(\boldsymbol{x})=(f_1(\boldsymbol{x}),f_2(\boldsymbol{x}),\cdots,f_m(\boldsymbol{x})).$$

若每个坐标函数 $f_i(\boldsymbol{x})$ 在点 $\boldsymbol{x}_0$ 可偏导, $i=1,2,\cdots,m$, 则称 $\boldsymbol{f}(\boldsymbol{x})$ 在 $\boldsymbol{x}_0$ 可偏导, 并称矩阵

$$\left(\frac{\partial f_i}{\partial x_j}(\boldsymbol{x}_0)\right)_{m\times n}=\begin{pmatrix}\dfrac{\partial f_1}{\partial x_1}(\boldsymbol{x}_0) & \dfrac{\partial f_1}{\partial x_2}(\boldsymbol{x}_0) & \cdots & \dfrac{\partial f_1}{\partial x_n}(\boldsymbol{x}_0)\\ \dfrac{\partial f_2}{\partial x_1}(\boldsymbol{x}_0) & \dfrac{\partial f_2}{\partial x_2}(\boldsymbol{x}_0) & \cdots & \dfrac{\partial f_2}{\partial x_n}(\boldsymbol{x}_0)\\ \vdots & \vdots & & \vdots\\ \dfrac{\partial f_m}{\partial x_1}(\boldsymbol{x}_0) & \dfrac{\partial f_m}{\partial x_2}(\boldsymbol{x}_0) & \cdots & \dfrac{\partial f_m}{\partial x_n}(\boldsymbol{x}_0)\end{pmatrix}$$

为 $\boldsymbol{f}$ 在点 $\boldsymbol{x}_0$ 的**雅可比**(Jacobi)**矩阵**.

关于 $\boldsymbol{f}(\boldsymbol{x})$ 可微的定义, 此处略去. $\boldsymbol{f}(\boldsymbol{x})$ 在点 $\boldsymbol{x}_0$ 可微当且仅当其每个坐标函数 $f_i(\boldsymbol{x})$ $(i=1,2,\cdots,m)$ 在 $\boldsymbol{x}_0$ 可微. 有兴趣的读者可以查阅相关书籍.

习　题　9.2

1. 判断题.

(1) 若 $z=f(x,y)$ 在点 $P_0(x_0,y_0)$ 可微, 则 $z=f(x,y)$ 在 $P_0(x_0,y_0)$ 必连续.　(　　)

(2) 若 $z=f(x,y)$ 在点 $P_0(x_0,y_0)$ 存在二阶偏导数, 则 $z=f(x,y)$ 在 $P_0(x_0,y_0)$ 必有一阶连续偏导数.　(　　)

(3) 若$z=f(x,y)$ 在区域 D 内存在二阶偏导数, 则在区域D内必有$\dfrac{\partial^2 z}{\partial x\partial y}=\dfrac{\partial^2 z}{\partial y\partial x}$.　(　　)

2. 设

$$f(x,y)=\begin{cases}\dfrac{xy}{x^2+y^2}, & x^2+y^2\neq 0,\\ 0, & x^2+y^2=0.\end{cases}$$

求 $f(x,y)$ 在点 $(0,0)$ 处的偏导数, 并讨论 $f(x,y)$ 在 $(0,0)$ 的连续性和可微性.

3. 求下列函数的偏导数.

(1) $z=\ln\dfrac{y}{x}$;　(2) $z=\dfrac{x+1}{\sqrt{x^2+y^2}}$;　(3) $z=x^y+y^x$.

4. 求下列函数在指定点处的偏导数.

(1) 设 $f(x,y)=x+y-\sqrt{x^2+y^2}$, 求 $f'_x(3,4)$, $f'_y(0,5)$;

(2) 设 $f(x,y)=\mathrm{e}^{-y}\sin(x+2y)$, 求 $f'_x\left(0,\dfrac{\pi}{4}\right)$, $f'_y\left(0,\dfrac{\pi}{4}\right)$.

5. 求下列函数的二阶偏导数.

(1) $z=\sin^2(ax+by)$;　(2) $z=\arctan\dfrac{x+y}{1-xy}$.

6. 求下列函数的高阶偏导数.

(1) 设 $f(x,y)=x^2\arctan\dfrac{y}{x}+y^2\arctan\dfrac{x}{y}$, 求 $\dfrac{\partial^2 f}{\partial x\partial y}$;

(2) 设 $z=\tan\dfrac{x^2}{y}$, 求 $\dfrac{\partial^2 z}{\partial x^2}$;

(3) 设 $u=\mathrm{e}^{xyz}$, 求 $\dfrac{\partial^3 u}{\partial x\partial y\partial z}$.

7. 求下列函数的全微分.

(1) $z=\dfrac{x+y}{x-y}$;　(2) $z=\arcsin\dfrac{x}{y}$;　(3) $u=\dfrac{y}{x}+\dfrac{z}{y}+\dfrac{x}{z}$.

8. 求函数 $z=x^2y^3$ 在点 $(2,-1)$ 处的全微分.

9. 证明: $z=\frac{xy}{x+y}$ 满足方程 $x\frac{\partial z}{\partial x}+y\frac{\partial z}{\partial y}=z$.

10. 求函数 $z=\frac{y}{x}$ 在 $x=2$, $y=1$, $\Delta x=0.1$, $\Delta y=0.2$ 时的全增量及全微分.

11. 计算 $\sqrt{(1.02)^3+(1.97)^3}$ 的近似值.

9.3 多元复合函数的求导法则

本节将一元复合函数的求导法则推广到多元函数.

一、链式规则

1. 复合函数的中间变量均为一元函数的情形

设函数 $z=f(u,v)$, 而 u, v 又是关于变量 x 的一元函数 $u=\varphi(x)$, $v=\psi(x)$. 此时, z 通过两个中间变量 u 和 v 复合成关于 x 的一元复合函数

$$z=f\left(\varphi(x),\psi(x)\right).$$

下面给出了求此复合函数的导数 $\frac{\mathrm{d}z}{\mathrm{d}x}$ 的法则.

定理 9.3.1 (链式规则) 设函数 $u=\varphi(x)$, $v=\psi(x)$ 在点 x 都可导, 二元函数 $z=f(u,v)$ 的偏导数在 x 的对应点 $(u,v)=(\varphi(x),\psi(x))$ 连续. 则复合函数 $z=f\left(\varphi(x),\psi(x)\right)$ 在点 x 可导, 且其导数

$$\frac{\mathrm{d}z}{\mathrm{d}x}=\frac{\partial z}{\partial u}\cdot\frac{\mathrm{d}u}{\mathrm{d}x}+\frac{\partial z}{\partial v}\cdot\frac{\mathrm{d}v}{\mathrm{d}x}. \tag{9.3.1}$$

证明 给自变量 x 一个增量 Δx, 得到函数 $u=\varphi(x)$, $v=\psi(x)$ 的相应增量 Δu 和 Δv, 函数 $z=f(u,v)$ 的全增量 Δz. 由于 $u=\varphi(x)$, $v=\psi(x)$ 在点 x 可导, 所以

$$\lim_{\Delta x\to 0}\frac{\Delta u}{\Delta x}=\frac{\mathrm{d}u}{\mathrm{d}x}=\varphi'(x),\quad \lim_{\Delta x\to 0}\frac{\Delta v}{\Delta x}=\frac{\mathrm{d}v}{\mathrm{d}x}=\psi'(x),$$

且当 $\Delta x\to 0$ 时, $\Delta u\to 0$, $\Delta v\to 0$. 因为函数 $z=f(u,v)$ 的偏导数 $\frac{\partial z}{\partial u}$ 和 $\frac{\partial z}{\partial v}$ 在点 $(u,v)=(\varphi(x),\psi(x))$ 连续, 由式 (9.2.8),

$$\Delta z=\frac{\partial z}{\partial u}\Delta u+\frac{\partial z}{\partial v}\Delta v+\alpha_1\Delta u+\alpha_2\Delta v,$$

其中, 当 $\Delta u\to 0$, $\Delta v\to 0$ 时, $\alpha_1\to 0$, $\alpha_2\to 0$.

上式两边除以 Δx, 得

$$\frac{\Delta z}{\Delta x}=\frac{\partial z}{\partial u}\frac{\Delta u}{\Delta x}+\frac{\partial z}{\partial v}\frac{\Delta v}{\Delta x}+\alpha_1\frac{\Delta u}{\Delta x}+\alpha_2\frac{\Delta v}{\Delta x},$$

让 $\Delta x \to 0$,

$$\frac{\mathrm{d}z}{\mathrm{d}x} = \frac{\partial z}{\partial u} \cdot \frac{\mathrm{d}u}{\mathrm{d}x} + \frac{\partial z}{\partial v} \cdot \frac{\mathrm{d}v}{\mathrm{d}x}. \qquad \square$$

公式 (9.3.1) 称为复合函数的导数公式. 为了便于记忆, 我们把函数的复合关系用链式图 (图 9.3.1) 表示, 因变量 z 通过两条路径 $z \to u \to x$ 和 $z \to v \to x$ 到达自变量 x, 公式 (9.3.1) 中 $\frac{\mathrm{d}z}{\mathrm{d}x}$ 就有两项之和, 每一条路径有两条连线, 公式 (9.3.1) 每一项都是两个导数 (或偏导数) 相乘. 概括为: 连线相乘, 路径相加.

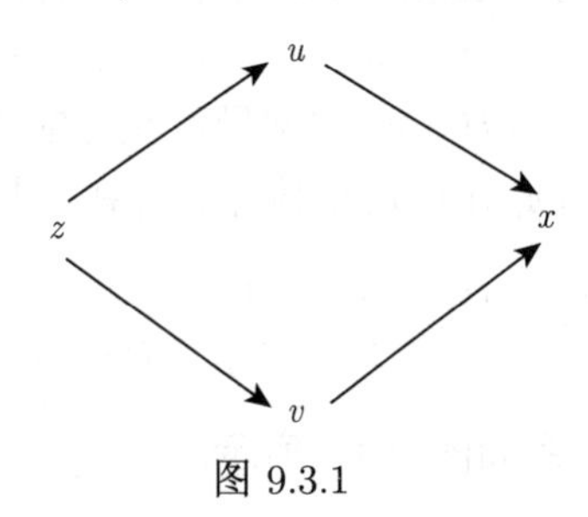

图 9.3.1

此公式可推广到中间变量多于两个的复合函数. 例如, 设 u, v, w 都是关于 x 的可导函数, $z = f(u, v, w)$ 的偏导数在 x 的对应点 (u, v, w) 连续, 则复合函数的导数为

$$\frac{\mathrm{d}z}{\mathrm{d}x} = \frac{\partial z}{\partial u}\frac{\mathrm{d}u}{\mathrm{d}x} + \frac{\partial z}{\partial v}\frac{\mathrm{d}v}{\mathrm{d}x} + \frac{\partial z}{\partial w}\frac{\mathrm{d}w}{\mathrm{d}x}.$$

例 9.3.1 设 $y = u^v$, $u = \cos x$, $v = \sin^2 x$, 求 $\frac{\mathrm{d}y}{\mathrm{d}x}$.

解 由于 $\frac{\partial y}{\partial u} = vu^{v-1}$, $\frac{\partial y}{\partial v} = u^v \ln u$, $\frac{\mathrm{d}u}{\mathrm{d}x} = -\sin x$, $\frac{\mathrm{d}v}{\mathrm{d}x} = \sin 2x$, 由公式 (9.3.1) 可知

$$\frac{\mathrm{d}y}{\mathrm{d}x} = -\sin^3 x \cdot (\cos x)^{-\cos^2 x} + \sin 2x \cdot (\cos x)^{\sin^2 x} \cdot \ln \cos x. \qquad \square$$

2. 复合函数的中间变量均为多元函数的情形

设 $z = f(u, v)$, $u = \varphi(x, y)$, $v = \psi(x, y)$, 复合后 z 是关于 x, y 的二元函数

$$z = f(\varphi(x, y), \psi(x, y)),$$

其中 u, v 为中间变量, x 与 y 为自变量.

在求 $\frac{\partial z}{\partial x}$ 时, 可视 y 为常量, 因此 u, v 可视为自变量 x 的一元函数, 可以利用公式 (9.3.1) 来求 $\frac{\partial z}{\partial x}$. 实际上 $u = \varphi(x, y)$, $v = \psi(x, y)$ 为 x,y 的二元函数, 因此, 将

公式 (9.3.1) 中的 $\frac{\mathrm{d}z}{\mathrm{d}x}, \frac{\mathrm{d}u}{\mathrm{d}x}, \frac{\mathrm{d}v}{\mathrm{d}x}$ 里的 "d" 都要改成 "∂", 即

$$\frac{\partial z}{\partial x} = \frac{\partial z}{\partial u} \cdot \frac{\partial u}{\partial x} + \frac{\partial z}{\partial v} \cdot \frac{\partial v}{\partial x}.$$

类似可得

$$\frac{\partial z}{\partial y} = \frac{\partial z}{\partial u} \cdot \frac{\partial u}{\partial y} + \frac{\partial z}{\partial v} \cdot \frac{\partial v}{\partial y}.$$

当然此处的函数 f, u, v 都要满足定理 9.3.1 的类似条件.

定理 9.3.2 (链式规则) 如果函数 $u = \varphi(x, y)$, $v = \psi(x, y)$ 都在点 (x, y) 具有对 x 及 y 的偏导数, 函数 $z = f(u, v)$ 的偏导数在对应点 (u, v) 连续, 则复合函数 $z = f(\varphi(x, y), \psi(x, y))$ 在点 (x, y) 的两个偏导数存在, 且有

$$\frac{\partial z}{\partial x} = \frac{\partial z}{\partial u} \cdot \frac{\partial u}{\partial x} + \frac{\partial z}{\partial v} \cdot \frac{\partial v}{\partial x}, \quad \frac{\partial z}{\partial y} = \frac{\partial z}{\partial u} \cdot \frac{\partial u}{\partial y} + \frac{\partial z}{\partial v} \cdot \frac{\partial v}{\partial y}. \tag{9.3.2}$$

上述函数的复合函数关系如图 9.3.2 所示.

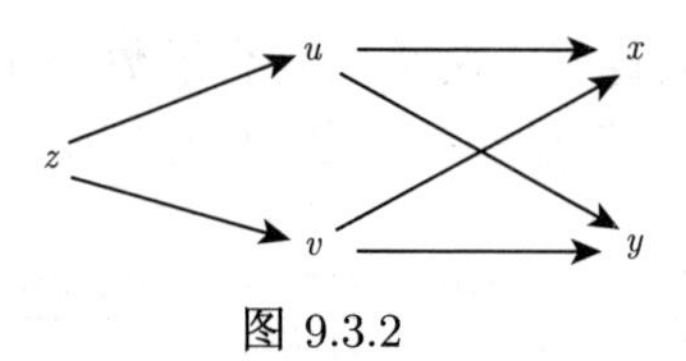

图 9.3.2

这里因变量 z 到自变量 x 有两条路径, 每条路径有两条连线, 所以 $\frac{\partial z}{\partial x}$ 有两项, 且每项是两个偏导数乘积. $\frac{\partial z}{\partial y}$ 也可类似讨论. 概括为: 连线相乘, 路径相加.

例 9.3.2 设 $z = u^v$, $u = 2x + y$, $v = x + 3y^2$. 求 $\frac{\partial z}{\partial x}, \frac{\partial z}{\partial y}$.

解 由公式 (9.3.2),

$$\begin{aligned}
\frac{\partial z}{\partial x} &= \frac{\partial z}{\partial u} \cdot \frac{\partial u}{\partial x} + \frac{\partial z}{\partial v} \cdot \frac{\partial v}{\partial x} = vu^{v-1} \cdot 2 + u^v \ln u \cdot 1 \\
&= (2x + y)^{x+3y^2-1} \left(2(x + 3y^2) + (2x + y)\ln(2x + y)\right); \\
\frac{\partial z}{\partial y} &= \frac{\partial z}{\partial u} \cdot \frac{\partial u}{\partial y} + \frac{\partial z}{\partial v} \cdot \frac{\partial v}{\partial y} = vu^{v-1} \cdot 1 + u^v \ln u \cdot 6y \\
&= (2x + y)^{x+3y^2-1} [(x + 3y^2) + 6y(2x + y)\ln(2x + y)].
\end{aligned}$$

□

例 9.3.3 设 $z = \varphi(x^2 + y^2, \mathrm{e}^{xy})$, 其中 φ 具有一阶连续偏导数. 求 $\frac{\partial z}{\partial x}, \frac{\partial z}{\partial y}$.

解 设 $u=x^2+y^2$, $v=\mathrm{e}^{xy}$, 则 $z=\varphi(u,v)$. 由公式 (9.3.2), 可得

$$\frac{\partial z}{\partial x}=\frac{\partial z}{\partial u}\cdot\frac{\partial u}{\partial x}+\frac{\partial z}{\partial v}\cdot\frac{\partial v}{\partial x}=2x\varphi'_u+y\mathrm{e}^{xy}\varphi'_v,$$

$$\frac{\partial z}{\partial y}=\frac{\partial z}{\partial u}\cdot\frac{\partial u}{\partial y}+\frac{\partial z}{\partial v}\cdot\frac{\partial v}{\partial y}=2y\varphi'_u+x\mathrm{e}^{xy}\varphi'_v. \qquad \square$$

与公式 (9.3.1) 类似, 公式 (9.3.2) 也可以推广到中间变量多于两个的复合函数. 例如, 设 $z=f(u,v,w)$, $u=\varphi(x,y)$, $v=\psi(x,y)$, $w=w(x,y)$, 且满足定理 9.3.2 的类似条件, 则

$$\begin{cases}\dfrac{\partial z}{\partial x}=\dfrac{\partial z}{\partial u}\cdot\dfrac{\partial u}{\partial x}+\dfrac{\partial z}{\partial v}\cdot\dfrac{\partial v}{\partial x}+\dfrac{\partial z}{\partial w}\cdot\dfrac{\partial w}{\partial x},\\[2mm] \dfrac{\partial z}{\partial y}=\dfrac{\partial z}{\partial u}\cdot\dfrac{\partial u}{\partial y}+\dfrac{\partial z}{\partial v}\cdot\dfrac{\partial v}{\partial y}+\dfrac{\partial z}{\partial w}\cdot\dfrac{\partial w}{\partial y}.\end{cases} \tag{9.3.3}$$

例 9.3.4 设 $z=f(x,y,t)=(x-y)^t$, $t=\sqrt{x^2+y^2}$. 求 $\dfrac{\partial z}{\partial x}, \dfrac{\partial z}{\partial y}$.

解 设 $t=t(x,y)=\sqrt{x^2+y^2}$, 则此复合函数形如 $z=f(x,y,t(x,y))$, 它是复合函数 $z=f(u,v,t(x,y))$ 中 $u=x$, $v=y$ 的特殊情形. 因此 $\dfrac{\partial u}{\partial x}=1$, $\dfrac{\partial v}{\partial x}=0$, $\dfrac{\partial u}{\partial y}=0$, $\dfrac{\partial v}{\partial y}=1$, 从而由公式 (9.3.3) 知

$$\begin{cases}\dfrac{\partial z}{\partial x}=\dfrac{\partial f}{\partial x}+\dfrac{\partial f}{\partial t}\cdot\dfrac{\partial t}{\partial x},\\[2mm] \dfrac{\partial z}{\partial y}=\dfrac{\partial f}{\partial y}+\dfrac{\partial f}{\partial t}\cdot\dfrac{\partial t}{\partial y}.\end{cases}$$

而 $\dfrac{\partial f}{\partial x}=t(x-y)^{t-1}$, $\dfrac{\partial f}{\partial y}=-t(x-y)^{t-1}$, 故所求偏导数 $\dfrac{\partial z}{\partial x}, \dfrac{\partial z}{\partial y}$ 分别为

$$\frac{\partial z}{\partial x}=t(x-y)^{t-1}+(x-y)^t[\ln(x-y)]\frac{x}{\sqrt{x^2+y^2}},$$

$$\frac{\partial z}{\partial y}=-t(x-y)^{t-1}+(x-y)^t[\ln(x-y)]\frac{y}{\sqrt{x^2+y^2}}. \qquad \square$$

例 9.3.5 设 $u=f(x+y+z)$, $z=\varphi(x,y)$, $y=\psi(x)$, 其中 f,φ 及 ψ 对各自的变量具有连续偏导数. 求 $\dfrac{\mathrm{d}u}{\mathrm{d}x}$.

解 设 $w=x+y+z$, 则 $u=f(w)$,

$$\frac{\mathrm{d}u}{\mathrm{d}x}=\frac{\mathrm{d}f}{\mathrm{d}w}\cdot\frac{\mathrm{d}w}{\mathrm{d}x}=f'(w)\cdot\left(\frac{\partial w}{\partial x}+\frac{\partial w}{\partial y}\cdot\frac{\mathrm{d}y}{\mathrm{d}x}+\frac{\partial w}{\partial z}\cdot\frac{\partial z}{\partial x}\right)$$

$$
\begin{aligned}
&= f'(w) \cdot \left(1 + \psi'(x) + \frac{\partial \varphi}{\partial x} + \frac{\partial \varphi}{\partial y} \cdot \frac{\mathrm{d}y}{\mathrm{d}x}\right) \\
&= f'(x+y+z) \cdot \left(1 + \psi'(x) + \varphi'_x(x,y) + \varphi'_y(x,y) \cdot \psi'(x)\right). \qquad \square
\end{aligned}
$$

例 9.3.6　设 $z = f\left(xy, \dfrac{y}{x}\right)$, 其中 f 具有连续的二阶偏导数. 求 $\dfrac{\partial^2 z}{\partial y^2}$ 及 $\dfrac{\partial^2 z}{\partial x \partial y}$.

解　设 $u = xy$, $v = \dfrac{y}{x}$, 则 $z = f(u,v)$. 引入记号 $\dfrac{\partial f}{\partial u} = f'_1$, $\dfrac{\partial f}{\partial v} = f'_2$, $\dfrac{\partial^2 f}{\partial u \partial v} = f''_{12}$ 以及类似的 f''_{11}, f''_{21}, f''_{22}. 因此

$$
\frac{\partial z}{\partial x} = y f'_1 - \frac{y}{x^2} f'_2, \quad \frac{\partial z}{\partial y} = x f'_1 + \frac{1}{x} f'_2,
$$

其中 f'_1, f'_2 仍为复合函数, 并且其复合关系与 f 的复合关系相同. 因此

$$
\begin{aligned}
\frac{\partial^2 z}{\partial y^2} &= x \frac{\partial f'_1}{\partial y} + \frac{1}{x} \frac{\partial f'_2}{\partial y} \\
&= x \left(x f''_{11} + \frac{1}{x} f''_{12}\right) + \frac{1}{x}\left(x f''_{21} + \frac{1}{x} f''_{22}\right) \\
&= x^2 f''_{11} + 2 f''_{12} + \frac{1}{x^2} f''_{22}, \\
\frac{\partial^2 z}{\partial x \partial y} &= f'_1 + y \frac{\partial f'_1}{\partial y} - \frac{1}{x^2} f'_2 - \frac{y}{x^2} \frac{\partial f'_2}{\partial y} \\
&= f'_1 + y\left(x f''_{11} + \frac{1}{x} f''_{12}\right) - \frac{1}{x^2} f'_2 - \frac{y}{x^2}\left(x f''_{21} + \frac{1}{x} f''_{22}\right) \\
&= f'_1 - \frac{1}{x^2} f'_2 + xy f''_{11} - \frac{y}{x^3} f''_{22}. \qquad \square
\end{aligned}
$$

二、一阶全微分的形式不变性

对于一元函数 $y = f(u)$, 不论 u 是自变量还是中间变量, 其微分具有不变的形式 $\mathrm{d}y = f'(u)\mathrm{d}u$, 即一阶微分的形式不变性. 下面我们来证明, 多元函数的全微分也具有这种性质.

设 $z = f(u,v)$, $u = \varphi(x,y)$, $v = \psi(x,y)$ 都具有连续偏导数. 如果 u, v 为 $f(u,v)$ 的自变量, 则其全微分

$$
\mathrm{d}z = f'_u(u,v)\mathrm{d}u + f'_v(u,v)\mathrm{d}v.
$$

如果 u, v 是关于 x, y 的函数 $u = \varphi(x,y)$, $v = \psi(x,y)$, 则复合函数 $z = f(\varphi(x,y), \psi(x,y))$ 的全微分

$$\mathrm{d}z=\frac{\partial z}{\partial x}\mathrm{d}x+\frac{\partial z}{\partial y}\mathrm{d}y.$$

由公式 (9.3.2) 可得

$$\begin{aligned}\mathrm{d}z&=\left(f'_u\frac{\partial u}{\partial x}+f'_v\frac{\partial v}{\partial x}\right)\mathrm{d}x+\left(f'_u\frac{\partial u}{\partial y}+f'_v\frac{\partial v}{\partial y}\right)\mathrm{d}y\\&=f'_u\left(\frac{\partial u}{\partial x}\mathrm{d}x+\frac{\partial u}{\partial y}\mathrm{d}y\right)+f'_v\left(\frac{\partial v}{\partial x}\mathrm{d}x+\frac{\partial v}{\partial y}\mathrm{d}y\right)\\&=f'_u(u,v)\mathrm{d}u+f'_v(u,v)\mathrm{d}v.\end{aligned}$$

这就是说, 不论 u, v 是自变量或是中间变量, 函数 $z=f(u,v)$ 的全微分具有相同形式, 即全微分具有形式不变性.

对于可微的多元函数 u, v, 利用全微分形式不变性, 易证下面运算法则成立:

$$\begin{aligned}&\mathrm{d}(u\pm v)=\mathrm{d}u\pm\mathrm{d}v,\\&\mathrm{d}(uv)=u\mathrm{d}v+v\mathrm{d}u,\\&\mathrm{d}\left(\frac{u}{v}\right)=\frac{v\mathrm{d}u-u\mathrm{d}v}{v^2}\quad(v\neq 0).\end{aligned}$$

例 9.3.7 设 $z=\varphi(x^2+y^2,\mathrm{e}^{xy})$, 其中 φ 具有一阶连续偏导数. 利用全微分的形式不变性, 求 $\mathrm{d}z$, $\dfrac{\partial z}{\partial x}$ 和 $\dfrac{\partial z}{\partial y}$.

解 设 $u=x^2+y^2$, $v=\mathrm{e}^{xy}$, 则 $z=\varphi(u,v)$.

$$\begin{aligned}\mathrm{d}z&=\frac{\partial\varphi}{\partial u}\mathrm{d}u+\frac{\partial\varphi}{\partial v}\mathrm{d}v\\&=\varphi'_u(2x\mathrm{d}x+2y\mathrm{d}y)+\varphi'_v\mathrm{e}^{xy}(y\mathrm{d}x+x\mathrm{d}y)\\&=(2x\varphi'_u+y\mathrm{e}^{xy}\varphi'_v)\mathrm{d}x+(2y\varphi'_u+x\mathrm{e}^{xy}\varphi'_v)\mathrm{d}y.\end{aligned}$$

故

$$\frac{\partial z}{\partial x}=2x\varphi'_u+y\mathrm{e}^{xy}\varphi'_v,\quad\frac{\partial z}{\partial y}=2y\varphi'_u+x\mathrm{e}^{xy}\varphi'_v.$$

这与例 9.3.3 的结果是相同的. □

习 题 9.3

1. 填空题.

(1) 设 $z=\mathrm{e}^{x-2y}$, 而 $x=\sin t$, $y=t^2$, 则 $\dfrac{\mathrm{d}z}{\mathrm{d}t}=$______.

(2) 设 $z=\dfrac{u^2}{v}$, 而 $u=x-2y$, $v=y+2x$, 则 $\dfrac{\partial z}{\partial x}=$______, $\dfrac{\partial z}{\partial y}=$______.

(3) 设 $z=\arcsin(xy)$, $y=\mathrm{e}^x$, 则 $\dfrac{\mathrm{d}z}{\mathrm{d}x}=$______.

(4) 设 $u=z^2$, $z=x^2-y^2$, 则 $\dfrac{\partial u}{\partial x}=$______, $\dfrac{\partial u}{\partial y}=$______.

2. 求下列函数的一阶偏导数, 其中 f 具有一阶连续偏导数.

(1) $z=f(x+y,\mathrm{e}^{xy})$;　　(2) $z=f(x,xy)$.

3. 设 $u=f(x-y,y-z,t-z)$, 其中 f 具有一阶连续偏导数. 求 $\dfrac{\partial u}{\partial x}+\dfrac{\partial u}{\partial y}+\dfrac{\partial u}{\partial t}+\dfrac{\partial u}{\partial z}$.

4. 设 $u=\dfrac{xy}{z}\ln x+x\varphi\left(\dfrac{y}{x},\dfrac{z}{x}\right)$, 其中 φ 具有一阶连续偏导数. 求 $\dfrac{\partial u}{\partial x}$, $\dfrac{\partial u}{\partial y}$, $\dfrac{\partial u}{\partial z}$.

5. 设 $u=f(x^2+y^2+z^2)$, 求 $\dfrac{\partial^2 u}{\partial x^2}$.

6. 设 $z=f\left(x+y,\dfrac{x}{y}\right)$, 其中 f 具有二阶连续偏导数. 求 $\dfrac{\partial^2 z}{\partial x^2}$, $\dfrac{\partial^2 z}{\partial x\partial y}$.

7. 设 $z=xy+xf(u)$, 而 $u=\dfrac{y}{x}$, $f(u)$ 为可导函数. 证明 $x\dfrac{\partial z}{\partial x}+y\dfrac{\partial z}{\partial y}=z+xy$.

8. 设 $z=f(x+\varphi(y))$, 其中 φ 是可微函数, f 是二次可微函数. 证明

$$\frac{\partial z}{\partial x}\cdot\frac{\partial^2 z}{\partial x\partial y}=\frac{\partial z}{\partial y}\cdot\frac{\partial^2 z}{\partial x^2}.$$

9. 设 $z=x^2f\left(\dfrac{y}{x}\right)+\dfrac{1}{x}g\left(\dfrac{y}{x}\right)$, 其中 f, g 均为二次可微函数. 计算

$$x^2\frac{\partial^2 z}{\partial x^2}+2xy\frac{\partial^2 z}{\partial x\partial y}+y^2\frac{\partial^2 z}{\partial y^2}.$$

10. 设 $z=f\left(x,\dfrac{x}{y}\right)$, 求 $\dfrac{\partial^2 z}{\partial y^2}$.

11. 利用全微分的形式不变性, 求下列函数的全微分.

(1) $z=f(\sqrt{xy},x+y)$;　　(2) $u=f\left(\dfrac{x}{y},\dfrac{y}{z}\right)$.

9.4 隐　函　数

一、单个方程的情形

在 3.2 节, 我们引入了一元隐函数的概念, 并讨论由方程

$$F(x,y)=0 \tag{9.4.1}$$

所确定的隐函数的求导方法, 但我们并不清楚由单个方程或者方程组是否可以确定隐函数. 本节将给出隐函数存在定理以及偏导数计算公式.

定理 9.4.1 (一元隐函数存在定理) 设函数 $F(x,y)$ 在点 (x_0,y_0) 的某个邻域内具有连续的偏导数, 且 $F(x_0,y_0)=0$, $F'_y(x_0,y_0)\neq 0$. 则

(1) 方程 $F(x,y)=0$ 在点 (x_0,y_0) 的某个邻域内能唯一确定一个具有连续导数的函数 $y=f(x)$, 且 $y_0=f(x_0)$;

(2) $y=f(x)$ 的导数

$$\frac{\mathrm{d}y}{\mathrm{d}x}=-\frac{F'_x}{F'_y}. \tag{9.4.2}$$

证明 定理的第一部分我们不作证明, 只推导公式 (9.4.2).

设 $y=f(x)$ 是由公式 (9.4.1) 确定的函数, 则等式

$$F\left(x,f(x)\right)\equiv 0.$$

等式左边可视为变量 x 的复合函数. 求此函数的导数, 可得

$$\frac{\partial F}{\partial x}+\frac{\partial F}{\partial y}\cdot\frac{\mathrm{d}y}{\mathrm{d}x}=0.$$

由于 F'_y 连续, 且 $F'_y(x_0,y_0)\neq 0$, 所以存在 (x_0,y_0) 的某个邻域, 在此邻域内 $F'_y\neq 0$, 从而

$$\frac{\mathrm{d}y}{\mathrm{d}x}=-\frac{F'_x}{F'_y}.$$ □

如果函数 $F(x,y)$ 的二阶偏导数也都连续, 则可把等式 (9.4.2) 的右边视为复合函数, 对 x 求导, 便得二阶导数

$$\begin{aligned}
\frac{\mathrm{d}^2y}{\mathrm{d}x^2}&=\frac{\partial}{\partial x}\left(-\frac{F'_x}{F'_y}\right)+\frac{\partial}{\partial y}\left(-\frac{F'_x}{F'_y}\right)\cdot\frac{\mathrm{d}y}{\mathrm{d}x}\\
&=-\frac{F''_{xx}\cdot F'_y-F''_{yx}\cdot F'_x}{\left(F'_y\right)^2}-\frac{F''_{xy}\cdot F'_y-F''_{yy}\cdot F'_x}{\left(F'_y\right)^2}\cdot\left(-\frac{F'_x}{F'_y}\right)\\
&=-\frac{F''_{xx}\cdot\left(F'_y\right)^2-2F''_{xy}\cdot F'_x\cdot F'_y+F''_{yy}\cdot\left(F'_x\right)^2}{\left(F'_y\right)^3}.
\end{aligned}$$

例 9.4.1 求由方程 $x=2y+\sin y$ 所确定的隐函数 $y=f(x)$ 的一阶与二阶导数.

解 设 $F(x,y)=x-2y-\sin y$, 则 $F'_x=1$, $F'_y=-2-\cos y$. 由于 $\cos y\neq -2$, 所以由公式 (9.4.2) 得

$$\frac{\mathrm{d}y}{\mathrm{d}x}=-\frac{F'_x}{F'_y}=\frac{1}{2+\cos y}.$$

上式两边再对 x 求导, 得

$$\frac{\mathrm{d}^2y}{\mathrm{d}x^2}=\frac{\sin y\cdot\dfrac{\mathrm{d}y}{\mathrm{d}x}}{(2+\cos y)^2}=\frac{\sin y}{(2+\cos y)^3}.\qquad\square$$

类似于一元隐函数, 三元方程 $F(x,y,z)=0$ 也可能确定一个二元隐函数 $z=f(x,y)$.

定理 9.4.2 (二元隐函数存在定理)　设函数 $F(x,y,z)$ 在点 (x_0,y_0,z_0) 的某个邻域内具有连续的偏导数, 且 $F(x_0,y_0,z_0)=0$, $F'_z(x_0,y_0,z_0)\neq 0$. 则

(1) 方程 $F(x_0,y_0,z_0)=0$ 在点 (x_0,y_0,z_0) 的某个邻域内能唯一确定一个具有连续偏导数的函数 $z=f(x,y)$, 且 $z_0=f(x_0,y_0)$;

(2) $\dfrac{\partial z}{\partial x}=-\dfrac{F'_x}{F'_z},\ \dfrac{\partial z}{\partial y}=-\dfrac{F'_y}{F'_z}.$　　(9.4.3)

证明　定理的第一部分不证, 只推导公式 (9.4.3).

由于 $F(x,y,z(x,y))\equiv 0$, 等式左边可视为变量 x, y 的复合函数, 两边分别对 x, y 求导, 得

$$F'_x+F'_z\cdot\frac{\partial z}{\partial x}=0,\quad F'_y+F'_z\cdot\frac{\partial z}{\partial y}=0.$$

由于 F'_z 连续, 且 $F'_z(x_0,y_0,z_0)\neq 0$, 所以存在点 (x_0,y_0,z_0) 的某个邻域, 在此邻域内 $F'_z\neq 0$, 故

$$\frac{\partial z}{\partial x}=-\frac{F'_x}{F'_z},\quad \frac{\partial z}{\partial y}=-\frac{F'_y}{F'_z}.\qquad\square$$

例 9.4.2　设 $z^3-3xyz=a^3$, 求 $\dfrac{\partial z}{\partial x},\dfrac{\partial z}{\partial y},\dfrac{\partial^2 z}{\partial x\partial y}$.

解　设 $F(x,y,z)=z^3-3xyz-a^3$, 则 $F'_x=-3yz$, $F'_y=-3xz$, $F'_z=3z^2-3xy$. 由公式 (9.4.3) 可知, 当 $z^2\neq xy$ 时, 得

$$\frac{\partial z}{\partial x}=\frac{yz}{z^2-xy},\quad \frac{\partial z}{\partial y}=\frac{xz}{z^2-xy}.$$

由 $\dfrac{\partial z}{\partial x}$ 再对 y 求偏导数, 得

$$\begin{aligned}\frac{\partial^2 z}{\partial x\partial y}&=\frac{\left(z+y\cdot\dfrac{\partial z}{\partial y}\right)\cdot(z^2-xy)-\left(2z\cdot\dfrac{\partial z}{\partial y}-x\right)\cdot yz}{(z^2-xy)^2}\\&=\frac{z^3-(xy^2+yz^2)\cdot\dfrac{\partial z}{\partial y}}{(z^2-xy)^2}.\end{aligned}$$

将 $\dfrac{\partial z}{\partial y}=\dfrac{xz}{z^2-xy}$ 代入上式, 整理后得

$$\frac{\partial^2 z}{\partial x\partial y}=\frac{z(z^4-2xyz^2-x^2y^2)}{(z^2-xy)^3}.\qquad\square$$

二、多个方程的情形

由线性代数的知识, 如果行列式

$$\begin{vmatrix} a_1 & b_1 \\ a_2 & b_2 \end{vmatrix} = a_1b_2 - b_1a_2 \neq 0,$$

则由方程组

$$\begin{cases} a_1u + b_1v + c_1x + d_1y = 0, \\ a_2u + b_2v + c_2x + d_2y = 0 \end{cases}$$

可唯一解出

$$u = -\frac{(c_1b_2 - b_1c_2)x + (d_1b_2 - b_1d_2)y}{a_1b_2 - b_1a_2},$$
$$v = -\frac{(a_1c_2 - c_1a_2)x + (a_1d_2 - d_1a_2)y}{a_1b_2 - b_1a_2},$$

即由上述方程组可确定 u, v 为关于 x, y 的函数.

对于一般方程组

$$\begin{cases} F(x,y,u,v) = 0, \\ G(x,y,u,v) = 0, \end{cases}$$

如果满足一定条件, 也可以在某点的局部确定 u, v 关于 x, y 的函数.

定理 9.4.3 设函数 $F(x,y,u,v)$, $G(x,y,u,v)$ 满足如下条件:

(1) $F(x_0,y_0,u_0,v_0) = 0$, $G(x_0,y_0,u_0,v_0) = 0$;

(2) $F(x,y,u,v)$, $G(x,y,u,v)$ 在点 (x_0,y_0,u_0,v_0) 的某个邻域具有连续的偏导数;

(3) 雅可比 (Jacobi) 行列式

$$J = \frac{\partial(F,G)}{\partial(u,v)} = \begin{vmatrix} \dfrac{\partial F}{\partial u} & \dfrac{\partial F}{\partial v} \\ \dfrac{\partial G}{\partial u} & \dfrac{\partial G}{\partial v} \end{vmatrix}$$

在点 (x_0,y_0,u_0,v_0) 处不等于 0. 则在点 (x_0, y_0, u_0, v_0) 的某个邻域内, 可以由方程组

$$\begin{cases} F(x,y,u,v) = 0, \\ G(x,y,u,v) = 0 \end{cases}$$

唯一确定具有连续偏导数的函数 $u = u(x,y)$, $v = v(x,y)$, 满足 $u_0 = u(x_0,y_0)$,

$v_0 = v(x_0, y_0)$, 且

$$\frac{\partial u}{\partial x} = -\frac{1}{J}\frac{\partial(F,G)}{\partial(x,v)} = -\frac{\begin{vmatrix} F'_x & F'_v \\ G'_x & G'_v \end{vmatrix}}{\begin{vmatrix} F'_u & F'_v \\ G'_u & G'_v \end{vmatrix}}, \quad \frac{\partial v}{\partial x} = -\frac{1}{J}\frac{\partial(F,G)}{\partial(u,x)} = -\frac{\begin{vmatrix} F'_u & F'_x \\ G'_u & G'_x \end{vmatrix}}{\begin{vmatrix} F'_u & F'_v \\ G'_u & G'_v \end{vmatrix}},$$

$$\frac{\partial u}{\partial y} = -\frac{1}{J}\frac{\partial(F,G)}{\partial(y,v)} = -\frac{\begin{vmatrix} F'_y & F'_v \\ G'_y & G'_v \end{vmatrix}}{\begin{vmatrix} F'_u & F'_v \\ G'_u & G'_v \end{vmatrix}}, \quad \frac{\partial v}{\partial y} = -\frac{1}{J}\frac{\partial(F,G)}{\partial(u,y)} = -\frac{\begin{vmatrix} F'_u & F'_y \\ G'_u & G'_y \end{vmatrix}}{\begin{vmatrix} F'_u & F'_v \\ G'_u & G'_v \end{vmatrix}}. \tag{9.4.4}$$

证明　定理的第一部分不证, 只推导公式 (9.4.4).

由于在点 (x_0, y_0, u_0, v_0) 的某个邻域内, u, v 都是 x, y 的函数, 因此

$$\begin{cases} F\left(x, y, u(x,y), v(x,y)\right) \equiv 0, \\ G\left(x, y, u(x,y), v(x,y)\right) \equiv 0. \end{cases}$$

利用复合函数求导法则, 将恒等式两边分别对 x 求偏导,

$$\begin{cases} F'_x + F'_u \cdot \dfrac{\partial u}{\partial x} + F'_v \cdot \dfrac{\partial v}{\partial x} = 0, \\ G'_x + G'_u \cdot \dfrac{\partial u}{\partial x} + G'_v \cdot \dfrac{\partial v}{\partial x} = 0. \end{cases}$$

由题设可知, 在点 (x_0, y_0, u_0, v_0) 的某个邻域内, 方程组的系数行列式

$$J = \begin{vmatrix} F'_u & F'_v \\ G'_u & G'_v \end{vmatrix} \neq 0,$$

因此, 在此邻域内可解出

$$\frac{\partial u}{\partial x} = -\frac{1}{J}\begin{vmatrix} F'_x & F'_v \\ G'_x & G'_v \end{vmatrix}, \quad \frac{\partial v}{\partial x} = -\frac{1}{J}\begin{vmatrix} F'_u & F'_x \\ G'_u & G'_x \end{vmatrix}.$$

类似可得

$$\frac{\partial u}{\partial y} = -\frac{1}{J}\begin{vmatrix} F'_y & F'_v \\ G'_y & G'_v \end{vmatrix}, \quad \frac{\partial v}{\partial y} = -\frac{1}{J}\begin{vmatrix} F'_u & F'_y \\ G'_u & G'_y \end{vmatrix}.$$

□

例 9.4.3　设 $xu - yv = 0, yu + xv = 1$. 求 $\dfrac{\partial u}{\partial x}, \dfrac{\partial v}{\partial x}, \dfrac{\partial u}{\partial y}$ 和 $\dfrac{\partial v}{\partial y}$.

解 在两个方程两边分别对 x 求偏导,

$$\begin{cases} u+x\dfrac{\partial u}{\partial x}-y\dfrac{\partial v}{\partial x}=0, \\ y\dfrac{\partial u}{\partial x}+v+x\dfrac{\partial v}{\partial x}=0. \end{cases}$$

当 $x^2+y^2\neq 0$ 时, 解得 $\dfrac{\partial u}{\partial x}=-\dfrac{xu+yv}{x^2+y^2}, \dfrac{\partial v}{\partial x}=\dfrac{yu-xv}{x^2+y^2}$.

在两个方程两边分别对 y 求偏导,

$$\begin{cases} x\dfrac{\partial u}{\partial y}-v-y\dfrac{\partial v}{\partial y}=0, \\ u+y\dfrac{\partial u}{\partial y}+x\dfrac{\partial v}{\partial y}=0. \end{cases}$$

当 $x^2+y^2\neq 0$ 时, 解得 $\dfrac{\partial u}{\partial y}=\dfrac{xv-yu}{x^2+y^2}, \dfrac{\partial v}{\partial y}=-\dfrac{xu+yv}{x^2+y^2}$. □

下面介绍逆映射或反函数定理. 设 $D\subseteq\mathbb{R}^2$, 向量值函数

$$\boldsymbol{f}:D\to\mathbb{R}^2,\quad (u,v)\mapsto(x(u,v),y(u,v)),\quad (u,v)\in D.$$

则 $\boldsymbol{f}$ 的坐标函数为 $x=x(u,v)$, $y=y(u,v)$. 如果存在向量值函数

$$\boldsymbol{g}:\boldsymbol{f}(D)\to D,\quad (x,y)\mapsto(u(x,y),v(x,y)),\quad (x,y)\in\boldsymbol{f}(D),$$

使得 $\boldsymbol{g}\circ\boldsymbol{f}$ 为单位映射, 则称 $\boldsymbol{g}$ 为 $\boldsymbol{f}$ 的逆映射.

定理 9.4.4 设函数 $x=x(u,v)$, $y=y(u,v)$ 在点 (u_0,v_0) 的某个邻域内有连续偏导数, 且雅可比行列式

$$J=\frac{\partial(x,y)}{\partial(u,v)}$$

在点 (u_0,v_0) 处不等于 0. 设 $x_0=x(u_0,v_0)$, $y_0=y(u_0,v_0)$. 则在 (x_0,y_0) 的某个邻域上存在映射

$$\begin{cases} x=x(u,v), \\ y=y(u,v) \end{cases}$$

的具有连续偏导数的逆映射

$$\begin{cases} u=u(x,y), \\ v=v(x,y), \end{cases}$$

满足

(1) $u_0=u(x_0,y_0)$, $v_0=v(x_0,y_0)$;

(2)

$$\frac{\partial u}{\partial x}=\frac{1}{J}\frac{\partial y}{\partial v},\quad \frac{\partial v}{\partial x}=-\frac{1}{J}\frac{\partial y}{\partial u}.$$

$$\frac{\partial u}{\partial y}=-\frac{1}{J}\frac{\partial x}{\partial v},\quad \frac{\partial v}{\partial y}=\frac{1}{J}\frac{\partial x}{\partial u}.$$

证明 (1) 考虑函数方程组

$$\begin{cases} F(x,y,u,v)=x-x(u,v)=0,\\ G(x,y,u,v)=y-y(u,v)=0. \end{cases}$$

由假设, 在点 (x_0,y_0,u_0,v_0) 处,

$$J=\frac{\partial(F,G)}{\partial(u,v)}=\frac{\partial(x,y)}{\partial(u,v)}\neq 0.$$

根据隐函数存在定理 (定理 9.4.3), 在 (x_0,y_0,u_0,v_0) 的某个邻域存在函数

$$\begin{cases} u=u(x,y),\\ v=v(x,y), \end{cases}$$

满足

(i) $u_0=u(x_0,y_0)$, $v_0=v(x_0,y_0)$;

(ii) $x(u(x,y),v(x,y))\equiv x$, $y(u(x,y),v(x,y))\equiv y$,

且 $u(x,y)$, $v(x,y)$ 在 (x_0,y_0) 的某邻域有连续的偏导数.

对 (ii) 中的等式两边分别对 x 求偏导数,

$$\begin{cases} \dfrac{\partial x}{\partial u}\cdot\dfrac{\partial u}{\partial x}+\dfrac{\partial x}{\partial v}\cdot\dfrac{\partial v}{\partial x}=1,\\ \dfrac{\partial y}{\partial u}\cdot\dfrac{\partial u}{\partial x}+\dfrac{\partial y}{\partial v}\cdot\dfrac{\partial v}{\partial x}=0. \end{cases}$$

由于 J 在 (u_0,v_0) 不等于 0, 故 J 在 (u_0,v_0) 的某个邻域内非零, 故可解出

$$\frac{\partial u}{\partial x}=\frac{1}{J}\frac{\partial y}{\partial v},\quad \frac{\partial v}{\partial x}=-\frac{1}{J}\frac{\partial y}{\partial u}.$$

类似地, 可得

$$\frac{\partial u}{\partial y}=-\frac{1}{J}\frac{\partial x}{\partial v},\quad \frac{\partial v}{\partial y}=\frac{1}{J}\frac{\partial x}{\partial u}.$$

□

例 9.4.4 设 $y=y(x),z=z(x)$由方程组 $z=xf(x+y)$ 和 $F(x,y,z)=0$ 所确定, 其中 f 和 F 分别具有连续导数和连续偏导数, 求 $\dfrac{\mathrm{d}z}{\mathrm{d}x}$.

解 对 $z=xf(x+y)$ 两边关于 x 求导, 得

$$\frac{\mathrm{d}z}{\mathrm{d}x}=f+xf'\cdot(1+y').$$

对 $F(x,y,z)=0$ 两边关于 x 求偏导数, 得

$$F'_x+F'_yy'+F'_zz'=0.$$

根据上述两个方程, 可解出

$$\frac{\mathrm{d}z}{\mathrm{d}x}=\frac{(f+xf')F'_y-xf'F'_x}{F'_y+xf'F'_z}.$$ □

习 题 9.4

1. 求下列隐函数的导数.

(1) 设 $\arctan\dfrac{x+y}{a}-\dfrac{y}{a}=0$, 求 $\dfrac{\mathrm{d}y}{\mathrm{d}x}$;

(2) 设 $y=x^y$, 求 $\dfrac{\mathrm{d}y}{\mathrm{d}x}$;

2. 求下列隐函数的偏导数.

(1) 设 $\dfrac{x}{z}=\ln\dfrac{z}{y}$, 求 $\dfrac{\partial z}{\partial x},\dfrac{\partial z}{\partial y}$;

(2) 设 $xyz=\sin z$, 求 $\dfrac{\partial z}{\partial x},\dfrac{\partial z}{\partial y},\dfrac{\partial^2 z}{\partial x\partial y}$.

3. 证明由方程 $\varphi(cx-az,cy-bz)=0$ 所定义的函数 $z=z(x,y)$ 满足 $a\dfrac{\partial z}{\partial x}+b\dfrac{\partial z}{\partial y}=c$, 其中 φ 为可微函数.

4. 设 $\mathrm{e}^z-xyz=0$, 求 $\dfrac{\partial^2 z}{\partial x^2},\dfrac{\partial^2 z}{\partial x\partial y}$.

5. 设 $x=x(y,z),y=y(x,z),z=z(x,y)$都是由方程 $F(x,y,z)=0$ 所确定的具有一阶连续偏导数的函数. 证明: $\dfrac{\partial x}{\partial y}\cdot\dfrac{\partial y}{\partial z}\cdot\dfrac{\partial z}{\partial x}=-1$.

6. 由方程组 $\begin{cases}z=x^2+y^2,\\x^2+2y^2+3z^2=20\end{cases}$ 确定函数 $y=y(x)$ 及 $z=z(x)$, 求导数 $\dfrac{\mathrm{d}y}{\mathrm{d}x}$ 及 $\dfrac{\mathrm{d}z}{\mathrm{d}x}$.

7. 若 $\begin{cases}x+y=u+v,\\y\sin u=x\sin v,\end{cases}$ 求 $\mathrm{d}u,\mathrm{d}v$.

8. 设 $\begin{cases}u=f(ux,v+y),\\v=g(u-x,v^2y),\end{cases}$ 其中 f,g 均具有一阶连续偏导数, 求 $\dfrac{\partial u}{\partial x},\dfrac{\partial v}{\partial x}$.

9.5　偏导数在几何中的应用

一、空间曲线的切线与法平面

我们在 4.7 节和 6.6 节分别讨论过平面光滑曲线的曲率和弧长. 本节将首先定义空间光滑曲线. 设空间曲线 Γ 的参数方程为

$$\begin{cases} x = x(t), \\ y = y(t), \quad t \in [a,b], \\ z = z(t), \end{cases} \tag{9.5.1}$$

它也可以写成向量的形式

$$\boldsymbol{r}(t) = (x(t), y(t), z(t)), \quad t \in [a,b].$$

此处 $\boldsymbol{r}$ 是一个映射或者向量值函数,

$$\boldsymbol{r} : [a,b] \subseteq \mathbb{R} \to \mathbb{R}^3, \quad t \mapsto (x(t), y(t), z(t)), \quad t \in [a,b].$$

$\boldsymbol{r}(t)$ 的导数定义为 $\boldsymbol{r}'(t) = (x'(t), y'(t), z'(t))$.

如果 $\boldsymbol{r}'(t)$ 在 $[a,b]$ 上连续 (或等价地, $x'(t), y'(t), z'(t)$ 在 $[a,b]$ 上连续), 且 $\boldsymbol{r}'(t) \neq 0$, $t \in [a,b]$, 则称 Γ 为**光滑曲线**.

当 $t = t_0$ 时, 曲线上的对应点为 $P_0 = \boldsymbol{r}(t_0) = (x_0, y_0, z_0)$. 考虑曲线上的点 $P = \boldsymbol{r}(t_0 + \Delta t) = (x_0 + \Delta x, y_0 + \Delta y, z_0 + \Delta z)$. 则由空间解析几何知识, 曲线 Γ 的割线 P_0P 的方程为

$$\frac{x - x_0}{\Delta x} = \frac{y - y_0}{\Delta y} = \frac{z - z_0}{\Delta z}.$$

用 Δt 去除上述方程的分母, 得

$$\frac{x - x_0}{\dfrac{\Delta x}{\Delta t}} = \frac{y - y_0}{\dfrac{\Delta y}{\Delta t}} = \frac{z - z_0}{\dfrac{\Delta z}{\Delta t}}.$$

让 $\Delta t \to 0$, 就得到曲线 Γ 在点 P_0 的切线方程

$$\frac{x - x_0}{x'(t_0)} = \frac{y - y_0}{y'(t_0)} = \frac{z - z_0}{z'(t_0)}, \tag{9.5.2}$$

其中 $\boldsymbol{r}'(t_0) = (x'(t_0), y'(t_0), z'(t_0))$ 为曲线 Γ 在点 P_0 的切线的一个方向向量, 称为 Γ 在 P_0 的**切向量**, 如图 9.5.1 所示.

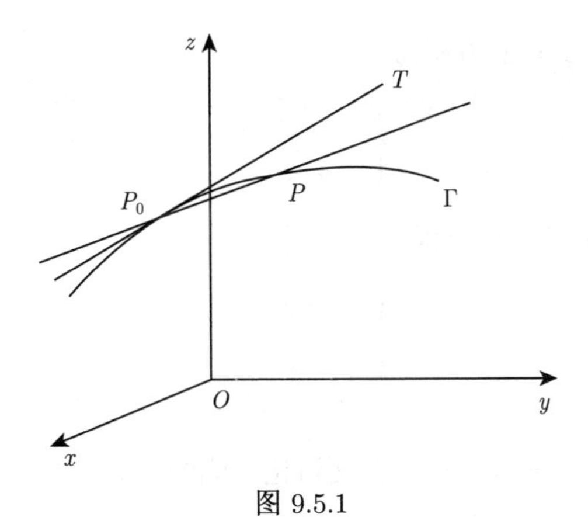

图 9.5.1

过 P_0 而与曲线 Γ 在点 P_0 的切线垂直的平面称为 Γ 在 P_0 的**法平面**. 由空间解析几何知识, 法平面方程为

$$x'(t_0)(x-x_0)+y'(t_0)(y-y_0)+z'(t_0)(z-z_0)=0. \tag{9.5.3}$$

例 9.5.1 求曲线

$$\begin{cases} x=a\sin^2 t, \\ y=b\sin t\cos t, \\ z=c\cos^2 t \end{cases}$$

在 $t=\dfrac{\pi}{4}$ 处的切线与法平面方程.

解 当 $t=\dfrac{\pi}{4}$ 时, 曲线上的点为 $P_0\left(\dfrac{a}{2},\dfrac{b}{2},\dfrac{c}{2}\right)$. 因为

$$x'(t)=2a\sin t\cos t=a\sin 2t,\quad y'(t)=b\cos 2t,\quad z'(t)=-c\sin 2t,$$

所以曲线在点 P_0 的切向量为

$$(x'(t),y'(t),z'(t))\,|_{t=\frac{\pi}{4}}=(a,0,-c).$$

故曲线在 P_0 的切线方程为

$$\frac{x-\dfrac{a}{2}}{a}=\frac{y-\dfrac{b}{2}}{0}=\frac{z-\dfrac{c}{2}}{-c},$$

法平面方程为

$$a\left(x-\frac{a}{2}\right)+0\left(y-\frac{b}{2}\right)-c\left(z-\frac{c}{2}\right)=0,$$

即 $ax-cz-\dfrac{1}{2}\left(a^2-c^2\right)=0$. □

特别地, 如果曲线 Γ 的方程为

$$\begin{cases} y = y(x), \\ z = z(x). \end{cases}$$

此时可视作 x 为参数的参数方程

$$\begin{cases} x = x, \\ y = y(x), \\ z = z(x). \end{cases}$$

如果 $y(x), z(x)$ 都在点 x_0 可导, 由前面讨论, 可得曲线 Γ 在点 $P_0(x_0, y(x_0), z(x_0))$ 的切线方程为

$$\frac{x - x_0}{1} = \frac{y - y_0}{y'(x_0)} = \frac{z - z_0}{z'(x_0)}, \tag{9.5.4}$$

法平面方程为

$$(x - x_0) + y'(x_0)(y - y_0) + z'(x_0)(z - z_0) = 0. \tag{9.5.5}$$

一般地, 设曲线 Γ 的方程为

$$\begin{cases} F(x, y, z) = 0, \\ G(x, y, z) = 0. \end{cases} \tag{9.5.6}$$

设 $P_0(x_0, y_0, z_0)$ 为 Γ 上一点, F, G 在 P_0 的某个邻域有连续的偏导数, 且雅可比矩阵

$$\mathcal{J} = \begin{pmatrix} F'_x & F'_y & F'_z \\ G'_x & G'_y & G'_z \end{pmatrix}$$

在点 P_0 满秩, 即 $\mathrm{rank}\mathcal{J} = 2$. 则 $\mathcal{J}$ 在 P_0 有一个非零的 2 阶子式, 不妨设为

$$\frac{\partial(F, G)}{\partial(y, z)}(P_0) \neq 0.$$

根据隐函数存在定理 (类似于定理 9.4.3), 由方程组 (9.5.6) 可在 P_0 的某个邻域确定函数 $y = y(x), z = z(x)$, 满足

$$\begin{cases} F(x, y(x), z(x)) \equiv 0, \\ G(x, y(x), z(x)) \equiv 0. \end{cases} \tag{9.5.7}$$

因此, 在 P_0 的某个邻域, 曲线 Γ 可表示为如下参数形式:

$$\begin{cases} x = x, \\ y = y(x), \\ z = z(x). \end{cases}$$

将式 (9.5.7) 两边分别对 x 求导数, 得

$$\begin{cases} \dfrac{\partial F}{\partial x}+\dfrac{\partial F}{\partial y}\cdot\dfrac{\mathrm{d}y}{\mathrm{d}x}+\dfrac{\partial F}{\partial z}\cdot\dfrac{\mathrm{d}z}{\mathrm{d}x}=0, \\ \dfrac{\partial G}{\partial x}+\dfrac{\partial G}{\partial y}\cdot\dfrac{\mathrm{d}y}{\mathrm{d}x}+\dfrac{\partial G}{\partial z}\cdot\dfrac{\mathrm{d}z}{\mathrm{d}x}=0. \end{cases}$$

由上述假设, 可解得

$$\frac{\mathrm{d}y}{\mathrm{d}x}=\frac{\begin{vmatrix} F'_z & F'_x \\ G'_z & G'_x \end{vmatrix}}{\begin{vmatrix} F'_y & F'_z \\ G'_y & G'_z \end{vmatrix}}=\frac{\dfrac{\partial(F,G)}{\partial(z,x)}}{\dfrac{\partial(F,G)}{\partial(y,z)}},\quad \frac{\mathrm{d}z}{\mathrm{d}x}=\frac{\begin{vmatrix} F'_x & F'_y \\ G'_x & G'_y \end{vmatrix}}{\begin{vmatrix} F'_y & F'_z \\ G'_y & G'_z \end{vmatrix}}=\frac{\dfrac{\partial(F,G)}{\partial(x,y)}}{\dfrac{\partial(F,G)}{\partial(y,z)}}.$$

对曲线 Γ在点 P_0 的切向量为 $(1,y'(x_0),z'(x_0))$, 也可为如下向量:

$$\left(\frac{\partial(F,G)}{\partial(y,z)}(P_0),\ \frac{\partial(F,G)}{\partial(z,x)}(P_0),\ \frac{\partial(F,G)}{\partial(x,y)}(P_0)\right).$$

因此, Γ 在点 P_0 的切线方程为

$$\frac{x-x_0}{\dfrac{\partial(F,G)}{\partial(y,z)}(P_0)}=\frac{y-y_0}{\dfrac{\partial(F,G)}{\partial(z,x)}(P_0)}=\frac{z-z_0}{\dfrac{\partial(F,G)}{\partial(x,y)}(P_0)}, \tag{9.5.8}$$

法平面方程为

$$\frac{\partial(F,G)}{\partial(y,z)}(P_0)(x-x_0)+\frac{\partial(F,G)}{\partial(z,x)}(P_0)(y-y_0)+\frac{\partial(F,G)}{\partial(x,y)}(P_0)(z-z_0)=0. \tag{9.5.9}$$

例 9.5.2 求曲线

$$\begin{cases} x^2+y^2+z^2=6, \\ x+y+z=0 \end{cases}$$

在点 (1, −2, 1) 的切线及法平面方程.

解 为求切向量, 对方程组两边关于 x 求导数, 得

$$\begin{cases} 2x+2y\dfrac{\mathrm{d}y}{\mathrm{d}x}+2z\dfrac{\mathrm{d}z}{\mathrm{d}x}=0, \\ 1+\dfrac{\mathrm{d}y}{\mathrm{d}x}+\dfrac{\mathrm{d}z}{\mathrm{d}x}=0, \end{cases}$$

解方程组得

$$\frac{\mathrm{d}y}{\mathrm{d}x}=\frac{z-x}{y-z},\quad \frac{\mathrm{d}z}{\mathrm{d}x}=\frac{x-y}{y-z}.$$

在点 $(1,-2,1)$ 处, $\dfrac{\mathrm{d}y}{\mathrm{d}x}=0$, $\dfrac{\mathrm{d}z}{\mathrm{d}x}=-1$, 从而曲线在点 $(1,-2,1)$ 的切向量为 $(1,0,-1)$. 所求切线方程为

$$\frac{x-1}{1}=\frac{y+2}{0}=\frac{z-1}{-1},$$

法平面方程为

$$(x-1)+0\cdot(y+2)-(z-1)=0,$$

即 $x-z=0$. □

二、空间曲面的切平面与法线

设曲面 Σ 的方程为

$$F(x,y,z)=0. \tag{9.5.10}$$

如果 F 有连续的偏导数, 且雅可比矩阵 (F'_x,F'_y,F'_z) 满秩, 即 $(F'_x,F'_y,F'_z)\neq\mathbf{0}$, 则称 Σ 为**光滑曲面**.

设 $P_0(x_0,y_0,z_0)$ 是曲面 Σ 上的点, 且 F 在 P_0 的某个邻域内有连续偏导数, 且雅可比矩阵 (F'_x,F'_y,F'_z) 在该邻域内满秩, 即 $(F'_x,F'_y,F'_z)\neq\mathbf{0}$.

设 Γ 为曲面 Σ 上过点 P_0 的任意一条光滑曲线, 其参数方程为

$$\begin{cases} x=x(t),\\ y=y(t),\\ z=z(t). \end{cases}$$

并设 $P_0(x(t_0),y(t_0),z(t_0))$, 即 P_0 对应于曲线 Γ 的参数 $t=t_0$. 由于曲线 Γ 在曲面 Σ 上, 故

$$F(x(t),y(t),z(t))\equiv 0.$$

对上式两边关于 t 在 $t=t_0$ 求导得

$$F'_x(P_0)x'(t_0)+F'_y(P_0)y'(t_0)+F'_z(P_0)z'(t_0)=0.$$

这表明, 曲面 Σ 上过 P_0 的任意一条光滑曲线在 P_0 的切线 (切向量) 都与向量

$$\boldsymbol{n}=(F'_x(P_0),F'_y(P_0),F'_z(P_0))$$

垂直. 因此这些切线都在同一个平面 Π 上.

平面 Π 称为曲面 Σ 在点 P_0 的**切平面**, 它的法向量 $\boldsymbol{n}$ 称为 Σ 在点 P_0 的**法向量**, 如图 9.5.2 所示. 因此, 曲面 Σ 在点 P_0 的切平面的方程为

$$F'_x(P_0)(x-x_0)+F'_y(P_0)(y-y_0)+F'_z(P_0)(z-z_0)=0. \tag{9.5.11}$$

过点 P_0 且与曲面 Σ 在点 P_0 的切平面垂直的直线称为曲面 Σ 在 P_0 的**法线**，其方程为

$$\frac{x-x_0}{F'_x(P_0)}=\frac{y-y_0}{F'_y(P_0)}=\frac{z-z_0}{F'_z(P_0)}. \tag{9.5.12}$$

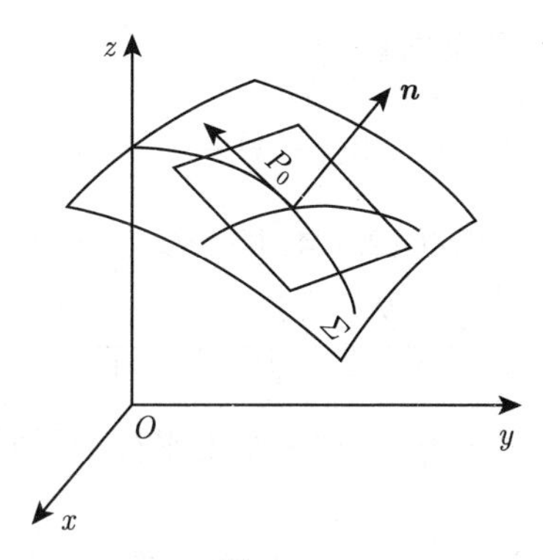

图 9.5.2

如果曲面 Σ 的方程为

$$z=f(x,y), \tag{9.5.13}$$

也就是 $F(x,y,z)=f(x,y)-z=0$, 则当 $f(x,y)$ 在点 (x_0,y_0) 具有连续偏导数时,

$$F'_x(x,y,z)=f'_x(x,y),\quad F'_y(x,y,z)=f'_y(x,y),\quad F'_z(x,y,z)=-1,$$

于是曲面 Σ 在点 $P_0(x_0,y_0,f(x_0,y_0))$ 的切平面方程为

$$f'_x(x_0,y_0)\cdot(x-x_0)+f'_y(x_0,y_0)\cdot(y-y_0)-(z-z_0)=0. \tag{9.5.14}$$

法线方程为

$$\frac{x-x_0}{f'_x(x_0,y_0)}=\frac{y-y_0}{f'_y(x_0,y_0)}=\frac{z-z_0}{-1}. \tag{9.5.15}$$

例 9.5.3 求球面 $x^2+y^2+z^2=14$ 在点 $(1,2,3)$ 的切平面及法线方程式.

解 设 $F(x,\ y,\ z)=x^2+y^2+z^2-14$. 则 $F'_x=2x$, $F'_y=2y$, $F'_z=2z$, 从而球面在点 $(1,2,3)$ 的法向量为 $\boldsymbol{n}=(F'_x,F'_y,F'_z)|_{(1,2,3)}=(2,4,6)$, 或者 $\boldsymbol{n}=(1,2,3)$. 故球面在点 $(1,2,3)$ 的切平面方程为

$$2(x-1)+4(y-2)+6(z-3)=0,$$

即 $x+2y+3z-14=0$. 球面在点 $(1,2,3)$ 的法线方程为

$$\frac{x-1}{1}=\frac{y-2}{2}=\frac{z-3}{3}.$$

□

例 9.5.4　求旋转抛物面 $z=x^2+y^2-1$ 在点 $(2,1,4)$ 的切平面及法线方程.

解　设 $F(x,y,z)=x^2+y^2-1-z$, 则曲面在点 $(2,1,4)$ 的法向量为

$$\boldsymbol{n}=(f'_x,f'_y,-1)|_{(2,1,4)}=(2x,2y,-1)|_{(2,1,4)}=(4,2,-1).$$

所以曲面在点 $(2,1,4)$ 的切平面方程为

$$4(x-2)+2(y-1)-(z-4)=0,$$

即 $4x+2y-z-6=0$. 曲面在点 $(2,1,4)$ 的法线方程为

$$\frac{x-2}{4}=\frac{y-1}{2}=\frac{z-4}{-1}.$$

□

例 9.5.5　求椭球面 $x^2+2y^2+z^2=1$ 上平行于平面 $x-y+2z=0$ 的切平面方程.

解　设 $F(x,y,z)=x^2+2y^2+z^2-1$, 并设椭球面与平面切点为 $P_0(x_0,y_0,z_0)$. 则椭球面在 P_0 的法向量为

$$(F'_x(P_0),F'_y(P_0),F'_z(P_0))=(2x_0,4y_0,2z_0).$$

因此椭球面在点 P_0 的切平面方程为

$$2x_0(x-x_0)+4y_0(y-y_0)+2z_0(z-z_0)=0,$$

即

$$x_0x+2y_0y+z_0z-1=0.$$

因为切平面与平面 $x-y+2z=0$ 平行, 故

$$\frac{x_0}{1}=\frac{2y_0}{-1}=\frac{z_0}{2}.$$

设 $x_0=\lambda$, $y_0=-\dfrac{\lambda}{2}$, $z_0=2\lambda$. 由于 (x_0,y_0,z_0) 在椭球面上, 所以

$$\lambda^2+2\left(-\frac{\lambda}{2}\right)^2+(2\lambda)^2=1,$$

即

$$\lambda=\pm\sqrt{\frac{2}{11}}.$$

所求切平面方程为

$$x-y+2z=\pm\sqrt{\frac{11}{2}}.$$

□

在本节最后我们简单介绍具有参数形式的曲面的切平面和法线方程. 曲面 Σ 可表示参数形式

$$\begin{cases} x = x(u,v), \\ y = y(u,v), \quad (u,v) \in D, \\ z = z(u,v), \end{cases} \tag{9.5.16}$$

其中 D 为 $\mathbb{R}^2$ 中的区域, 它称为**曲面的参数方程**. 如果 x,y,z 在 D 上有连续的偏导数, 且雅可比矩阵

$$\mathcal{J} = \begin{pmatrix} x'_u & x'_v \\ y'_u & y'_v \\ z'_u & z'_v \end{pmatrix}$$

在 D 上满秩, 则 Σ 为**光滑曲面**.

设 $P_0(x_0,y_0,z_0)$ 为曲面 Σ 上对应于参数 (u_0,v_0) 的一点. 由于 $\mathcal{J}$ 在 D 上满秩, 故 $\mathcal{J}$ 在 (u_0,v_0) 有一个非零 2 阶子式, 不妨设 $\dfrac{\partial(x,y)}{\partial(u,v)}(u_0,v_0) \neq 0$. 由逆映射定理 (定理 9.4.4), 则在 (x_0,y_0) 的某邻域存在映射 $\begin{cases} x = x(u,v), \\ y = y(u,v) \end{cases}$ 的逆映射 $\begin{cases} u = u(x,y), \\ v = u(x,y). \end{cases}$ 因此, 曲面 Σ 在 P_0 的某邻域可表示为

$$z = z(u(x,y), v(x,y)).$$

根据定理 9.4.4 和复合函数求导法则,

$$\frac{\partial z}{\partial x} = -\frac{\partial(y,z)}{\partial(u,v)} \Big/ \frac{\partial(x,y)}{\partial(u,v)}, \qquad \frac{\partial z}{\partial y} = -\frac{\partial(z,x)}{\partial(u,v)} \Big/ \frac{\partial(x,y)}{\partial(u,v)}.$$

故曲面 Σ 在 P_0 的法向量为

$$\boldsymbol{n} = \left(\frac{\partial(y,z)}{\partial(u,v)}(u_0,v_0), \frac{\partial(z,x)}{\partial(u,v)}(u_0,v_0), \frac{\partial(x,y)}{\partial(u,v)}(u_0,v_0) \right). \tag{9.5.17}$$

因此, 曲面 Σ 在 P_0 的切平面方程为

$$\frac{\partial(y,z)}{\partial(u,v)}(u_0,v_0)(x-x_0) + \frac{\partial(z,x)}{\partial(u,v)}(u_0,v_0)(y-y_0) + \frac{\partial(x,y)}{\partial(u,v)}(u_0,v_0)(z-z_0) = 0;$$

法线方程为

$$\frac{x-x_0}{\dfrac{\partial(y,z)}{\partial(u,v)}(u_0,v_0)} = \frac{y-y_0}{\dfrac{\partial(z,x)}{\partial(u,v)}(u_0,v_0)} = \frac{z-z_0}{\dfrac{\partial(x,y)}{\partial(u,v)}(u_0,v_0)}.$$

曲面 Σ 的参数方程 (9.5.16) 也可写成向量值函数的形式

$$\boldsymbol{r}(u,v)=(x(u,v),y(u,v),z(u,v)).$$

记

$$\boldsymbol{r}'_u=(x'_u,y'_u,z'_u),\quad \boldsymbol{r}'_v=(x'_v,y'_v,z'_v). \tag{9.5.18}$$

则式 (9.5.17) 中的法向量 $\boldsymbol{n}$ 可表示为

$$\boldsymbol{n}=\boldsymbol{r}'_u(u_0,v_0)\times\boldsymbol{r}'_v(u_0,v_0). \tag{9.5.19}$$

请读者思考式 (9.5.18) 和 (9.5.19) 的几何含义.

我们以不同的形式定义光滑曲面, 实质上它们是等价的. 所谓曲面是光滑的, 是指它在每点都有切平面, 且切平面随着曲面上点的连续变化而连续变化. 类似地, 一个曲线是光滑的, 是指它在每点都有切线, 且切线随着曲线上点的连续变化而连续变化.

习 题 9.5

1. 选择题.

(1) 在曲线 $\begin{cases}x=t,\\ y=-t^2,\\ z=t^3\end{cases}$ 的所有切线中, 与平面 $x+2y+z=4$ 平行的切线有 (　　).

(A) 不存在　　(B) 只有一条　　(C) 只有二条　　(D) 三条

(2) 已知曲面 $z=4-x^2-y^2$ 上点 P 处的切平面平行于平面 $2x+2y+z-1=0$, 则 P 的坐标是 (　　).

(A) $(1,-1,2)$　　(B) $(-1,1,2)$　　(C) $(1,1,2)$　　(D) $(-1,-1,2)$

2. 求曲线 $\begin{cases}x=\dfrac{t}{1+t},\\ y=\dfrac{1+t}{t},\\ z=t^2\end{cases}$ 在 $t=1$ 处的切线及法平面方程.

3. 求曲线 $\begin{cases}y^2=2mx,\\ z^2=m-x\end{cases}$ 在点 (x_0,y_0,z_0) 处的切线及法平面方程.

4. 求曲面 $z-\mathrm{e}^z+2xy=3$ 在点 $(1,2,0)$ 的切平面方程.

5. 求曲面 $z=ax^2+by^2$ 在点 (x_0,y_0,z_0) 的切平面及法线方程.

6. 求曲面 $x^2+2y^2+3z^2=21$ 上过直线 $\dfrac{x-6}{2}=\dfrac{y-3}{1}=\dfrac{z-\frac{1}{2}}{-1}$ 的切平面方程.

7. 求曲面 $z = \dfrac{x^2}{2} + y^2$ 上平行于平面 $2x + 2y - z = 0$ 的切平面方程.

8. 证明曲面 $\sqrt{x} + \sqrt{y} + \sqrt{z} = \sqrt{a}\ (a > 0)$ 上任何点处的切平面在各坐标轴上的截距之和等于 a.

9.6 多元函数的极值与最值

本节以二元函数为主, 讨论多元函数的极值和最值问题, 并进一步介绍条件极值及拉格朗日乘数法.

一、多元函数的极值

定义 9.6.1 设函数 $f(x,y)$ 在点 (x_0,y_0) 的某邻域内有定义. 如果对于该邻域内任意一点 (x,y), 都有

$$f(x,y) \leqslant f(x_0,y_0) \quad (\text{或} f(x,y) \geqslant f(x_0,y_0)),$$

则称点 (x_0,y_0) 为 $f(x,y)$ 的**极大值点**(或**极小值点**), $f(x_0,y_0)$ 为 $f(x,y)$ 的**极大值**(或**极小值**). 极大值点和极小值点统称为**极值点**, 极大值和极小值统称为**极值**.

定理 9.6.1 (极值存在的必要条件) 设函数 $z = f(x,y)$ 在点 (x_0,y_0) 具有偏导数, 且在点 (x_0,y_0) 取到极值. 则它在点 (x_0,y_0) 的两个偏导数必定为 0, 即

$$f'_x(x_0,y_0) = 0, \quad f'_y(x_0,y_0) = 0.$$

证明 不妨设 $f(x_0,y_0)$ 是函数的极大值. 由定义, 对点 (x_0,y_0) 的某邻域内的任意一点 (x,y), 都有

$$f(x,y) \leqslant f(x_0,y_0).$$

特别地, 在此邻域内取 $y = y_0$ 的点, 也有

$$f(x,y_0) \leqslant f(x_0,y_0).$$

这表明, 一元函数 $f(x,y_0)$ 在点 $x = x_0$ 取到极大值, 因此 $f'_x(x_0,y_0) = 0$. 类似可证明 $f'_y(x_0,y_0) = 0$. □

定义 9.6.2 满足 $f'_x(x,y) = 0$ 且 $f'_y(x,y) = 0$ 的点 (x,y) 称为函数 $z = f(x,y)$ 的**驻点**.

由定理 9.6.1 可知, 对于偏导数存在的函数, 极值点必为驻点. 但是函数的驻点不一定是极值点, 例如, 函数 $z = y^2 - x^2$ 在点 $(0,0)$ 处的两个偏导数均为 0, 即 $(0,0)$ 为函数的驻点, 但点 $(0,0)$ 并不是函数的极值点. 请读者思考原因.

定理 9.6.1 可以推广到 n 元函数. 例如, 对三元函数 $f(x,y,z)$, 如果 f 在点 $P_0(x_0,y_0,z_0)$ 具有偏导数, 则它在点 P_0 取到极值的必要条件是

$$f'_x(P_0)=f'_y(P_0)=f'_z(P_0)=0.$$

下面给出驻点是极值点的一个充分条件, 请读者尝试证明.

定理 9.6.2 (极值存在的充分条件)　设函数 $f(x,y)$ 在点 (x_0,y_0) 的某邻域内有二阶连续偏导数, 且 (x_0,y_0) 为 f 的驻点. 记

$$A=f''_{xx}(x_0,y_0),\quad B=f''_{xy}(x_0,y_0),\quad C=f''_{yy}(x_0,y_0),$$

并记行列式

$$H=\begin{vmatrix} A & B \\ B & C \end{vmatrix}=AC-B^2.$$

则

(1) 当 $H>0$ 时, 若 $A>0$, 则 $f(x_0,y_0)$ 为极小值; 若 $A<0$, 则 $f(x_0,y_0)$ 为极大值.

(2) 当 $H<0$ 时, 则 $f(x_0,y_0)$ 不是极值.

当 $H=0$ 时, 则 $f(x_0,y_0)$ 可能是极值, 也可能不是极值. 因此, 定理 9.6.2 无法判断此种情形. 请读者举例说明.

例 9.6.1　求函数 $f(x,y)=y^3-x^3+3x-12y+5$ 的极值.

解　解方程组

$$\begin{cases} f'_x(x,y)=-3x^2+3=0, \\ f'_y(x,y)=3y^2-12=0, \end{cases}$$

得驻点 $(1,2)$, $(1,-2)$, $(-1,2)$, $(-1,-2)$. 求出二阶偏导数

$$f''_{xx}=-6x,\quad f''_{xy}=0,\quad f''_{yy}=6y.$$

在点 $(1,2)$ 处, $AC-B^2=-72<0$, 所以 $f(1,2)$ 不是极值.

在点 $(1,-2)$ 处, $AC-B^2=72>0$, 且 $A=-6<0$, 故 $f(1,-2)=23$ 为极大值.

在点 $(-1,2)$ 处, $AC-B^2=72>0$, 且 $A=6>0$, 故 $f(-1,2)=-13$ 为极小值.

在点 $(-1,-2)$ 处, $AC-B^2=-72<0$, 故 $f(-1,-2)$ 不是极值.　□

二、函数的最值

我们知道, 有界闭区域 D 上的连续二元函数 $z=f(x,y)$ 必有最大值和最小值. 如果函数的最大 (小) 值是在区域 D 的内部取到, 则此最大 (小) 值必是函数的极

大 (小) 值. 当然函数的最大 (小) 值也可能在闭区域 D 的边界上达到. 求连续函数 $f(x,y)$ 在有界闭区域 D 上的最值的步骤如下:

(1) 求出 $f(x,y)$ 在 D 内的一切驻点、偏导数不存在的点及这些点处的函数值;

(2) 求出 $f(x,y)$ 在 D 的边界上的最大值和最小值;

(3) 将以上各个函数值进行比较, 其中最大者就是函数的最大值, 最小者就是函数的最小值.

例 9.6.2 求函数 $z=x^2+4y^2+9$ 在有界闭区域 $D=\{(x,y)|x^2+y^2\leqslant 4\}$ 上的最大值和最小值.

解 先求函数在 D 内部的驻点. 为此, 求函数的偏导数

$$\frac{\partial z}{\partial x}=2x,\quad \frac{\partial z}{\partial y}=8y.$$

可知 z 在 D 内部的驻点为 $(0,0)$, z 在此点的函数值 $z(0,0)=9$.

再考察函数在 D 的边界上的情形. 在圆周 $x^2+y^2=4$ 上, z 是关于 x 的一元函数:

$$z=x^2+4(4-x^2)+9=25-3x^2,\quad x\in[-2,2].$$

由于 $\frac{\mathrm{d}z}{\mathrm{d}x}=-6x$, 故在区间 $(-2,2)$ 上, 该一元函数的驻点为 $x=0$, 此处的函数值 $z=25$. 在边界点 $x=\pm 2$ 处, 一元函数的值都为 13. 综上所述, 函数在闭区域 D 上的最大值为 25, 最小值为 9. □

在一些实际问题中, 可以判断 $f(x,y)$ 的最值在区域 D 的内部取到. 若 $f(x,y)$ 在 D 的内部处处可偏导, 只要比较 $f(x,y)$ 在驻点的值就能得到最值. 特别地, 如果 $f(x,y)$ 在 D 的内部只有一个驻点, 则该驻点就是最值点.

例 9.6.3 要造一个给定容积的有盖长方体箱子, 问长、宽、高的尺寸为何值时, 才能使所用的材料最省?

解 设箱子的长、宽、高分别为 x,y,z, 容积为 V, 则 $V=xyz$. 设箱子的表面积为 S, 则

$$S=2(xy+yz+xz).$$

由于 $z=\frac{V}{xy}$, 所以

$$S=2\left(xy+\frac{V}{x}+\frac{V}{y}\right).$$

显然, 此二元函数的定义域是 $D=\{(x,y)|x>0,y>0\}$. 解方程组

$$\begin{cases} S'_x=2\left(y-\dfrac{V}{x^2}\right)=0,\\ S'_y=2\left(x-\dfrac{V}{y^2}\right)=0,\end{cases}$$

得驻点 $\left(\sqrt[3]{V}, \sqrt[3]{V}\right)$.

根据题意, 箱子表面积的最小值一定存在, 而 D 是开区域, 故最值点一定是极值点. 由于函数 $S(x,y)$ 在开区域 D 仅有唯一的驻点 $(\sqrt[3]{V}, \sqrt[3]{V})$, 因此该驻点就是最小值点. 故当箱子的长 $x=\sqrt[3]{V}$, 宽 $y=\sqrt[3]{V}$ 时, 表面积 S 取最小值. 此时箱子的高 $z=\sqrt[3]{V}$. 这就是说, 在容积给定的长方体中, 正方体的表面积最小. □

三、条件极值

在例 9.6.3 中, 求给定容积 $V=xyz$ 箱子的表面积 $S=2(xy+yz+zx)$ 的最小问题, 实际上是求函数

$$S=2(xy+yz+zx)$$

在约束条件

$$V=xyz$$

下的最小值. 这就是所谓的**条件极值**问题.

下面讨论函数

$$z=f(x,y) \tag{9.6.1}$$

在约束条件

$$\varphi(x,y)=0 \tag{9.6.2}$$

下取极值的必要条件.

设函数 $z=f(x,y)$ 在条件 (9.6.2) 下在点 $P_0(x_0,y_0)$ 处取到极值, 则必有

$$\varphi(x_0,y_0)=0. \tag{9.6.3}$$

设 $f(x,y)$, $\varphi(x,y)$ 在点 P_0 的某邻域内具有一阶连续偏导数, 且雅可比矩阵 $(\varphi'_x(P_0), \varphi'_y(P_0))$ 满秩, 即 $\varphi'_x(P_0), \varphi'_y(P_0)$ 不全为零. 不妨设 $\varphi'_y(P_0)\neq 0$. 由隐函数存在定理可知, 在 P_0 的某邻域内由方程 (9.6.2) 可确定一个连续可导的函数 $y=\psi(x)$. 将 $y=\psi(x)$ 代入式 (9.6.1), 可得

$$z=f\left(x,\psi(x)\right). \tag{9.6.4}$$

这就是说, 约束条件 (9.6.2) 把函数 $f(x,y)$ 的定义域限制在一个曲线上. 如果 φ 在 P_0 满足上述条件, 则 $f(x,y)$ 的定义域在 P_0 附近可以用一条曲线 $y=\psi(x)$ 表示. 通过式 (9.6.4), 在此曲线上 $f(x,y)$ 其实是关于 x 的一元函数, 而且 x 是自由的. 这就把条件极值问题转化为无条件极值问题了.

函数 $z=f(x,y)$ 在点 (x_0,y_0) 取到条件极值, 等价于一元函数 (9.6.4) 在点 $x=x_0$ 处取到极值. 由一元可导函数取到极值的必要条件, 得

$$\left.\frac{\mathrm{d}z}{\mathrm{d}x}\right|_{x=x_0}=f'_x(x_0,y_0)+f'_y(x_0,y_0)\cdot\left.\frac{\mathrm{d}y}{\mathrm{d}x}\right|_{x=x_0}=0, \tag{9.6.5}$$

对式 (9.6.2) 用隐函数求导公式, 得

$$\left.\frac{\mathrm{d}y}{\mathrm{d}x}\right|_{x=x_0}=-\frac{\varphi_x'(x_0,y_0)}{\varphi_y'(x_0,y_0)}.$$

代入式 (9.6.5), 得

$$f_x'(x_0,y_0)-f_y'(x_0,y_0)\cdot\frac{\varphi_x'(x_0,y_0)}{\varphi_y'(x_0,y_0)}=0. \tag{9.6.6}$$

将方程 (9.6.3) 和 (9.6.6) 联立所得的方程组, 就是函数 (9.6.1) 在条件 (9.6.2) 下于点 (x_0,y_0) 取到极值的必要条件.

若设 $\lambda=-\dfrac{f_y'(x_0,y_0)}{\varphi_y'(x_0,y_0)}$, 则上面所说的必要条件等价于

$$\begin{cases} f_x'(x_0,y_0)+\lambda\varphi_x'(x_0,y_0)=0,\\ f_y'(x_0,y_0)+\lambda\varphi_y'(x_0,y_0)=0,\\ \varphi(x_0,y_0)=0. \end{cases} \tag{9.6.7}$$

显然, 式 (9.6.7) 的条件恰是函数

$$L(x,y,\lambda)=f(x,y)+\lambda\varphi(x,y) \tag{9.6.8}$$

在点 (x_0,y_0,λ) 取到极值的必要条件. 函数式 (9.6.8) 称为**拉格朗日函数**.

拉格朗日乘数法 为了求函数 $z=f(x,y)$ 在条件 $\varphi(x,y)=0$ 下的可能极值点 (x_0,y_0), 先构造辅助函数

$$L(x,y,\lambda)=f(x,y)+\lambda\varphi(x,y),$$

其中 λ 称为**拉格朗日乘数**. 则条件极值点就在方程组

$$\begin{cases} L_x'=f_x'(x,y)+\lambda\varphi_x'(x,y)=0,\\ L_y'=f_y'(x,y)+\lambda\varphi_y'(x,y)=0,\\ L_\lambda'=\varphi(x,y)=0 \end{cases} \tag{9.6.9}$$

所有解 (x_0,y_0,λ_0) 所对应的点 (x_0,y_0) 中候选.

这一方法还可以推广到 n 元函数在 m $(m<n)$ 个约束条件下的情形. 例如, 求函数

$$u=f(x,y,z)$$

在约束条件

$$\begin{cases} G(x,y,z)=0,\\ H(x,y,z)=0 \end{cases} \tag{9.6.10}$$

下的极值, 可作拉格朗日函数

$$L(x,y,z,\lambda,\mu)=f(x,y,z)+\lambda G(x,y,z)+\mu H(x,y,z).$$

根据 $L(x,y,z,\lambda,\mu)$ 取到极值的必要条件, 求得的 (x,y,z) 就是可能的极值点.

下面应用拉格朗日乘数法重新求解例 9.6.3.

例 9.6.4　求体积为 V 的长方体的表面积的最小值.

解　沿用例 9.6.3 的记号, 则问题转化为求函数

$$S=2(xy+yz+xz)\quad(x>0,y>0,z>0)$$

在约束条件

$$V=xyz$$

下的最小值.

构造拉格朗日函数

$$L(x,y,z,\lambda)=2(xy+xz+yz)+\lambda(xyz-V).$$

解下列方程组

$$\begin{cases}L'_x=2(y+z)+\lambda yz=0,\\ L'_y=2(x+z)+\lambda xz=0,\\ L'_z=2(x+y)+\lambda xy=0,\\ L'_\lambda=xyz-V=0.\end{cases}$$

注意到 $x>0$, $y>0$, $z>0$, 所以由前三个方程, 得

$$\frac{2(y+z)}{yz}=\frac{2(x+z)}{xz}=\frac{2(x+y)}{xy}=-\lambda.$$

由此式可解得 $x=y=z$. 将此式代入最后一个方程, 可得

$$x=y=z=\sqrt[3]{V}.$$

剩下的讨论与例 9.6.3 相同, 在此略去. 当长方体的长、宽、高都为 $\sqrt[3]{V}$ 时, 其表面积最小, 为 $6\sqrt[3]{V^2}$. □

例 9.6.5　求原点 $O(0,0,0)$ 到曲面 $\Sigma:(x-y)^2-z^2=1$ 的最短距离.

解　设 $M(x,y,z)$ 是曲面 Σ 上任一点, $O(0,0,0)$ 到 M 的距离的平方记为 S, 则

$$S=x^2+y^2+z^2.$$

变量 x,y,z 应该满足约束条件

$$\varphi(x,y,z)=(x-y)^2-z^2-1=0.$$

构造拉格朗日函数

$$F(x,y,z,\lambda)=x^2+y^2+z^2+\lambda((x-y)^2-z^2-1),$$

分别对 x,y,z 求一阶偏导数, 并设它们等于零, 得到方程组

$$\begin{cases} F'_x=2x+2\lambda(x-y)=0, \\ F'_y=2y-2\lambda(x-y)=0, \\ F'_z=2z-2\lambda z=0, \\ F'_\lambda=(x-y)^2-z^2-1=0. \end{cases}$$

解得 $\lambda=1$ 或 $z=0$.

当 $\lambda=1$ 时, 由第一和第二个方程, 可得 $y=x=0$, 此时最后一个方程不成立. 故 $\lambda\neq1$. 当 $z=0$ 时, 可得 $x=-y$, $x^2=\dfrac{1}{4}$. 故可能的极值点为 $M_1\left(\dfrac{1}{2},-\dfrac{1}{2},0\right)$ 和 $M_2\left(-\dfrac{1}{2},\dfrac{1}{2},0\right)$. 因原点 O 到曲面 Σ 的最短距离存在, 且 $|OM_1|=|OM_2|=\dfrac{\sqrt{2}}{2}$, 所以最短距离为 $\dfrac{\sqrt{2}}{2}$. □

习 题 9.6

1. 判断题.

(1) 若 $z=f(x,y)$ 在点 $P(x_0,y_0)$ 满足 $\left.\dfrac{\partial z}{\partial x}\right|_{(x_0,y_0)}=\left.\dfrac{\partial z}{\partial y}\right|_{(x_0,y_0)}=0$, 则 $P(x_0,y_0)$ 为 $z=f(x,y)$ 的极值点. ( )

(2) 若点 $P(x_0,y_0)$ 为 $z=f(x,y)$ 的极值点, 则必有 $\left.\dfrac{\partial z}{\partial x}\right|_{(x_0,y_0)}=\left.\dfrac{\partial z}{\partial y}\right|_{(x_0,y_0)}=0$. ( )

2. 求下列函数的极值.

(1) $f(x,y)=4(x-y)-x^2-y^2$;

(2) $f(x,y)=xy(a-x-y)\ (a\neq0)$;

(3) $f(x,y)=1-\sqrt{x^2+y^2}$.

3. 求函数 $f(x,y)=xy$ 在约束条件 $x+y=1$ 下的可能极值点.

4. 求函数 $f(x,y)=xy\sqrt{1-x^2-y^2}$ 在区域 $D=\{(x,y)|x^2+y^2\leqslant1,x>0,y>0\}$ 上的最大值.

5. 求原点到椭圆 $\begin{cases} z = x^2 + y^2, \\ x + y + z = 1 \end{cases}$ 的最长与最短距离.

6. 用钢板做成一个容积为 8 立方米的长方体箱子, 试问其长、宽、高各为多少时, 所用的钢板最省?

9.7 二元函数的泰勒公式

我们已经知道, 如果一元函数 $y = f(x)$ 在 x_0 的某邻域内有 $n+1$ 阶导数, 则对于该邻域内任一点 x, 则有如下的泰勒公式

$$f(x) = f(x_0) + f'(x_0)(x - x_0) + \frac{f''(x_0)}{2!}(x - x_0)^2 + \cdots$$

$$+ \frac{f^{(n)}(x_0)}{n!}(x - x_0)^n + \frac{f^{(n+1)}[x_0 + \theta(x - x_0)]}{(n+1)!}(x - x_0)^{n+1},$$

其中 $0 < \theta < 1$.

下面把一元函数的泰勒公式推广到**二元函数的泰勒公式**. 读者可以尝试推广到多元函数.

定理 9.7.1 设函数 $f(x, y)$ 在点 (x_0, y_0) 的某邻域内有 $n+1$ 阶连续偏导数, 则对该邻域内任一点 $(x_0 + \Delta x, y_0 + \Delta y)$,

$$\begin{aligned} & f(x_0 + \Delta x, y_0 + \Delta y) \\ = & f(x_0, y_0) + \left(\Delta x \frac{\partial}{\partial x} + \Delta y \frac{\partial}{\partial y}\right) f(x_0, y_0) + \frac{1}{2!}\left(\Delta x \frac{\partial}{\partial x} + \Delta y \frac{\partial}{\partial y}\right)^2 f(x_0, y_0) \\ & + \cdots + \frac{1}{n!}\left(\Delta x \frac{\partial}{\partial x} + \Delta y \frac{\partial}{\partial y}\right)^n f(x_0, y_0) + R_n, \end{aligned}$$

其中 $R_n = \dfrac{1}{(n+1)!}\left(\Delta x \dfrac{\partial}{\partial x} + \Delta y \dfrac{\partial}{\partial y}\right)^{n+1} f(x_0 + \theta\Delta x, y_0 + \theta\Delta y)$ $(0 < \theta < 1)$ 称为**拉格朗日余项**.

首先说明定理中记号的含义. $\dfrac{\partial}{\partial x}$ 是一个映射, 把函数 $f(x, y)$ 映射到它的偏导函数 $\dfrac{\partial f}{\partial x}$, 即

$$\frac{\partial}{\partial x} : f \mapsto \frac{\partial}{\partial x}(f) = \frac{\partial f}{\partial x}.$$

$\dfrac{\partial}{\partial y}$ 也是一个映射, 理解同上. 而两个映射的乘积 $\dfrac{\partial}{\partial x}\dfrac{\partial}{\partial y}$ 定义为它们的复合, 即

$$\frac{\partial}{\partial x}\frac{\partial}{\partial y}(f)=\frac{\partial}{\partial x}\left(\frac{\partial}{\partial y}(f)\right)=\frac{\partial^2}{\partial y\partial x}(f),$$

因此

$$\frac{\partial}{\partial x}\frac{\partial}{\partial y}=\frac{\partial^2}{\partial y\partial x}.$$

类似地,

$$\frac{\partial}{\partial x}\frac{\partial}{\partial x}=\frac{\partial^2}{\partial x^2},\quad \frac{\partial}{\partial y}\frac{\partial}{\partial x}=\frac{\partial^2}{\partial x\partial y},\quad \frac{\partial}{\partial y}\frac{\partial}{\partial y}=\frac{\partial^2}{\partial y^2}.$$

根据上述定义,

$$\left(\Delta x\frac{\partial}{\partial x}+\Delta y\frac{\partial}{\partial y}\right)f(x_0,y_0)=\frac{\partial f}{\partial x}(x_0,y_0)\Delta x+\frac{\partial f}{\partial y}(x_0,y_0)\Delta y.$$

$$\begin{aligned}\left(\Delta x\frac{\partial}{\partial x}+\Delta y\frac{\partial}{\partial y}\right)^2 f&=\left((\Delta x)^2\frac{\partial^2}{\partial x^2}+\Delta x\Delta y\frac{\partial^2}{\partial x\partial y}+\Delta y\Delta x\frac{\partial^2}{\partial y\partial x}+(\Delta y)^2\frac{\partial^2}{\partial y^2}\right)f\\&=\frac{\partial^2 f}{\partial x^2}(\Delta x)^2+\frac{\partial^2 f}{\partial x\partial y}\Delta x\Delta y+\frac{\partial^2 f}{\partial y\partial x}\Delta x\Delta y+\frac{\partial^2 f}{\partial y^2}(\Delta y)^2.\end{aligned}$$

由于 f 的二阶混合偏导在 (x_0,y_0) 连续, 根据定理 9.2.1,

$$\left(\Delta x\frac{\partial}{\partial x}+\Delta y\frac{\partial}{\partial y}\right)^2 f(x_0,y_0)=\sum_{i=0}^{2}\binom{2}{i}\frac{\partial^2 f}{\partial x^i\partial y^{2-i}}(x_0,y_0)(\Delta x)^i(\Delta y)^{2-i}.$$

对一般的 k $(k=1,2,\cdots,n+1)$,

$$\left(\Delta x\frac{\partial}{\partial x}+\Delta y\frac{\partial}{\partial y}\right)^k f(x_0,y_0)=\sum_{i=0}^{k}\binom{k}{i}\frac{\partial^k f}{\partial x^i\partial y^{k-i}}(x_0,y_0)(\Delta x)^i(\Delta y)^{k-i}.$$

证明 构造辅助函数

$$\varphi(t)=f(x_0+t\Delta x,y_0+t\Delta y),\quad t\in[-1,1].$$

根据定理条件, $\varphi(t)$ 在 $[-1,1]$ 具有 $n+1$ 阶连续导数. 因此, 在 $t=0$ 处有泰勒公式

$$\begin{aligned}\varphi(t)=&\varphi(0)+\varphi'(0)t+\frac{1}{2!}\varphi''(0)t^2+\cdots\\&+\frac{1}{n!}\varphi^{(n)}(0)t^n+\frac{1}{(n+1)!}\varphi^{(n+1)}(\theta t)t^{n+1}\quad(0<\theta<1).\end{aligned}$$

在上式中取 $t=1$, 得

$$\varphi(1)=\varphi(0)+\varphi'(0)+\frac{1}{2!}\varphi''(0)+\cdots+\frac{1}{n!}\varphi^{(n)}(0)+\frac{1}{(n+1)!}\varphi^{(n+1)}(\theta).\tag{9.7.1}$$

应用复合函数求导法则,

$$\varphi'(t) = \left(\Delta x\frac{\partial}{\partial x} + \Delta y\frac{\partial}{\partial y}\right) f(x_0 + t\Delta x, y_0 + t\Delta y),$$

$$\varphi''(t) = \left(\Delta x\frac{\partial}{\partial x} + \Delta y\frac{\partial}{\partial y}\right)^2 f(x_0 + t\Delta x, y_0 + t\Delta y),$$

$$\cdots\cdots$$

$$\varphi^{(n+1)}(t) = \left(\Delta x\frac{\partial}{\partial x} + \Delta y\frac{\partial}{\partial y}\right)^{n+1} f(x_0 + t\Delta x, y_0 + t\Delta y),$$

代入式 (9.7.1), 即得定理结论. □

当 $n = 0$ 时, 定理 9.7.1 为

$$\begin{aligned}&f(x_0 + \Delta x, y_0 + \Delta y) - f(x_0, y_0)\\&= f_x'(x_0 + \theta\Delta x, y_0 + \theta\Delta y)\Delta x + kf_y'(x_0 + \theta\Delta x, y_0 + \theta\Delta y)\Delta y,\end{aligned} \tag{9.7.2}$$

其中 $0 < \theta < 1$. 公式 (9.7.2) 即为**二元函数的拉格朗日中值公式**.

由定理 9.7.1 立即得到**带佩亚诺余项的泰勒公式**.

定理 9.7.2　设函数 $f(x, y)$ 在点 (x_0, y_0) 的某邻域内有 $n + 1$ 阶连续偏导数, 则对该邻域内任一点 $(x_0 + \Delta x, y_0 + \Delta y)$,

$$\begin{aligned}&f(x_0 + \Delta x, y_0 + \Delta y)\\&= f(x_0, y_0) + \left(\Delta x\frac{\partial}{\partial x} + \Delta y\frac{\partial}{\partial y}\right) f(x_0, y_0) + \frac{1}{2!}\left(\Delta x\frac{\partial}{\partial x} + \Delta y\frac{\partial}{\partial y}\right)^2 f(x_0, y_0)\\&\quad + \cdots + \frac{1}{n!}\left(\Delta x\frac{\partial}{\partial x} + \Delta y\frac{\partial}{\partial y}\right)^n f(x_0, y_0) + o((\sqrt{(\Delta x)^2 + (\Delta y)^2})^{n+1}).\end{aligned}$$

在定理 9.7.1 和定理 9.7.2 中, 如果取 $x_0 = 0, y_0 = 0$, 则得到 n 阶麦克劳林公式. 请读者写出具体形式.

例 9.7.1　求函数 $f(x, y) = \mathrm{e}^x \ln(1 + y)$ 的二阶麦克劳林公式, 并写出余项.

解　通过计算, 可得

$$\begin{aligned}&f_x' = \mathrm{e}^x \ln(1 + y),\quad f_y' = \frac{\mathrm{e}^x}{1 + y},\\&f_{xx}'' = \mathrm{e}^x \ln(1 + y),\quad f_{yy}'' = \frac{-\mathrm{e}^x}{(1 + y)^2},\quad f_{xy}'' = \frac{\mathrm{e}^x}{1 + y},\\&f_{xxx}''' = \mathrm{e}^x \ln(1 + y),\quad f_{xxy}''' = \frac{\mathrm{e}^x}{1 + y},\quad f_{xyy}''' = \frac{-\mathrm{e}^x}{(1 + y)^2},\quad f_{yyy}''' = \frac{2\mathrm{e}^x}{(1 + y)^3}.\end{aligned}$$

故

$$f'(0, 0) = 0,\quad f_x'(0, 0) = f_{xx}''(0, 0) = 0,\quad f_y'(0, 0) = f_{xy}''(0, 0) = 1,\quad f_{yy}''(0, 0) = -1,$$

$$\left(x\frac{\partial}{\partial x}+y\frac{\partial}{\partial y}\right)f(0,0)=xf'_x(0,0)+yf'_y(0,0)=0\cdot x+1\cdot y=y,$$

$$\left(x\frac{\partial}{\partial x}+y\frac{\partial}{\partial y}\right)^2f(0,0)=x^2f''_{xx}(0,0)+2xyf''_{xy}(0,0)+y^2f''_{yy}(0,0)=2xy-y^2.$$

所求函数的二阶麦克劳林公式为

$$\mathrm{e}^x\ln(1+y)=y+\frac{1}{2!}(2xy-y^2)+R_2,$$

其中

$$\begin{aligned}R_2&=\frac{1}{3}\left(x\frac{\partial}{\partial x}+y\frac{\partial}{\partial y}\right)^3f(\theta x,\theta y)\\&=\frac{1}{3}\left(\mathrm{e}^{\theta x}\ln(1+\theta y)x^3+\frac{3\mathrm{e}^{\theta x}}{1+\theta y}x^2y-\frac{3\mathrm{e}^{\theta x}}{(1+\theta y)^2}xy^2+\frac{2\mathrm{e}^{\theta x}}{(1+\theta y)^3}y^3\right),\quad 0<\theta<1.\end{aligned}$$

习 题 9.7

1. 求 $f(x,y)=3x^2+4xy-2y^2$ 在点 $(2,-3)$ 的二阶泰勒公式.
2. 求 $f(x,y)=\ln(1+x+y)$ 的三阶麦克劳林公式.

// 复习题 9 //

1. 设 $f(x,y)=\begin{cases}0, & xy=0,\\ 1, & xy\neq 0,\end{cases}$ 试求 $f'_x(0,0)$, $f'_y(0,0)$, 并讨论 $f(x,y)$ 在点 $(0,0)$ 是否连续.

2. 证明 $\lim\limits_{\substack{x\to\infty\\y\to\infty}}\dfrac{x+y}{x^2-xy+y^2}=0$.

3. 设 $f(x,y)=\begin{cases}\dfrac{\sqrt{|xy|}}{x^2+y^2}\sin(x^2+y^2), & x^2+y^2\neq 0,\\ 0, & x^2+y^2=0.\end{cases}$ 试讨论 $f(x,y)$ 在点 $(0,0)$ 的连续性和可微性.

4. 设 $z=f(2x-y,y\sin x)$, 其中 f 具有二阶连续偏导数, 求 $\dfrac{\partial^2 z}{\partial x^2},\dfrac{\partial^2 z}{\partial x\partial y}$.

5. 设 $u=f(x,y,z)$, $\varphi\left(x^2,\mathrm{e}^y,z\right)=0$, $y=\sin x$, 其中 f,φ 都具有一阶连续偏导数, 且 $\dfrac{\partial\varphi}{\partial z}\neq 0$, 求 $\dfrac{\mathrm{d}u}{\mathrm{d}x}$.

6. 设 $u=x^{y^z}$, 求 $\dfrac{\partial^2 u}{\partial x^2},\dfrac{\partial^2 u}{\partial z^2},\dfrac{\partial^2 u}{\partial y\partial z},\dfrac{\partial^2 u}{\partial x\partial z}$.

7. 设 $y=f(x,t)$, 而 t 是由方程 $F(x,y,t)=0$ 所确定的关于 x,y 的函数, 其中 f,F 都

具有一阶连续偏导数. 试证明:

$$\frac{\mathrm{d}y}{\mathrm{d}x} = \frac{\dfrac{\partial f}{\partial x} \cdot \dfrac{\partial F}{\partial t} - \dfrac{\partial f}{\partial t} \cdot \dfrac{\partial F}{\partial x}}{\dfrac{\partial f}{\partial t} \cdot \dfrac{\partial F}{\partial y} + \dfrac{\partial F}{\partial t}}.$$

8. 已知 $z = z(x, y)$ 具有二阶连续偏导数. 设 $u = xy, v = \dfrac{x}{y}$, 把方程 $x^2\dfrac{\partial^2 z}{\partial x^2} - y^2\dfrac{\partial^2 z}{\partial y^2} = 0$ 转换为关于 u 和 v 为自变量的方程.

9. 设 $\begin{cases} u^2 - v + x = 0, \\ u + v^2 - y = 0, \end{cases}$ 求 $\dfrac{\partial^2 u}{\partial x \partial y}$.

10. 作曲面 $a\sqrt{x} + b\sqrt{y} + c\sqrt{z} = 1\ (a > 0, b > 0, c > 0)$ 的切平面, 使之与三坐标面所围成的立体体积最大, 求切点的坐标.

11. 证明曲面 $f\left(\dfrac{x-a}{z-c}, \dfrac{y-b}{z-c}\right) = 0$ 的切平面过定点 (a, b, c).

Chapter 10

第10章 重 积 分

在一元函数积分学中, 利用分割、近似、求和、取极限定义了定积分, 把这种思想和方法推广到多元函数上, 就得到了多元函数在平面区域、空间区域、曲线、曲面上的积分. 本章主要介绍重积分的概念、性质、计算及其应用.

10.1 二重积分的概念与性质

一、二重积分的背景

让我们从两个实际问题开始.

1. 几何背景: 曲顶柱体的体积

设 D 是一个平面有界闭区域, $z=f(x,y)$ 是定义在 D 上的非负连续函数, 以 D 为底, 以曲面 $z=f(x,y)$ 为顶, 以 D 的边界为准线、母线平行于 z 轴的柱面所围的几何体称为一个**曲顶柱体**, 如图 10.1.1 所示.

平顶柱体的体积等于底面积乘以高, 对于曲顶柱体, 我们可以借鉴曲边梯形面积计算的思路, 采取如下方法.

(1) 分割. 用曲线网把 D 分割成 n 个小闭区域 $D_1, D_2, \cdots, D_n$. 每个小区域 D_i 的面积记为 $\Delta\sigma_i$, 直径记为 d_i, $i=1,2,\cdots,n$. 分别以每个小区域 D_i 的边界为准线, 作母线平行于 z 轴的柱面, 这些柱面将原来的曲顶柱体分为 n 个小曲顶柱体.

(2) 近似. 当分割很细时, 每个小曲顶柱体可以近似为平顶柱体, 在每个小区域 D_i 上任取一点 (ξ_i,η_i), 则 D_i 对应的小曲顶柱体的体积 V_i 可用 $f(\xi_i,\eta_i)\Delta\sigma_i$ 近似, 即

$$V_i \approx f(\xi_i,\eta_i)\Delta\sigma_i, \quad i=1,2,\cdots,n.$$

(3) 求和. 曲顶柱体的体积有如下近似

$$V=\sum_{i=1}^{n}V_i\approx\sum_{i=1}^{n}f(\xi_i,\eta_i)\Delta\sigma_i.$$

(4) 取极限. 设 $\lambda=\max\limits_{1\leqslant i\leqslant n}(d_i)$. 让 $\lambda\to 0$, 则得到曲顶柱体体积

$$V=\lim_{\lambda\to 0}\sum_{i=1}^{n}f(\xi_i,\eta_i)\Delta\sigma_i.$$

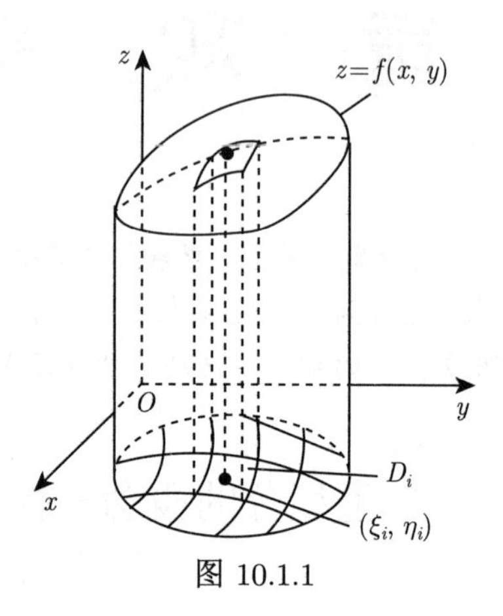

图 10.1.1

2. 物理背景: 平面薄板的质量

设平面薄板置于 xOy 坐标面上的闭区域 D, 如图 10.1.2 所示. 设薄板的面密度为闭区域 D 上连续函数 $\rho(x,y)$, 求该平面薄板的质量 m.

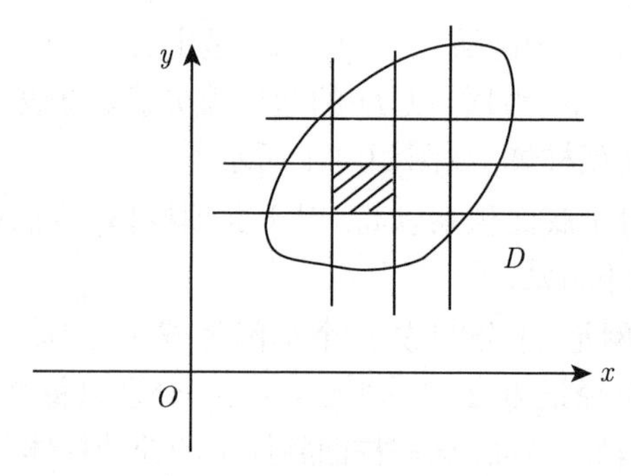

图 10.1.2

如果薄板是均匀的, 那么薄板的质量等于密度乘以面积. 现在该薄板是不均匀的, 密度是变量, 因此不能直接利用上述公式来计算质量, 但我们可以借鉴曲顶柱体体积的思想来解决这一问题.

用曲线网将区域 D 分成 n 个小闭区域 $D_1, D_2, \cdots, D_n$. 每个小区域 D_i 的面积记为 $\Delta\sigma_i$, 直径记为 d_i, $i=1,2,\cdots,n$. 当分割很细时, 每个小区域 D_i 上的薄板近似为均匀薄板, 在 D_i 上任取一点 (ξ_i,η_i), 则 D_i 上的薄板的质量 $m_i \approx \rho(\xi_i,\eta_i)\Delta\sigma_i$, 从而整个平面薄板的质量

$$m=\sum_{i=1}^{n} m_i \approx \sum_{i=1}^{n} \rho(\xi_i,\eta_i)\Delta\sigma_i.$$

设 $\lambda=\max\limits_{1\leqslant i\leqslant n}(d_i)$, 则平面薄板的质量为

$$m=\lim_{\lambda\to 0}\sum_{i=1}^{n} \rho(\xi_i,\eta_i)\Delta\sigma_i.$$

上述两个实例虽然问题不同, 但所用的方法都是相同的, 即通过分割、近似、求和、取极限, 并且其结果都是同一种特定形式的和式的极限. 由此我们引入如下二重积分的概念.

二、二重积分的定义

定义 10.1.1 设 $f(x,y)$ 是定义在有界闭区域 D 上的有界函数. 用曲线网把 D 分成 n 个小区域 $D_1, D_2, \cdots, D_n$. 每个小区域 D_i 的直径记为 d_i, 并记 $\lambda=\max\limits_{1\leqslant i\leqslant n}(d_i)$ 为所有小区域的最大直径. 在每个小区域 D_i 上任取一点 (ξ_i,η_i), 并记 D_i 的面积为 $\Delta\sigma_i$. 如果 $\lambda\to 0$, 和式

$$\sum_{i=1}^{n} f(\xi_i,\eta_i)\Delta\sigma_i$$

的极限存在, 且与区域的分法以及点 (ξ_i,η_i) 的取法无关, 则称 $f(x,y)$ 在 D 上**可积**, 且称上述极限为 $f(x,y)$ 在 D 上的**二重积分**, 记为

$$\iint\limits_D f(x,y)\mathrm{d}\sigma,$$

其中 $f(x,y)$ 称为**被积函数**, D 称为**积分区域**, x 和 y 称为**积分变量**, $\mathrm{d}\sigma$ 称为**面积微元**.

由二重积分的定义可知, 以 D 为底, 以曲面 $z=f(x,y)$ 为顶的曲顶柱体的体积是 $\iint\limits_D f(x,y)\mathrm{d}\sigma$; 平面薄板的质量为 $\iint\limits_D \rho(x,y)\mathrm{d}\sigma$.

关于二重积分的存在性, 我们不加证明地给出如下结论.

定理 10.1.1 若 $f(x,y)$ 在有界闭区域 D 上连续, 则 $f(x,y)$ 在 D 上可积.

定理 10.1.2 若有界函数 $f(x,y)$ 在有界闭区域 D 上除去有限个点或有限条光滑曲线段外都连续, 则 $f(x,y)$ 在 D 上可积.

三、二重积分的性质

由定义可知, 二重积分有着与定积分类似的性质. 我们不加证明地列举如下.

(1) 线性性: 若 $f(x,y)$ 和 $g(x,y)$ 在 D 上可积, a,b 是常数, 则 $af(x,y)+bg(x,y)$ 在 D 上也可积, 且

$$\iint\limits_D (af(x,y)+bg(x,y))\mathrm{d}\sigma = a\iint\limits_D f(x,y)\mathrm{d}\sigma + b\iint\limits_D g(x,y)\mathrm{d}\sigma.$$

(2) 区域可加性: 若 D 可分为两个内部不交的区域 D_1, D_2, $f(x,y)$ 在 D_1, D_2 上可积, 则 $f(x,y)$ 在 D 上可积, 且

$$\iint\limits_D f(x,y)\mathrm{d}\sigma = \iint\limits_{D_1} f(x,y)\mathrm{d}\sigma + \iint\limits_{D_2} f(x,y)\mathrm{d}\sigma.$$

(3) 当 $f(x,y)\equiv 1$ 时, 区域 D 的面积为

$$S_D = \iint\limits_D 1\mathrm{d}\sigma = \iint\limits_D \mathrm{d}\sigma.$$

(4) 保序性: 若 $f(x,y)$ 和 $g(x,y)$ 在 D 上可积, 且 $f(x,y)\leqslant g(x,y)$, 则

$$\iint\limits_D f(x,y)\mathrm{d}\sigma \leqslant \iint\limits_D g(x,y)\mathrm{d}\sigma.$$

特别地, 当 $f(x,y)$ 在有界闭区域 D 上连续时, 具有最大值 M 与最小值 m, 则

$$mS_D \leqslant \iint\limits_D f(x,y)\mathrm{d}\sigma \leqslant MS_D,$$

其中 S_D 为区域 D 的面积.

(5) 绝对可积性: 若 $f(x,y)$ 在 D 上可积, 则 $|f(x,y)|$ 在 D 上可积, 且

$$\left|\iint\limits_D f(x,y)\mathrm{d}\sigma\right| \leqslant \iint\limits_D |f(x,y)|\mathrm{d}\sigma.$$

(6) 中值定理: 若 $f(x,y)$ 在有界闭区域 D 上连续, 则存在点 $(\xi,\eta)\in D$, 使得

$$\iint\limits_D f(x,y)\mathrm{d}\sigma = f(\xi,\eta)S_D,$$

其中 S_D 为区域 D 的面积.

例 10.1.1 设

$$I_1=\iint\limits_D \cos\sqrt{x^2+y^2}\,\mathrm{d}\sigma,\quad I_2=\iint\limits_D \cos(x^2+y^2)\,\mathrm{d}\sigma,\quad I_3=\iint\limits_D \cos(x^2+y^2)^2\mathrm{d}\sigma,$$

其中 $D=\{(x,y)|x^2+y^2\leqslant 1\}$, 试比较 I_1,I_2,I_3 的大小关系.

解 当 $(x,y)\in D$ 时,

$$\frac{\pi}{2}>1\geqslant\sqrt{x^2+y^2}\geqslant x^2+y^2\geqslant(x^2+y^2)^2\geqslant 0.$$

由于 $\cos x$ 在 $\left[0,\frac{\pi}{2}\right]$ 上严格单调减少, 故

$$0<\cos\sqrt{x^2+y^2}\leqslant\cos(x^2+y^2)\leqslant\cos(x^2+y^2)^2.$$

因此

$$\iint\limits_D \cos\sqrt{x^2+y^2}\,\mathrm{d}\sigma\leqslant\iint\limits_D \cos(x^2+y^2)\,\mathrm{d}\sigma\leqslant\iint\limits_D \cos(x^2+y^2)^2\mathrm{d}\sigma.$$ □

例 10.1.2 设 $f(x,y)$ 在区域 $D=\{(x,y)\mid x^2+y^2\leqslant t^2\}$ 上连续, 求

$$\lim_{t\to 0^+}\frac{\iint\limits_D f(x,y)\mathrm{d}\sigma}{\pi t^2}.$$

解 由于 $f(x,y)$ 在 D 上连续, 根据积分中值定理, 存在 $(\xi,\eta)\in D$, 使得

$$\iint\limits_D f(x,y)\mathrm{d}\sigma=f(\xi,\eta)\cdot\pi t^2.$$

故

$$\lim_{t\to 0^+}\frac{\iint\limits_D f(x,y)\mathrm{d}\sigma}{\pi t^2}=\lim_{t\to 0^+}\frac{f(\xi,\eta)\cdot\pi t^2}{\pi t^2}=\lim_{t\to 0^+}f(\xi,\eta).$$

显然, 当 $t\to 0^+$ 时, $(\xi,\eta)\to(0,0)$, 故

$$\lim_{t\to 0^+}\frac{\iint\limits_D f(x,y)\mathrm{d}\sigma}{\pi t^2}=f(0,0).$$ □

习 题 10.1

1. 比较下列积分的大小.

(1) $\iint\limits_D (x+y)^2\mathrm{d}\sigma$, $\iint\limits_D (x+y)^3\mathrm{d}\sigma$, 其中 D 是由 x 轴, y 轴与直线 $x+y=1$ 所围成的区域;

(2) $\iint\limits_D (x+y)^2\mathrm{d}\sigma$, $\iint\limits_D (x+y)^3\mathrm{d}\sigma$, 其中 D 是由圆 $(x-2)^2+(y-1)^2=2$ 所围成的区域;

(3) $\iint\limits_D \ln(x+y)\mathrm{d}\sigma$, $\iint\limits_D [\ln(x+y)]^2\mathrm{d}\sigma$, 其中 D 是三角形闭区域, 三顶点分别为 $(1,0)$, $(1,1)$, $(2,0)$;

(4) $T_1=\iint\limits_{D_1}\sqrt[3]{x-y}\,\mathrm{d}x\mathrm{d}y$, $T_2=\iint\limits_{D_2}\sqrt[3]{x-y}\,\mathrm{d}x\mathrm{d}y$, $T_3=\iint\limits_{D_3}\sqrt[3]{x-y}\,\mathrm{d}x\mathrm{d}y$, 其中 $D_1=\{(x,y)|\ 0\leqslant x\leqslant 1, 0\leqslant y\leqslant 1\}$, $D_2=\{(x,y)|\ 0\leqslant x\leqslant 1, 0\leqslant y\leqslant \sqrt{x}\}$, $D_3=\{(x,y)|\ 0\leqslant x\leqslant 1, x^2\leqslant y\leqslant 1\}$.

2. 估计下列积分的范围.

(1) $\iint\limits_D xy(x+y)\mathrm{d}\sigma$, 其中 $D=\{(x,y)\mid 0\leqslant x\leqslant 1, 0\leqslant y\leqslant 1\}$;

(2) $\iint\limits_D \sin^2 x\sin^2 y\mathrm{d}\sigma$, 其中 $D=\{(x,y)\mid 0\leqslant x\leqslant \pi, 0\leqslant y\leqslant \pi\}$;

(3) $\iint\limits_D \mathrm{e}^{\sin x\sin y}\mathrm{d}\sigma$, 其中 $D=\{(x,y)\mid x^2+y^2\leqslant 4\}$;

(4) $\iint\limits_D \sqrt{x^2+y^2}\mathrm{d}\sigma$, 其中 $D=\{(x,y)\mid 0\leqslant x\leqslant 1, 0\leqslant y\leqslant 2\}$.

3. 设平面区域 $D=\{(x,y)\mid x^2+y^2\leqslant t^2\}$, 求 $\lim\limits_{t\to 0^+}\dfrac{\iint\limits_D \mathrm{e}^{xy}\cos(x+y)\mathrm{d}\sigma}{t^2}$.

10.2 二重积分的计算

利用定义计算二重积分一般来说是非常困难的. 本节介绍两种方法, 即累次积分法和变量代换法. 累次积分法的基本思想是把二重积分转化为两个定积分, 而变量代换法的想法是定积分换元法的推广, 其目的是通过坐标变换, 化简被积函数或积分区域.

一、累次积分

在直角坐标系下, 当函数 $f(x,y)$ 在区域 D 上可积时, 积分与 D 的划分无关, 因此我们可以用分别平行于 x,y 轴的直线来划分区域 D, 此时每个小区域是矩形或近似于矩形, 我们用 $\mathrm{d}x\mathrm{d}y$ 来记面积微元, 即 $\mathrm{d}\sigma=\mathrm{d}x\mathrm{d}y$.

1. x-型积分区域

如果区域 $D=\{(x,y)|y_1(x)\leqslant y\leqslant y_2(x),a\leqslant x\leqslant b\}$, 其中 $y_1(x),y_2(x)$ 在 $[a,b]$ 上连续, 则称 D 为**x-型区域**, 如图 10.2.1 所示.

如果 $f(x,y)$ 在 D 上非负且连续, 由二重积分的几何意义可知, $\iint\limits_D f(x,y)\mathrm{d}x\mathrm{d}y$ 表示以 D 为底, 以 $z=f(x,y)$ 为顶的曲顶柱体的体积. 根据 6.6 节知识, 该曲顶柱体体积也可以按照已知截面面积的立体体积计算, 如图 10.2.2 所示.

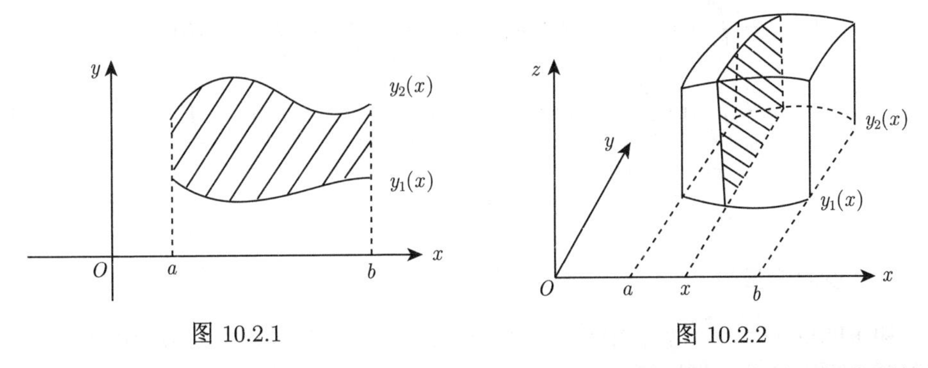

图 10.2.1　　图 10.2.2

在 $[a,b]$ 上任取一点 x, 过点 $(x,0,0)$ 作平行于 yOz 的平面, 此平面截曲顶柱体为曲边梯形, 其面积 $A(x)=\int_{y_1(x)}^{y_2(x)}f(x,y)\mathrm{d}y$, 所以曲顶柱体的体积为

$$V=\int_a^b A(x)\mathrm{d}x=\int_a^b\left(\int_{y_1(x)}^{y_2(x)}f(x,y)\mathrm{d}y\right)\mathrm{d}x,$$

从而有

$$\iint\limits_D f(x,y)\mathrm{d}x\mathrm{d}y=\int_a^b\left(\int_{y_1(x)}^{y_2(x)}f(x,y)\mathrm{d}y\right)\mathrm{d}x.$$

上式右边的积分称为 $f(x,y)$ 先对 y, 再对 x 的**累次积分**, 习惯上记为

$$\iint\limits_D f(x,y)\mathrm{d}x\mathrm{d}y=\int_a^b\mathrm{d}x\int_{y_1(x)}^{y_2(x)}f(x,y)\mathrm{d}y.$$

在上述讨论中, 我们假定了 $f(x,y)\geqslant 0$. 事实上, 我们有更一般的结论.

定理 10.2.1 设 $f(x,y)$ 在区域 $D=\{(x,y)|y_1(x)\leqslant y\leqslant y_2(x),a\leqslant x\leqslant b\}$ 上连续, 其中 $y_1(x),y_2(x)$ 在 $[a,b]$ 上连续, 则

$$\iint\limits_D f(x,y)\mathrm{d}x\mathrm{d}y=\int_a^b\mathrm{d}x\int_{y_1(x)}^{y_2(x)}f(x,y)\mathrm{d}y. \tag{10.2.1}$$

证明 因为 $f(x,y)$ 在 D 上连续, 所以 $f(x,y)$ 在 D 上有界, 即存在 $M>0$, 使得对任意的 $(x,y)\in D$, $|f(x,y)|\leqslant M$, 从而, $f(x,y)+M\geqslant 0$. 故

$$\begin{aligned}\iint\limits_D f(x,y)\mathrm{d}x\mathrm{d}y&=\iint\limits_D (M+f(x,y)-M)\mathrm{d}x\mathrm{d}y\\&=\iint\limits_D (M+f(x,y))\mathrm{d}x\mathrm{d}y-\iint\limits_D M\mathrm{d}x\mathrm{d}y\\&=\int_a^b\mathrm{d}x\int_{y_1(x)}^{y_2(x)}(M+f(x,y))\mathrm{d}y-\int_a^b\mathrm{d}x\int_{y_1(x)}^{y_2(x)}M\mathrm{d}y\\&=\int_a^b\mathrm{d}x\int_{y_1(x)}^{y_2(x)}M\mathrm{d}y+\int_a^b\mathrm{d}x\int_{y_1(x)}^{y_2(x)}f(x,y)\mathrm{d}y-\int_a^b\mathrm{d}x\int_{y_1(x)}^{y_2(x)}M\mathrm{d}y\\&=\int_a^b\mathrm{d}x\int_{y_1(x)}^{y_2(x)}f(x,y)\mathrm{d}y.\end{aligned}$$

□

2. y-型积分区域

如果区域 $D=\{(x,y)\mid x_1(y)\leqslant x\leqslant x_2(y),c\leqslant y\leqslant d\}$, 其中 $x_1(y),x_2(y)$ 在 $[c,d]$ 上连续, 则称 D 为y-**型区域**.

定理 10.2.2 设 $f(x,y)$ 在区域 $D=\{(x,y)\mid x_1(y)\leqslant x\leqslant x_2(y),c\leqslant y\leqslant d\}$ 上连续, $x_1(y),x_2(y)$ 在 $[c,d]$ 上连续, 则

$$\iint\limits_D f(x,y)\mathrm{d}x\mathrm{d}y=\int_c^d\mathrm{d}y\int_{x_1(y)}^{x_2(y)}f(x,y)\mathrm{d}x. \tag{10.2.2}$$

在实际问题中, 如果积分区域既不是 x-型区域, 也不是 y-型区域, 此时, 可考虑对区域作适当划分, 使得划分为若干个 x-型或 y-型小区域, 在每个小区域进行累次积分, 再利用区域可加性即得所求积分.

例 10.2.1 计算 $\iint\limits_D xy\mathrm{d}x\mathrm{d}y$, 其中 D 是由直线 $y=x$, $x=1$ 以及 x 轴所围的区域.

解 画出积分区域 D, 如图 10.2.3 所示. 将 D 视为 x-型区域, 表示为

$$D=\{(x,y)\mid 0\leqslant y\leqslant x,0\leqslant x\leqslant 1\}.$$

则根据累次积分法,

$$\iint_D xy\mathrm{d}x\mathrm{d}y = \int_0^1 \mathrm{d}x \int_0^x xy\mathrm{d}y = \int_0^1 \frac{1}{2}x^3\mathrm{d}x = \frac{1}{8}.$$ □

显然, 例 10.2.1 也可以将区域 D 视为 y-型区域来计算. 请读者练习.

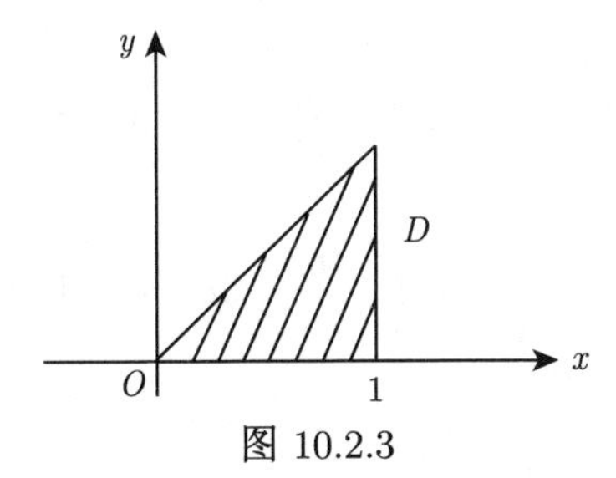

图 10.2.3

例 10.2.2 计算 $\iint\limits_D xy\,\mathrm{d}x\mathrm{d}y$, 其中 D 是由直线 $y = x - 2$ 及抛物线 $y^2 = x$ 围成的区域.

解 画出积分区域 D, 如图 10.2.4 所示. 将 D 表示为 y-型区域 $D = \{(x, y) \mid y^2 \leqslant x \leqslant y + 2, -1 \leqslant y \leqslant 2\}$. 则

$$\iint_D xy\,\mathrm{d}x\mathrm{d}y = \int_{-1}^2 \mathrm{d}y \int_{y^2}^{y+2} xy\,\mathrm{d}x = \int_{-1}^2 \frac{1}{2}y\left((y+2)^2 - y^4\right)\mathrm{d}y = \frac{45}{8}.$$ □

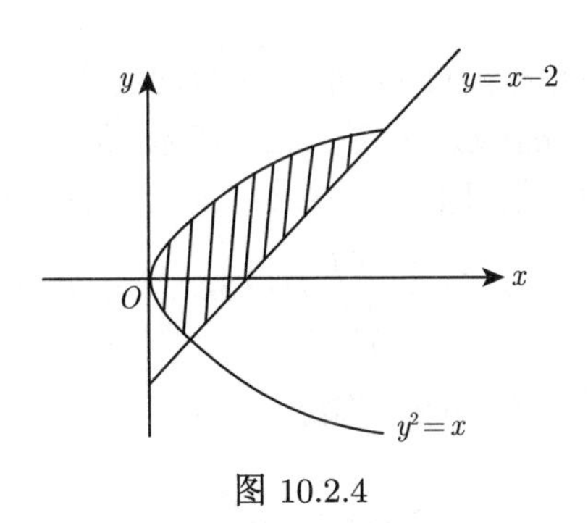

图 10.2.4

在例 10.2.2 中, 若利用 x-型区域累次积分, 则需要将 D 划分为两个 x-型区域的并, 计算量增加. 因此, 选择恰当的积分次序对累次积分来说比较重要.

例 10.2.3 求 $\iint\limits_D \mathrm{e}^{x^2}\mathrm{d}x\mathrm{d}y$, 其中 D 是由曲线 $y = x^3$ 与直线 $y = x$ 在第一象限内围成的区域.

解 本题若先对 x 积分, 则累次积分时会出现 $\int \mathrm{e}^{x^2}\mathrm{d}x$, 很难计算. 因此, 应尝

试将 D 表示为 x-型区域, 先对 y 积分, 即

$$\iint_D e^{x^2}\,dxdy = \int_0^1 dx\int_{x^3}^{x} e^{x^2}\,dy = \int_0^1 e^{x^2}(x-x^3)\,dx = \frac{e}{2}-1. \qquad \square$$

例 10.2.4　计算累次积分 $\displaystyle\int_0^1 dy\int_y^1 \frac{\tan x}{x}dx$.

解　注意到积分 $\displaystyle\int \frac{\tan x}{x}dx$ 很难计算, 可尝试交换累次积分的顺序, 即

$$\int_0^1 dy\int_y^1 \frac{\tan x}{x}dx = \int_0^1 dx\int_0^x \frac{\tan x}{x}dy = \int_0^1 \tan x dx = -\ln\cos 1. \qquad \square$$

二、极坐标变换

本节先介绍一种特殊的变量代换, 即引入极坐标变换,

$$\begin{cases} x = r\cos\theta, \\ y = r\sin\theta, \end{cases} \quad 0 \leqslant r < +\infty,\ 0 \leqslant \theta \leqslant 2\pi.$$

在极坐标下, 被积函数、面积微元和积分区域都有了新的表示, 这往往会简化二重积分的计算.

设二重积分 $\displaystyle\iint_D f(x,y)d\sigma$ 的 (在直角坐标系下) 积分区域 D 在极坐标系下表示为 D', 被积函数 $f(x,y)$ 变为 $f(r\cos\theta, r\sin\theta)$, 下面我们来讨论极坐标系下的面积微元 $d\sigma$.

在极坐标系下, 用圆心在极点 O, 半径 r 为常数的一族同心圆, 以及极角 θ 为常数的一族射线来划分积分区域, 如图 10.2.5 所示. 每个小区域面积可近似为长为 $rd\theta$, 宽为 dr 的小矩形的面积. 因此, $d\sigma = rdrd\theta$, 从而得到如下积分变换

$$\iint_D f(x,y)d\sigma = \iint_{D'} f(r\cos\theta, r\sin\theta)rdrd\theta. \tag{10.2.3}$$

公式 (10.2.3) 可从后面的定理 10.2.3 推出.

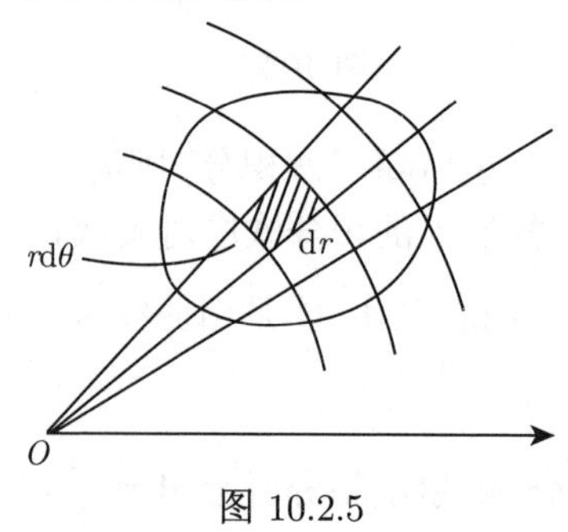

图 10.2.5

在极坐标系下, 称区域 $D' = \{(r,\theta) \mid r_1(\theta) \leqslant r \leqslant r_2(\theta), \theta_1 \leqslant \theta \leqslant \theta_2\}$ 为**θ-型区域**, 其中 $r_1(\theta), r_2(\theta)$ 在区间 $[\theta_1, \theta_2]$ 上连续, 如图 10.2.6 所示, 则

$$\iint\limits_{D'} f(r\cos\theta, r\sin\theta) r\mathrm{d}r\mathrm{d}\theta = \int_{\theta_1}^{\theta_2} \mathrm{d}\theta \int_{r_1(\theta)}^{r_2(\theta)} f(r\cos\theta, r\sin\theta) r\mathrm{d}r.$$

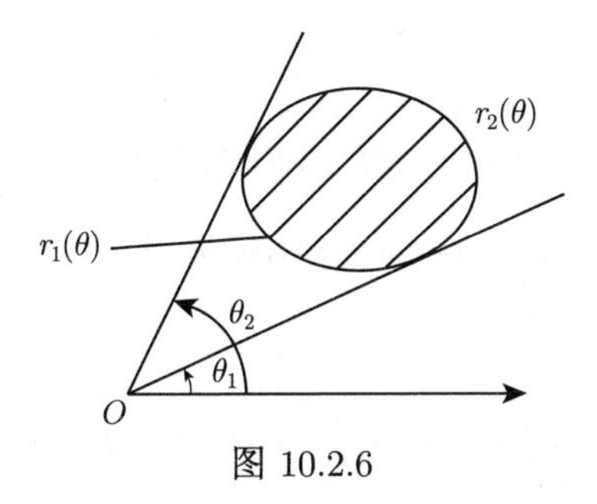

图 10.2.6

称 $D' = \{(r,\theta) \mid \theta_1(r) \leqslant \theta \leqslant \theta_2(r), r_1 \leqslant r \leqslant r_2\}$ 为**r-型区域**, 其中 $\theta_1(r), \theta_2(r)$ 在区间 $[r_1, r_2]$ 上连续, 如图 10.2.7 所示, 则

$$\iint\limits_{D'} f(r\cos\theta, r\sin\theta) r\mathrm{d}r\mathrm{d}\theta = \int_{r_1}^{r_2} \mathrm{d}r \int_{\theta_1(r)}^{\theta_2(r)} f(r\cos\theta, r\sin\theta) r\mathrm{d}\theta.$$

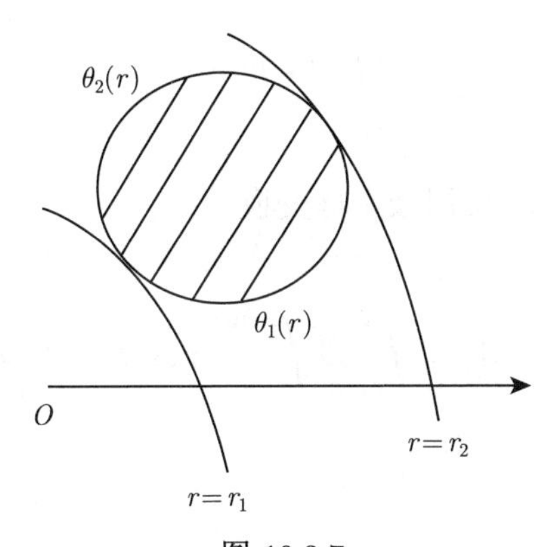

图 10.2.7

例 10.2.5 求 $I = \iint\limits_{D} \mathrm{e}^{-(x^2+y^2)}\,\mathrm{d}\sigma$, 其中 $D = \{(x,y) | x^2+y^2 \leqslant R, x \geqslant 0, y \geqslant 0\}$.

解 利用极坐标系, 积分区域 D 表示为 $D' = \left\{(r,\theta) \middle| 0 \leqslant \theta \leqslant \frac{\pi}{2},\ 0 \leqslant r \leqslant R\right\}$. 应用变量代换公式 (10.2.3),

$$I = \int_0^{\frac{\pi}{2}} \mathrm{d}\theta \int_0^R \mathrm{e}^{-r^2} \cdot r\,\mathrm{d}r = \int_0^{\frac{\pi}{2}} \left(-\frac{1}{2}\mathrm{e}^{-r^2}\right)\bigg|_0^R \mathrm{d}\theta = \frac{\pi}{4}\left(1 - \mathrm{e}^{-R^2}\right). \qquad \square$$

利用例 10.2.5 的结果, 我们来推导一个重要的广义积分公式.

$$\left(\int_0^{+\infty} \mathrm{e}^{-x^2}\mathrm{d}x\right)^2 = \lim_{R\to+\infty}\iint_D \mathrm{e}^{-(x^2+y^2)}\mathrm{d}x\mathrm{d}y = \lim_{R\to+\infty}\frac{\pi}{4}\left(1-\mathrm{e}^{-R^2}\right) = \frac{\pi}{4}.$$

因此,

$$\int_0^{+\infty} \mathrm{e}^{-x^2}\mathrm{d}x = \frac{\sqrt{\pi}}{2}.$$

这个积分公式在概率统计中有着广泛的应用.

例 10.2.6 计算 $I = \iint\limits_D (4-x-y)\,\mathrm{d}x\mathrm{d}y$, 其中 $D = \{(x,y)|x^2+y^2 \leqslant 2y\}$.

解 显然,

$$I = 4\iint\limits_D \mathrm{d}x\mathrm{d}y - \iint\limits_D x\mathrm{d}x\mathrm{d}y - \iint\limits_D y\mathrm{d}x\mathrm{d}y,$$

其中, $\iint\limits_D \mathrm{d}x\mathrm{d}y = \pi$, 即为区域 D 的面积.

由于 D 关于 y 轴对称, 积分 $\iint\limits_D x\mathrm{d}x\mathrm{d}y$ 的被积函数关于 x 是奇函数, 因此,

$$\iint\limits_D x\mathrm{d}x\mathrm{d}y = 0.$$

最后, 对于 $\iint\limits_D y\mathrm{d}x\mathrm{d}y$, 应用极坐标变换

$$\iint\limits_D y\mathrm{d}x\mathrm{d}y = \int_0^{\pi}\mathrm{d}\theta\int_0^{2\sin\theta} r\sin\theta\cdot r\,\mathrm{d}r = \pi.$$

故 $I = 4\pi - \pi = 3\pi$. □

三、二重积分的变量代换

设 U 为 uv 平面上的开集, V 为 xy 平面上的开集, 映射

$$T: x = x(u,v),\ y = y(u,v)$$

是 U 到 V 的一个一一对应.

在 U 中取直线 $u = u_0$, 则得到 xy 平面上的一条曲线

$$x = x(u_0,v),\quad y = y(u_0,v),$$

称之为 v-曲线. 类似地, 在 U 中取直线 $v=v_0$, 则得到 xy 平面上的一条 u-曲线

$$x=x(u,v_0),\quad y=y(u,v_0).$$

由于 T 是一一对应的, 因此 V 的任意一点 P 既可以唯一地用坐标 (x,y) 表示, 也可以用坐标 (u,v) 表示. 称 u-曲线和 v-曲线构成了**曲线坐标网**, (u,v) 为 P 的**曲线坐标**, 称 T 为**坐标变换**.

例如, 在上一小节引入的极坐标变换: $x=r\cos\theta, y=r\sin\theta$ 下, θ-曲线就是一族以原点为圆心的同心圆, 而 r-曲线就是一族从原点出发的射线, 它们构成了平面上的极坐标网.

进一步假设 $x=x(u,v), y=y(u,v)$ 在 U 上具有连续的偏导数, 且雅可比行列式 $\dfrac{\partial(x,y)}{\partial(u,v)}\neq 0$. 则由函数的连续性可知, $\dfrac{\partial(x,y)}{\partial(u,v)}$ 在 U 上不变号. 设 D 为 U 中具有分段光滑边界的有界闭区域. 可以证明, T 把 D 映射到 V 中的有界闭区域 $T(D)$, 且把 D 的内点和边界分别映射到 $T(D)$ 的内点和边界.

定理 10.2.3　设映射 T 和区域 D 如上假设. 如果 $f(x,y)$ 在 $T(D)$ 上连续, 则

$$\iint\limits_{T(D)} f(x,y)\mathrm{d}x\mathrm{d}y=\iint\limits_{D} f(x(u,v),y(u,v))\left|\frac{\partial(x,y)}{\partial(u,v)}\right|\mathrm{d}u\mathrm{d}v. \tag{10.2.4}$$

证明略去. 有兴趣的读者请查询相关书籍.

不难验证, 在极坐标变换 $\begin{cases}x=r\cos\theta,\\ y=r\sin\theta\end{cases}$ 下, $\dfrac{\partial(x,y)}{\partial(r,\theta)}=r$, 由此得到前面的积分变换公式 (10.2.3).

下面我们来理解公式 (10.2.4) 中雅可比行列式的含义. 当 $f(x,y)\equiv 1$ 时, 由公式 (10.2.4) 可得 $T(D)$ 的面积为

$$m(T(D))=\iint\limits_{D}\left|\frac{\partial(x,y)}{\partial(u,v)}\right|\mathrm{d}u\mathrm{d}v. \tag{10.2.5}$$

设点 $(u_0,v_0)\in D$, σ 为包含此点的具有分段光滑边界的小区域, 记 $d(\sigma)$ 为 σ 的直径, 则由公式 (10.2.5) 和重积分的中值定理,

$$\begin{aligned}m(T(\sigma))&=\iint\limits_{\sigma}\left|\frac{\partial(x,y)}{\partial(u,v)}\right|\mathrm{d}u\mathrm{d}v=\left|\frac{\partial(x,y)}{\partial(u,v)}(\xi,\eta)\right|\cdot m(\sigma)\\&=\left|\frac{\partial(x,y)}{\partial(u,v)}(u_0,v_0)\right|\cdot m(\sigma)+o(1)\cdot m(\sigma),\end{aligned}$$

其中 (ξ,η) 为 σ 内某点, $o(1)$ 是当 $d(\sigma)\to 0$ 时的无穷小量. 因此,

$$\lim_{d(\sigma)\to 0}\frac{m(T(\sigma))}{m(\sigma)}=\left|\frac{\partial(x,y)}{\partial(u,v)}(u_0,v_0)\right|,$$

或等价地

$$m(T(\sigma)) \sim \left|\frac{\partial(x,y)}{\partial(u,v)}(u_0,v_0)\right| \cdot m(\sigma), \quad d(\sigma) \to 0.$$

这说明雅可比行列式的绝对值是不同坐标下面积微元的比值, 如图 10.2.8 所示.

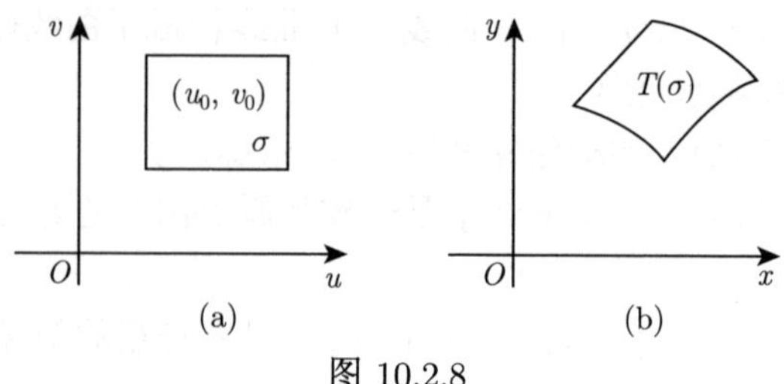

图 10.2.8

例 10.2.7 计算 $\iint\limits_D e^{\frac{x-y}{x+y}}\mathrm{d}x\mathrm{d}y$, 其中 D 是由直线 $x=0$, $y=0$ 和 $x+y=1$ 所围成的区域.

解 设 $u=x-y, v=x+y$, 作变换 $x=\dfrac{u+v}{2}, y=\dfrac{v-u}{2}$. 在此变换下, 积分区域 D 变为由直线 $u+v=0$, $u-v=0$ 和 $v=1$ 所围成的区域 D', 且

$$\frac{\partial(x,y)}{\partial(u,v)} = \begin{vmatrix} \dfrac{1}{2} & \dfrac{1}{2} \\ -\dfrac{1}{2} & \dfrac{1}{2} \end{vmatrix} = \frac{1}{2}.$$

故

$$\iint\limits_D e^{\frac{x-y}{x+y}}\mathrm{d}x\mathrm{d}y = \iint\limits_{D'} e^{\frac{u}{v}} \cdot \frac{1}{2}\mathrm{d}u\mathrm{d}v = \frac{1}{2}\int_0^1 \mathrm{d}v \int_{-v}^{v} e^{\frac{u}{v}}\mathrm{d}u = \frac{e-e^{-1}}{4}. \qquad \square$$

例 10.2.8 计算 $\iint\limits_D xy\mathrm{d}x\mathrm{d}y$, 其中 D 是由抛物线 $y^2=x$, $y^2=4x$ 和 $x^2=y$, $x^2=4y$ 所围成的区域.

解 设 $u=\dfrac{y^2}{x}, v=\dfrac{x^2}{y}$, 则区域 D 映射为

$$D' = \{(u,v) | 1 \leqslant u \leqslant 4, 1 \leqslant v \leqslant 4\}$$

且

$$\frac{\partial(x,y)}{\partial(u,v)} = -\frac{1}{3}.$$

因此,

$$\iint\limits_D xy\mathrm{d}x\mathrm{d}y = \iint\limits_{D'} uv \cdot \frac{1}{3}\mathrm{d}u\mathrm{d}v = \frac{1}{3}\int_1^4 u\mathrm{d}u \int_1^4 v\mathrm{d}v = \frac{75}{4}. \qquad \square$$

习 题 10.2

1. 计算下列二重积分.

(1) $\iint\limits_D (3x+2y)\mathrm{d}\sigma$, 其中 D 是由 $x=0, y=0$ 及直线 $x+y=2$ 所围成的区域;

(2) $\iint\limits_D x\cos(x+y)\mathrm{d}\sigma$, 其中 D 是顶点分别为 $(0,0),(\pi,0),(\pi,\pi)$ 的三角形区域;

(3) $\iint\limits_D \sin\frac{x}{y}\mathrm{d}x\mathrm{d}y$, 其中 D 是由直线 $y=x, y=2$ 和曲线 $x=y^3$ 所围成的区域;

(4) $\iint\limits_D y\sqrt{1+x^2-y^2}\,\mathrm{d}\sigma$, 其中 D 是由直线 $y=x, x=-1, y=1$ 所围成的区域.

2. 交换下列积分次序.

(1) $\int_0^2 \mathrm{d}y\int_{y^2}^{2y} f(x,y)\mathrm{d}x$;

(2) $\int_0^1 \mathrm{d}y\int_{\sqrt{y}}^{\sqrt{2-y^2}} f(x,\ y)\,\mathrm{d}x$;

(3) $\int_0^1 \mathrm{d}x\int_0^{x^2} f(x,y)\mathrm{d}y+\int_1^2 \mathrm{d}x\int_0^{\sqrt{1-(x-1)^2}} f(x,y)\mathrm{d}y$.

3. 利用极坐标变换计算下列二重积分.

(1) $\iint\limits_D \sin\sqrt{x^2+y^2}\mathrm{d}x\mathrm{d}y$, 其中 $D=\{(x,y)\mid \pi^2\leqslant x^2+y^2\leqslant 4\pi^2\}$;

(2) $\iint\limits_D \sqrt{x}\,\mathrm{d}x\mathrm{d}y$, 其中 $D=\{(x,y)\mid x^2+y^2\leqslant x\}$;

(3) $\iint\limits_D (x-y)\,\mathrm{d}x\mathrm{d}y$, 其中 $D=\{(x,y)\mid (x-1)^2+(y-1)^2\leqslant 2,\ y\geqslant x\}$.

4. 利用对称性计算下列二重积分.

(1) $\iint\limits_D (2-y^2\sin x-y)\mathrm{d}x\mathrm{d}y$, 其中 $D=\{(x,y)\mid x^2+y^2\leqslant 2y\}$;

(2) $\iint\limits_D (\,|x|+|y|\,)\,\mathrm{d}x\mathrm{d}y$, 其中 $D=\{(x,y)\mid x^2+y^2\leqslant 1\}$;

(3) $\iint\limits_D \frac{\mathrm{e}^x}{\mathrm{e}^x+\mathrm{e}^y}\mathrm{d}x\mathrm{d}y$, 其中 $D=\{(x,y)\mid |x|+|y|\leqslant 1\}$.

5. 计算下列二重积分.

(1) $\iint\limits_D \left|y-x^2\right|\mathrm{d}x\mathrm{d}y$, 其中 $D=\{(x,y)\mid -1\leqslant x\leqslant 1, 0\leqslant y\leqslant 2\}$;

(2) $\iint\limits_D \max\{xy,\ 1\}\,\mathrm{d}x\mathrm{d}y$, 其中 $D=\{(x,y)\mid 0\leqslant x\leqslant 2,\ 0\leqslant y\leqslant 2\}$.

6. 利用变量代换计算下列积分.

(1) $\iint\limits_D (x^2+y^2)\mathrm{d}x\mathrm{d}y$, 其中 D 是由 $xy=1, xy=2, y=x, y=2x$ 所围成的第一象限部分;

(2) $\iint\limits_D \mathrm{e}^{\frac{x}{x+y}}\mathrm{d}x\mathrm{d}y$, 其中 D 是由 x 轴, y 轴和直线 $x+y=1$ 所围成的闭区域;

(3) $\iint\limits_D (x+y)\,\mathrm{d}x\mathrm{d}y$, 其中 $D=\{(x,y)\mid x^2+y^2\leqslant x+y+1\}$.

10.3　三 重 积 分

一、三重积分的概念与性质

假设某物体占有三维空间区域 Ω, 其密度函数为 $\rho(x,y,z)$ 且在 Ω 上连续, 求该物体的质量. 类似于前面关于平面薄板质量的讨论, 我们将空间区域 Ω 用曲面网分成 n 个小区域 $\Omega_1,\Omega_2,\cdots,\Omega_n$. 记 Ω_i 的体积为 ΔV_i, 直径为 d_i, 并记 $\lambda=\max\limits_{1\leqslant i\leqslant n}(d_i)$. 在每个 Ω_i 上任取一点 (ξ_i,η_i,ζ_i), 则 Ω_i 所对应的物体质量 m_i 可近似为

$$m_i\approx\rho(\xi_i,\eta_i,\zeta_i)\Delta V_i,\quad i=1,2,\cdots,n.$$

整个物体的质量 m 近似为

$$m=\sum_{i=1}^n m_i\approx\sum_{i=1}^n\rho(\xi_i,\eta_i,\zeta_i)\Delta V_i.$$

让 $\lambda\to 0$, 则可得物体的质量为

$$m=\lim_{\lambda\to 0}\sum_{i=1}^n\rho(\xi_i,\eta_i,\zeta_i)\Delta V_i.$$

根据上述物理背景, 抽象为如下数学定义.

定义 10.3.1　设 $f(x,y,z)$ 是空间有界闭区域 Ω 上的有界函数. 将 Ω 用曲面网分成 n 个小区域 $\Omega_1,\Omega_2,\cdots,\Omega_n$. 记 Ω_i 的体积为 ΔV_i, 直径为 d_i, 并记 $\lambda=\max\limits_{1\leqslant i\leqslant n}(d_i)$. 在每个 Ω_i 上任取一点 (ξ_i,η_i,ζ_i), 若 $\lambda\to 0$ 时, 和式

$$\sum_{i=1}^n f(\xi_i,\eta_i,\zeta_i)\Delta V_i$$

的极限存在且与区域的分法以及点 (ξ_i, η_i, ζ_i) 的取法无关, 则称 $f(x, y, z)$ 在 Ω 上可积, 并称上述极限为 $f(x, y, z)$ 在 Ω 上的**三重积分**, 记为

$$\iiint\limits_{\Omega} f(x, y, z)\mathrm{d}V,$$

其中, $f(x, y, z)$ 称为**被积函数**, Ω 称为**积分区域**, $\mathrm{d}V$ 称为**体积微元**.

根据上述定义, 密度为 $\rho(x, y, z)$ 的空间区域 Ω 上的物体质量为 $\iiint\limits_{\Omega} \rho(x, y, z)\mathrm{d}V$.

有界闭区域上的连续函数是可积的, 并且三重积分有着与二重积分完全类似的性质: 线性性, 区域可加性, 保序性, 中值定理等. 特别地, 当被积函数 $f(x, y, z) \equiv 1$ 时, $\iiint\limits_{\Omega} \mathrm{d}V$ 即为区域 Ω 的体积.

二、累次积分

在直角坐标系下, 用分别平行于三个坐标面的平面族划分区域 Ω, 划分后的每个小区域是立方体或近似于立方体, 因此, 体积微元 $\mathrm{d}V$ 可表示为 $\mathrm{d}x\mathrm{d}y\mathrm{d}z$, 即 $\mathrm{d}V = \mathrm{d}x\mathrm{d}y\mathrm{d}z$.

利用累次积分计算三重积分, 根据积分次序的不同, 可分为先一重积分 (定积分) 再二重积分, 即所谓的 “投影法”; 也可以先二重积分再一重积分, 即所谓的 “截面法”.

(1) 投影法.

设积分区域 Ω 具有如下特点: 它在 xOy 面上的投影区域为 D_{xy}, 且任何平行于 z 轴的直线在穿过 Ω 内部时与 Ω 的边界曲面 Σ 至多有两个交点, Σ 由下曲面 $\Sigma_1 : z = z_1(x, y)$, 上曲面 $\Sigma_2 : z = z_2(x, y)$, 以及侧柱面围成, 如图 10.3.1 所示. 则积分区域 Ω 表示为

$$\Omega = \{(x, y, z) \mid z_1(x, y) \leqslant z \leqslant z_2(x, y), (x, y) \in D_{xy}\},$$

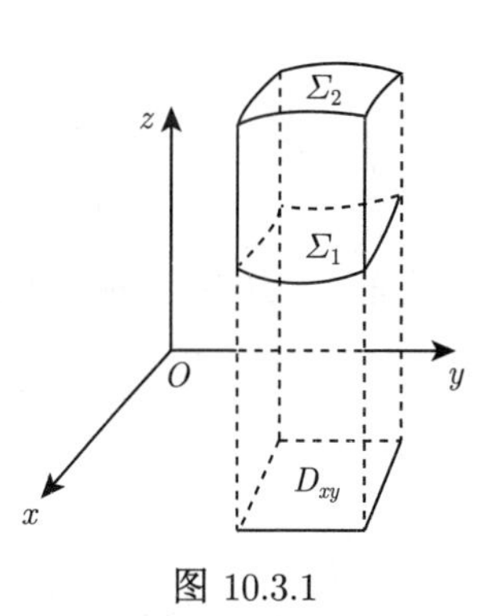

图 10.3.1

其中, $z_1(x, y), z_2(x, y)$ 在 D_{xy} 上连续.

应用累次积分,

$$\iiint\limits_{\Omega} f(x, y, z)\mathrm{d}x\mathrm{d}y\mathrm{d}z = \iint\limits_{D_{xy}} \left(\int_{z_1(x,y)}^{z_2(x,y)} f(x, y, z)\mathrm{d}z \right) \mathrm{d}x\mathrm{d}y$$

$$= \iint\limits_{D_{xy}} \mathrm{d}x\mathrm{d}y \int_{z_1(x,y)}^{z_2(x,y)} f(x,y,z)\mathrm{d}z. \tag{10.3.1}$$

对于上式右边, 先计算 $\int_{z_1(x,y)}^{z_2(x,y)} f(x,y,z)\mathrm{d}z$, 其结果是 x,y 的函数, 然后在 D_{xy} 上计算该函数的二重积分.

(2) 截面法.

如果积分区域 Ω 在 z 轴上的投影为闭区间 $[c,d]$, 用 $z=z_0$ $(z_0\in[c,d])$ 的平面去截 Ω, 得到一个平面闭区域 D_z, 则 Ω 表示为

$$\Omega=\{(x,y,z)\mid c\leqslant z\leqslant d,(x,y)\in D_z\}.$$

应用累次积分法,

$$\iiint\limits_{\Omega} f(x,y,z)\mathrm{d}x\mathrm{d}y\mathrm{d}z = \int_{z_1}^{z_2}\mathrm{d}z \iint\limits_{D_z} f(x,y,z)\mathrm{d}x\mathrm{d}y. \tag{10.3.2}$$

例 10.3.1 求 $\iiint\limits_{\Omega} z\mathrm{d}x\mathrm{d}y\mathrm{d}z$, 其中 Ω 是由 $z=x^2+y^2$ 与 $z=1$ 所围成的立体区域.

解 投影法. 将积分区域 Ω 投影到 xOy 坐标面, 得投影区域

$$D_{xy}=\{(x,y)\mid x^2+y^2\leqslant 1\},$$

则

$$\iiint\limits_{\Omega} z\mathrm{d}x\mathrm{d}y\mathrm{d}z = \iint\limits_{D_{xy}}\mathrm{d}x\mathrm{d}y\int_{x^2+y^2}^{1} z\mathrm{d}z = \frac{1}{2}\iint\limits_{D_{xy}}(1-(x^2+y^2))\mathrm{d}x\mathrm{d}y = \frac{\pi}{3}.$$

截面法. Ω 在 z 轴上的投影为 $[0,1]$, 用平行于 xOy 面的平面截 Ω, 得截面区域为

$$D_z=\{(x,y)\mid x^2+y^2\leqslant z\},$$

则

$$\iiint\limits_{\Omega} z\mathrm{d}x\mathrm{d}y\mathrm{d}z = \int_0^1\mathrm{d}z\iint\limits_{D_z} z\mathrm{d}x\mathrm{d}y = \int_0^1 z\mathrm{d}z\iint\limits_{D_z}\mathrm{d}x\mathrm{d}y = \int_0^1 \pi z^2\mathrm{d}z = \frac{\pi}{3}. \qquad \square$$

例 10.3.2 计算 $\iiint\limits_{\Omega}\left(\frac{x^2}{a^2}+\frac{y^2}{b^2}+\frac{z^2}{c^2}\right)\mathrm{d}x\mathrm{d}y\mathrm{d}z$, 其中 Ω 是椭球体 $\frac{x^2}{a^2}+\frac{y^2}{b^2}+\frac{z^2}{c^2}\leqslant 1$.

解 先来计算 $\iiint\limits_{\Omega}\frac{z^2}{c^2}\mathrm{d}x\mathrm{d}y\mathrm{d}z$. 用平行于 xOy 面的平面截 Ω, 得截面

$$D_z=\left\{(x,y)\left|\frac{x^2}{a^2}+\frac{y^2}{b^2}\leqslant 1-\frac{z^2}{c^2}\right.\right\},$$

则

$$\iiint\limits_{\Omega}\frac{z^2}{c^2}\mathrm{d}x\mathrm{d}y\mathrm{d}z=\int_{-c}^{c}\frac{z^2}{c^2}\mathrm{d}z\iint\limits_{D_z}\mathrm{d}x\mathrm{d}y,$$

其中 $\iint\limits_{D_z}\mathrm{d}x\mathrm{d}y$ 为椭圆盘 D_z 的面积, 即 $\iint\limits_{D_x}\mathrm{d}x\mathrm{d}y=\pi ab\left(1-\frac{z^2}{c^2}\right)$. 因此,

$$\iiint\limits_{\Omega}\frac{z^2}{c^2}\mathrm{d}x\mathrm{d}y\mathrm{d}z=\frac{\pi ab}{c^2}\int_{-c}^{c}z^2\left(1-\frac{z^2}{c^2}\right)\mathrm{d}z=\frac{4}{15}\pi abc.$$

类似可得,

$$\iiint\limits_{\Omega}\frac{x^2}{a^2}\mathrm{d}x\mathrm{d}y\mathrm{d}z=\frac{4}{15}\pi abc,\quad \iiint\limits_{\Omega}\frac{y^2}{b^2}\mathrm{d}x\mathrm{d}y\mathrm{d}z=\frac{4}{15}\pi abc.$$

故所求积分为 $\frac{4}{5}\pi abc$. □

三、变量代换

类似于定理 10.2.3, 下面引入三重积分的变量代换, 有兴趣的读者可类似讨论一般 n 重积分的变量代换或查阅相关书籍.

设 U 为 $\mathbb{R}^3$ 中的开集, 映射

$$T: x=x(u,v,w), y=y(u,v,w), z=z(u,v,w)$$

把 U 一一映射到 $V\subseteq\mathbb{R}^3$. 假设 $x=x(u,v,w), y=y(u,v,w), z=z(u,v,w)$ 在 U 上具有连续偏导数, 且雅可比行列式 $\frac{\partial(x,y,z)}{\partial(u,v,w)}$ 非零或不变号. 设 Ω 为 U 中具有分片光滑边界的有界闭区域. 我们不加证明地给出如下定理.

定理 10.3.1 设映射 T 和区域 Ω 如上假设. 如果 $f(x,y,z)$ 在 $T(\Omega)$ 上连续, 则

$$\iint\limits_{T(\Omega)}f(x,y,z)\mathrm{d}x\mathrm{d}y\mathrm{d}z=\iint\limits_{\Omega}f(x(u,v,w),y(u,v,w),z(u,v,w))\left|\frac{\partial(x,y,z)}{\partial(u,v,w)}\right|\mathrm{d}u\mathrm{d}v\mathrm{d}w. \tag{10.3.3}$$

上述雅可比行列式定义为

$$\frac{\partial(x,y,z)}{\partial(u,v,w)}=\begin{vmatrix}\dfrac{\partial x}{\partial u} & \dfrac{\partial x}{\partial v} & \dfrac{\partial x}{\partial w}\\ \dfrac{\partial y}{\partial u} & \dfrac{\partial y}{\partial v} & \dfrac{\partial y}{\partial w}\\ \dfrac{\partial z}{\partial u} & \dfrac{\partial z}{\partial v} & \dfrac{\partial z}{\partial w}\end{vmatrix}.$$

下面我们介绍两类常用的坐标变换, 即柱面坐标变换和球面坐标变换.

1. 柱面坐标变换

设 $M(x,y,z)$ 为空间任意一点, M 在 xOy 坐标面上的投影为点 P, P 在 xOy 坐标面上的极坐标为 (r,θ), 称 (r,θ,z) 为 M 的**柱面坐标**, 如图 10.3.2 所示. 显然 $0\leqslant r<+\infty$, $0\leqslant\theta\leqslant 2\pi$, $-\infty<z<+\infty$. 柱面坐标变换公式为

$$\begin{cases}x=r\cos\theta,\\ y=r\sin\theta,\\ z=z.\end{cases}$$

与之前的讨论类似, 先求出体积微元 $\mathrm{d}V$ 在柱面坐标系下的表示. 设在柱面坐标系下, 积分区域 Ω 表示为 Ω', 用坐标面 $r=$ 常数, $\theta=$ 常数, $z=$ 常数, 来划分积分区域 Ω', 划分后的每个小区域可近似为柱体. 考虑由坐标面 r 与 $r+\mathrm{d}r$, θ 与 $\theta+\mathrm{d}\theta$, z 与 $z+\mathrm{d}z$ 所围成的几何体, 其体积近似为 $r\mathrm{d}r\mathrm{d}\theta\mathrm{d}z$, 如图 10.3.3 所示. 故 $\mathrm{d}V=r\mathrm{d}r\mathrm{d}\theta\mathrm{d}z$, 从而

$$\iiint\limits_{\Omega}f(x,y,z)\mathrm{d}x\mathrm{d}y\mathrm{d}z=\iiint\limits_{\Omega'}f(r\cos\theta,r\sin\theta,z)r\mathrm{d}r\mathrm{d}\theta\mathrm{d}z.\qquad(10.3.4)$$

当然上式 (10.3.4) 可直接利用定理 10.3.1 获得.

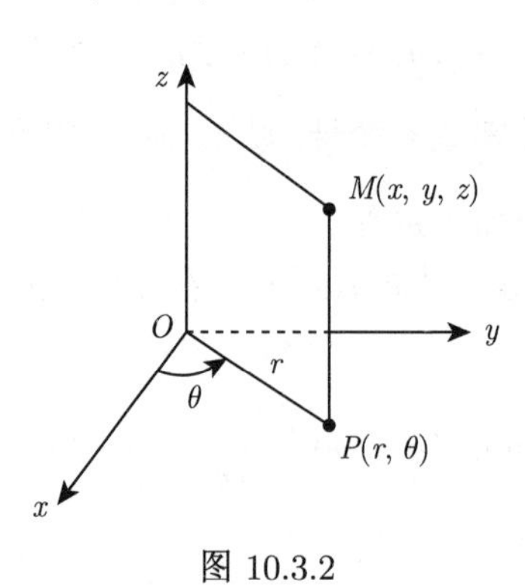

图 10.3.2

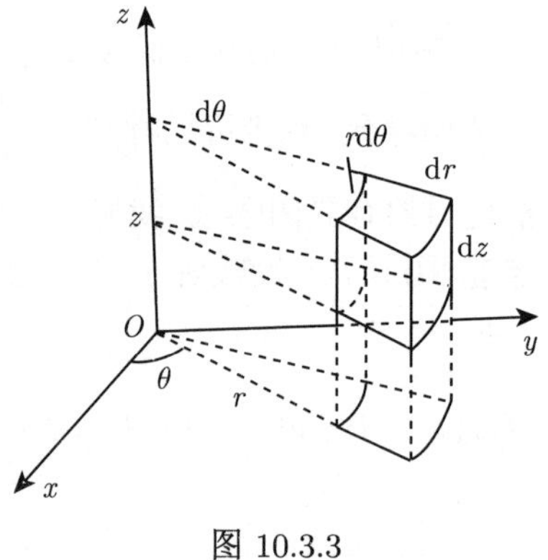

图 10.3.3

例 10.3.3 求 $\iiint\limits_{\Omega}(x+y)^2\,\mathrm{d}x\mathrm{d}y\mathrm{d}z$, 其中 Ω 由 $x^2+y^2=2z$ 与 $z=8$ 所围成.

解 显然, $\iiint\limits_{\Omega}(x+y)^2\,\mathrm{d}x\mathrm{d}y\mathrm{d}z=\iiint\limits_{\Omega}\left(x^2+y^2+2xy\right)\mathrm{d}x\mathrm{d}y\mathrm{d}z.$

首先, 由于积分区域 Ω 关于 x 轴对称, 函数 $2xy$ 关于 x 是奇函数, 因此,

$$\iiint\limits_{\Omega}2xy\mathrm{d}x\mathrm{d}y\mathrm{d}z=0.$$

其次, 对于 $\iiint\limits_{\Omega}\left(x^2+y^2\right)\mathrm{d}x\mathrm{d}y\mathrm{d}z$, 利用柱面坐标变换, 设

$$x=r\cos\theta,\quad y=r\sin\theta,\quad z=z,$$

则

$$\iiint\limits_{\Omega}(x^2+y^2)\mathrm{d}x\mathrm{d}y\mathrm{d}z=\iiint\limits_{\Omega'}r^2\cdot r\mathrm{d}r\mathrm{d}\theta dz=\int_0^{2\pi}\mathrm{d}\theta\int_0^4\mathrm{d}r\int_{\frac{r^2}{2}}^8 r^3\mathrm{d}z=\frac{1024}{3}\pi.$$

故所求积分为 $\dfrac{1024}{3}\pi$. □

2. 球面坐标变换

设 $M(x,y,z)$ 为空间中一点, $r=|OM|$ 为原点 O 到 M 的距离, φ 为向量 $\overrightarrow{OM}$ 与 z 轴正向的夹角. 设 M 在 xOy 坐标面上的投影为 P, θ 为由 x 轴的正半轴逆时针旋转到向量 $\overrightarrow{OP}$ 所需要的角度, 如图 10.3.4 所示. 称 (r,φ,θ) 为点 M 的**球面坐标**, 其中 $0\leqslant r<+\infty$, $0\leqslant\varphi\leqslant\pi$, $0\leqslant\theta\leqslant 2\pi$.

显然, 球面坐标变换公式为

$$\begin{cases}x=r\sin\varphi\cos\theta,\\ y=r\sin\varphi\sin\theta,\\ z=r\cos\varphi.\end{cases}$$

我们先计算球坐标系下的体积微元 $\mathrm{d}V$. 设在球面坐标系下, 积分区域 Ω 表示为 Ω', 我们用 $r=$ 常数, $\varphi=$ 常数, $\theta=$ 常数, 来划分 Ω', 划分后的每个小区域近似为六面体, 见图 10.3.5. 考虑由曲面 r 和 $r+\mathrm{d}r$, θ 和 $\theta+\mathrm{d}\theta$, φ 和 $\varphi+\mathrm{d}\varphi$ 所围成的六面体, 其体积近似为 $r^2\sin\varphi\mathrm{d}r\mathrm{d}\varphi\mathrm{d}\theta$, 即 $\mathrm{d}V=r^2\sin\varphi\mathrm{d}r\mathrm{d}\varphi\mathrm{d}\theta$.

上述表达直观但不严谨, 但可以由定理 10.3.1 直接获得. 因此,

$$\iiint\limits_{\Omega}f(x,y,z)\mathrm{d}v=\iiint\limits_{\Omega'}f(r\sin\varphi\cos\theta,r\sin\varphi\sin\theta,r\cos\varphi)r^2\sin\varphi\mathrm{d}r\mathrm{d}\varphi\mathrm{d}\theta.$$

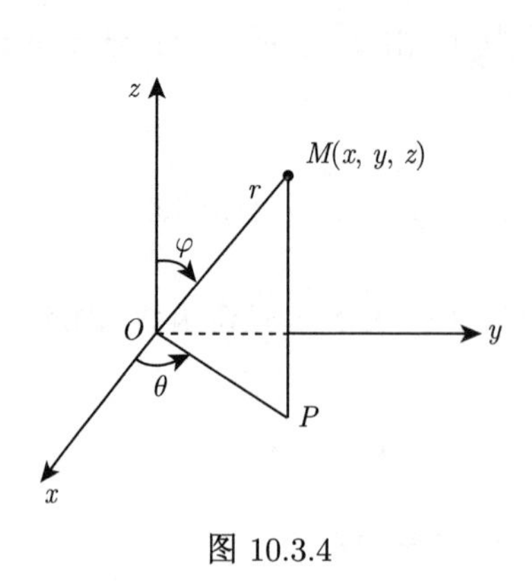

图 10.3.4

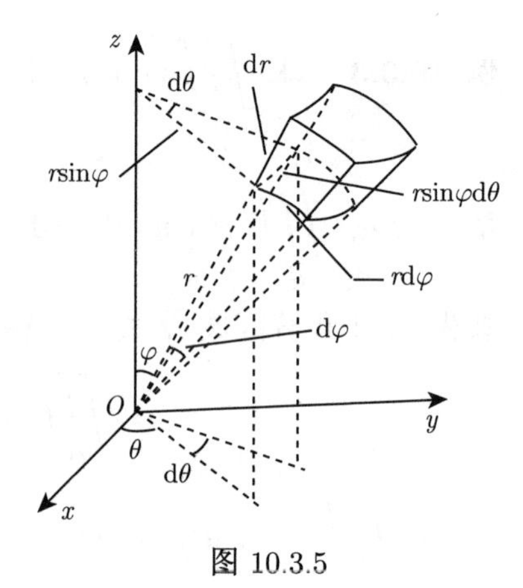

图 10.3.5

例 10.3.4　求 $\iiint\limits_{\Omega} z\mathrm{d}x\mathrm{d}y\mathrm{d}z$, 其中 $\Omega=\{(x,y,z)|x^2+y^2+z^2\leqslant z\}$.

解　利用球面坐标变换, 设

$$\begin{cases} x=r\sin\varphi\cos\theta, \\ y=r\sin\varphi\sin\theta, \\ z=r\cos\varphi, \end{cases}$$

则

$$\begin{aligned}\iiint\limits_{\Omega} z\mathrm{d}x\mathrm{d}y\mathrm{d}z &= \iiint\limits_{\Omega'} r\cos\varphi\cdot r^2\sin\varphi\mathrm{d}r\mathrm{d}\varphi\mathrm{d}\theta \\ &= \int_0^{2\pi}\mathrm{d}\theta\int_0^{\frac{\pi}{2}}\mathrm{d}\varphi\int_0^{\cos\varphi} r\cos\varphi\cdot r^2\sin\varphi\mathrm{d}r=\frac{\pi}{12}.\end{aligned}$$

□

习　题　10.3

1. 计算下列三重积分.

(1) $\iiint\limits_{\Omega} y\cos(z+x)\mathrm{d}x\mathrm{d}y\mathrm{d}z$, Ω 是由抛物柱面 $y=\sqrt{x}$ 及平面 $y=0,z=0$ 和 $x+z=\dfrac{\pi}{2}$ 所围成的闭区域;

(2) $\iiint\limits_{\Omega} (x^2+y^2)z\mathrm{d}x\mathrm{d}y\mathrm{d}z$, Ω 是由锥面 $z=\sqrt{x^2+y^2}$ 与柱面 $x^2+y^2=1$ 以及 $z=0$ 所围成的闭区域;

(3) $\iiint\limits_{\Omega} xy^2z^3\mathrm{d}x\mathrm{d}y\mathrm{d}z$, Ω 是由 $z=xy,y=x,x=1$ 和 $z=0$ 所围成的闭区域;

(4) $\iiint\limits_{\Omega} z\mathrm{d}x\mathrm{d}y\mathrm{d}z$, Ω 是由锥面 $z=\dfrac{h}{R}\sqrt{x^2+y^2}$ 与平面 $z=h$ 所围成的闭区域, 其中 $R>0, h>0$.

2. 利用柱坐标或球坐标计算下列积分.

(1) $\iiint\limits_{\Omega} z\mathrm{d}x\mathrm{d}y\mathrm{d}z$, 其中 Ω 是由曲面 $z=\sqrt{2-x^2-y^2}$ 及 $z=x^2+y^2$ 所围成的闭区域;

(2) $\iiint\limits_{\Omega} (x^2+y^2)\mathrm{d}x\mathrm{d}y\mathrm{d}z$, 其中 Ω 是由曲面 $2z=x^2+y^2$ 及平面 $z=2$ 所围成的闭区域;

(3) $\iiint\limits_{\Omega} z\mathrm{d}x\mathrm{d}y\mathrm{d}z$, 其中 Ω 是由 $x^2+y^2+(z-a)^2\leqslant a^2$ 及 $x^2+y^2\leqslant z^2$ 所围成的闭区域;

(4) $\iiint\limits_{\Omega} (x^2+z^2)\,\mathrm{d}x\mathrm{d}y\mathrm{d}z$, 其中 $\Omega=\{(x,y,z)\mid x^2+y^2+z^2\leqslant 1\}$.

10.4 重积分的应用

我们在引入二重积分和三重积分时已经探讨了重积分的应用. 本节将进一步介绍重积分在几何及物理等方面的一些其他应用.

一、曲面的面积

设曲面 Σ 的方程为 $z=f(x,y)$, 它在 xOy 坐标面上的投影为有界闭区域 D_{xy}, 如图 10.4.1 所示. 设 $f(x,y)$ 在 D_{xy} 上具有连续的偏导数. 下面讨论曲面 Σ 的面积 S.

利用微元法的思想, 用平行于 x 轴或 y 轴的直线族对 D_{xy} 进行划分, 任取划分后的一个小区域 σ, 其面积记为 $\mathrm{d}\sigma$. 用 $\Delta\Sigma$ 表示以 σ 的边界为准线且母线平行于 z 轴的柱面截得曲面 Σ 的部分曲面. 设 $P(x,y,z)$ 为 $\Delta\Sigma$ 上的任一点. 根据前面假设, 曲面 Σ 在点 P 有切平面, 则柱面截得切平面的小平面块的面积 $\mathrm{d}S$ 可近似于 $\Delta\Sigma$ 的面积 ΔS, 即

$$\Delta S\approx \mathrm{d}S=\frac{\mathrm{d}\sigma}{\cos\gamma},$$

其中 γ 为曲面 Σ 在点 P 的切平面的法向量 $\boldsymbol{n}$(方向朝上) 与 z 轴正向的夹角.

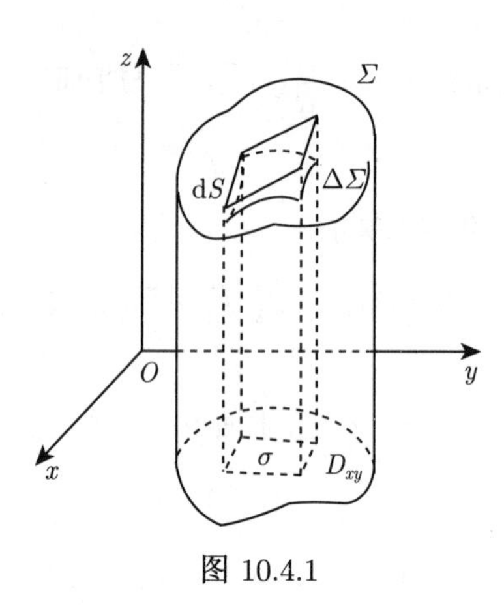

图 10.4.1

根据 9.5 节知识,

$$\boldsymbol{n}=(-f'_x,-f'_y,1).$$

所以

$$\cos\gamma=\frac{1}{\sqrt{(f'_x)^2+(f'_y)^2+1}}.$$

因此, 曲面 Σ 的面积微元为

$$\mathrm{d}S=\sqrt{(f'_x)^2+(f'_y)^2+1}\mathrm{d}\sigma,$$

Σ 的面积为

$$S=\iint\limits_{D_{xy}}\sqrt{1+(f'_x)^2(x,y)+(f'_y)^2(x,y)}\mathrm{d}\sigma. \tag{10.4.1}$$

例 10.4.1 求球面 $x^2+y^2+z^2=R^2$ 含在柱面 $x^2+y^2=Rx\ (R>0)$ 内部的那部分面积 S.

解 设曲面在第一卦限的部分曲面为 Σ_1, 表示为

$$\Sigma_1: z=\sqrt{R^2-x^2-y^2},\quad (x,y)\in D_{xy}=\{(x,y)\mid x^2+y^2\leqslant Rx, y\geqslant 0\}.$$

由对称性, 曲面的面积 S 是 Σ_1 面积的 4 倍, 根据公式 (10.4.1), 可得

$$\begin{aligned}S&=4\iint\limits_{D_{xy}}\sqrt{1+\left(\frac{\partial z}{\partial x}\right)^2+\left(\frac{\partial z}{\partial y}\right)^2}\mathrm{d}x\mathrm{d}y\\&=4\iint\limits_{D_{xy}}\frac{R}{\sqrt{R^2-x^2-y^2}}\mathrm{d}x\mathrm{d}y\\&=4\int_0^{\frac{\pi}{2}}\mathrm{d}\theta\int_0^{R\cos\theta}\frac{Rr}{\sqrt{R^2-r^2}}\mathrm{d}r=(2\pi-4)R^2.\end{aligned}$$

□

对于具有参数形式的光滑曲面, 我们不加证明地给出其面积公式. 设光滑曲面 Σ 的参数形式为

$$\begin{cases} x = x(u,v), \\ y = y(u,v), \quad (u,v) \in D, \\ z = z(u,v), \end{cases}$$

即

$$\boldsymbol{r}(u,v) = (x(u,v), y(u,v), z(u,v)), \quad (u,v) \in D.$$

根据 9.5 节讨论, 曲面 Σ 在 (u,v) 对应点的法向量为 $\boldsymbol{r}'_u \times \boldsymbol{r}'_v$. 曲面 Σ 的面积微元为

$$\mathrm{d}S = |\boldsymbol{r}'_u \times \boldsymbol{r}'_v| \mathrm{d}u\mathrm{d}v.$$

故 Σ 的面积为

$$S = \iint\limits_D |\boldsymbol{r}'_u \times \boldsymbol{r}'_v| \mathrm{d}u\mathrm{d}v.$$

记

$$\begin{aligned} E &= \boldsymbol{r}'_u \cdot \boldsymbol{r}'_u = (x'_u)^2 + (y'_u)^2 + (z'_u)^2, \\ F &= \boldsymbol{r}'_u \cdot \boldsymbol{r}'_v = x'_u x'_v + y'_u y'_v + z'_u z'_v, \\ G &= \boldsymbol{r}'_v \cdot \boldsymbol{r}'_v = (x'_v)^2 + (y'_v)^2 + (z'_v)^2, \end{aligned} \tag{10.4.2}$$

它们称为曲面的**高斯** (Gauss) **系数**. 直接计算可得

$$|\boldsymbol{r}'_u \times \boldsymbol{r}'_v| = \sqrt{EG - F^2}.$$

故 Σ 的面积为

$$S = \iint\limits_D \sqrt{EG - F^2} \mathrm{d}u\mathrm{d}v. \tag{10.4.3}$$

二、质心与转动惯量

设 xOy 平面上有 n 个质点, 分别位于点 $(x_1, y_1), (x_2, y_2), \cdots, (x_n, y_n)$, 质量分别为 $m_1, m_2, \cdots, m_n$. 由力学知识, 该质点系的质心坐标为

$$\overline{x} = \frac{M_y}{M} = \frac{1}{M}\sum_{i=1}^n m_i x_i, \quad \overline{y} = \frac{M_x}{M} = \frac{1}{M}\sum_{i=1}^n m_i y_i,$$

其中, $M = \sum\limits_{i=1}^n m_i$ 为该质点系的总质量, $M_y = \sum\limits_{i=1}^n m_i x_i$, $M_x = \sum\limits_{i=1}^n m_i y_i$ 分别称为该质点系关于 y 轴和 x 轴的**静力矩**.

设平面薄板占有 xOy 平面上的有界闭区域 D, 密度函数 $\rho(x,y)$ 在 D 上连续. 在 D 内任取一个小区域 σ, 其面积记为 $\mathrm{d}\sigma$. 任取一点 $(x,y)\in\sigma$, 则 σ 所对应的小薄板的质量近似于 $\rho(x,y)\mathrm{d}\sigma$. 于是该小薄板关于 y 轴和 x 轴的静力矩的微元分别为

$$\mathrm{d}M_y = x\rho(x,y)\mathrm{d}\sigma, \quad \mathrm{d}M_x = y\rho(x,y)\mathrm{d}\sigma.$$

因此, 平面薄板关于 y 轴和 x 轴的静力矩分别为

$$M_y = \iint\limits_D x\rho(x,y)\mathrm{d}\sigma, \quad M_x = \iint\limits_D y\rho(x,y)\mathrm{d}\sigma.$$

所以平面薄板的质心坐标为

$$\overline{x} = \frac{M_y}{M} = \frac{\iint\limits_D x\rho(x,y)\mathrm{d}\sigma}{\iint\limits_D \rho(x,y)\mathrm{d}\sigma}, \quad \overline{y} = \frac{M_x}{M} = \frac{\iint\limits_D y\rho(x,y)\mathrm{d}\sigma}{\iint\limits_D \rho(x,y)\mathrm{d}\sigma}.$$

下面讨论平面薄板的转动惯量. 设质量为 m 的质点位于 xOy 平面上的点 (x,y) 处. 由力学知识, 质点关于 x 轴、y 轴和原点 O 的转动惯量分别为

$$I_x = my^2, \quad I_y = mx^2, \quad I_O = m(x^2+y^2).$$

类似于上述讨论, 平面薄板关于 x 轴、y 轴和原点 O 的转动惯量分别为

$$I_x = \iint\limits_D y^2\rho(x,y)\mathrm{d}\sigma, \quad I_y = \iint\limits_D x^2\rho(x,y)\mathrm{d}\sigma, \quad I_O = \iint\limits_D (x^2+y^2)\rho(x,y)\mathrm{d}\sigma.$$

上述结论可推广到三维空间. 若物体占有空间有界闭区域 Ω, 其密度函数 $\rho(x,y,z)$ 在 Ω 上连续, 则物体的质心坐标为

$$\overline{x} = \frac{\iiint\limits_\Omega x\rho(x,y,z)\mathrm{d}V}{\iiint\limits_\Omega \rho(x,y,z)\mathrm{d}V}, \quad \overline{y} = \frac{\iiint\limits_\Omega y\rho(x,y,z)\mathrm{d}V}{\iiint\limits_\Omega \rho(x,y,z)\mathrm{d}V}, \quad \overline{z} = \frac{\iiint\limits_\Omega z\rho(x,y,z)\mathrm{d}V}{\iiint\limits_\Omega \rho(x,y,z)\mathrm{d}V}.$$

特别地, 如果该物体是均匀的, 即密度函数 $\rho(x,y,z)$ 为常数, 则质心坐标为

$$\overline{x} = \frac{1}{V}\iiint\limits_\Omega x\mathrm{d}V, \quad \overline{y} = \frac{1}{V}\iiint\limits_\Omega y\mathrm{d}V, \quad \overline{z} = \frac{1}{V}\iiint\limits_\Omega z\mathrm{d}V,$$

其中 V 为 Ω 的体积.

类似地, 上述物体关于 x 轴、y 轴、z 轴和原点 O 的转动惯量分别为

$$I_x = \iiint\limits_{\Omega} (y^2 + z^2)\rho(x, y, z)\mathrm{d}V,$$

$$I_y = \iiint\limits_{\Omega} (x^2 + z^2)\rho(x, y, z)\mathrm{d}V,$$

$$I_z = \iiint\limits_{\Omega} (x^2 + y^2)\rho(x, y, z)\mathrm{d}V,$$

$$I_O = \iiint\limits_{\Omega} (x^2 + y^2 + z^2)\rho(x, y, z)\mathrm{d}V.$$

例 10.4.2 求均匀球体 $x^2 + y^2 + z^2 = 2az$ 挖去小球体 $x^2 + y^2 + z^2 = az$ 后余下部分 Ω 的质心.

解 设 Ω 的质心坐标为 $(\overline{x}, \overline{y}, \overline{z})$. 由对称性, $\overline{x} = 0$, $\overline{y} = 0$. 而

$$\overline{z} = \frac{1}{V}\iiint\limits_{\Omega} z\mathrm{d}x\mathrm{d}y\mathrm{d}z,$$

其中 V 为 Ω 的体积, 即

$$V = \frac{4}{3}\pi a^3 - \frac{4}{3}\pi\left(\frac{a}{2}\right)^3 = \frac{7}{6}\pi a^3.$$

利用球面坐标变换, 可得

$$\iiint\limits_{\Omega} z\mathrm{d}x\mathrm{d}y\mathrm{d}z = \int_0^{2\pi}\mathrm{d}\theta\int_0^{\frac{\pi}{2}}\mathrm{d}\varphi\int_{a\cos\varphi}^{2a\cos\varphi} r\cos\varphi r^2\sin\varphi\mathrm{d}r = \frac{5}{4}\pi a^4.$$

故 $\overline{z} = \dfrac{15}{14}a$. 因此质心坐标为 $\left(0, 0, \dfrac{15}{14}a\right)$. □

例 10.4.3 求底面半径为 R、高为 l、质量为 M 的均匀圆柱体关于其轴线的转动惯量.

解 以底面圆心为原点、轴线为 z 轴建立坐标系, 则所求转动惯量为

$$\begin{aligned} I_z &= \iiint\limits_{\Omega}(x^2 + y^2)\rho\mathrm{d}x\mathrm{d}y\mathrm{d}z \\ &= \rho\int_0^{2\pi}\mathrm{d}\theta\int_0^R r^3\mathrm{d}r\int_0^l\mathrm{d}z = \frac{\pi}{2}\rho lR^4 = \frac{1}{2}MR^2, \end{aligned}$$

其中 $M = \pi R^2 l\rho$ 为柱体的质量. □

三、引力

设平面薄板占有 xOy 平面的有界闭区域 D, 其密度函数 $\rho(x,y)$ 在 D 上连续. 设质点位于 xOy 面的点 $P_0(x_0,y_0)$ 处, 其质量为 m. 求薄板对质点的引力.

考虑薄板内任一小区域 σ, 其面积记为 $\mathrm{d}\sigma$, 在 σ 内任取一点 (x,y), 则 σ 所对应的薄板质量近似为 $\rho(x,y)\mathrm{d}\sigma$, 则薄板对质点的引力微元为

$$\mathrm{d}\boldsymbol{F}=(\mathrm{d}F_x,\mathrm{d}F_y)=\left(Gm\frac{\rho(x,y)(x-x_0)}{r^3}\mathrm{d}\sigma, Gm\frac{\rho(x,y)(y-y_0)}{r^3}\mathrm{d}\sigma\right),$$

其中 $\mathrm{d}F_x,\mathrm{d}F_y$ 为引力微元 $\mathrm{d}\boldsymbol{F}$ 在 x 轴、y 轴上的投影, $r=\sqrt{(x-x_0)^2+(y-y_0)^2}$, G 为引力常数. 故薄板对质点的引力在 x 轴、y 轴上的投影分别为

$$F_x=Gm\iint\limits_D\frac{x-x_0}{r^3}\rho(x,y)\mathrm{d}\sigma,\quad F_y=Gm\iint\limits_D\frac{y-y_0}{r^3}\rho(x,y)\mathrm{d}\sigma,$$

所以, 薄板对质点的引力为 $\boldsymbol{F}=F_x\boldsymbol{i}+F_y\boldsymbol{j}$.

类似地, 若某物体占有空间有界闭区域 Ω, 其密度函数 $\rho(x,y,z)$ 在 Ω 上连续, 而在点 (x_0,y_0,z_0) 处有一个质量为 m 的质点, 则该物体对质点的引力在 x 轴、y 轴、z 轴上的投影分别为

$$F_x=Gm\iiint\limits_\Omega\frac{x-x_0}{r^3}\rho(x,y,z)\mathrm{d}V,$$

$$F_y=Gm\iiint\limits_\Omega\frac{y-y_0}{r^3}\rho(x,y,z)\mathrm{d}V,$$

$$F_z=Gm\iiint\limits_\Omega\frac{z-z_0}{r^3}\rho(x,y,z)\mathrm{d}V,$$

其中, G 为引力常数, $r=\sqrt{(x-x_0)^2+(y-y_0)^2+(z-z_0)^2}$. 所以物体对质点的引力为 $\boldsymbol{F}=F_x\boldsymbol{i}+F_y\boldsymbol{j}+F_z\boldsymbol{k}$.

例 10.4.4 设 Ω 是半径为 R 的球体, 具有均匀密度 ρ, 求 Ω 对球外单位质点 A 的引力.

解 建立直角坐标系, 使得球心为坐标原点, z 轴过质点 A, 则质点 A 的坐标为 $(0,0,a)$ $(R<a)$. 根据对称性, 引力在 x 轴、y 轴的投影都为 0, 即 $F_x=F_y=0$. 而

$$F_z=G\iiint\limits_\Omega\frac{\rho(z-a)}{(x^2+y^2+(z-a)^2)^{3/2}}\mathrm{d}x\mathrm{d}y\mathrm{d}z.$$

利用柱面坐标变换,

$$F_z=G\rho\int_{-R}^{R}(z-a)\mathrm{d}z\int_0^{2\pi}\mathrm{d}\theta\int_0^{\sqrt{R^2-z^2}}\frac{r\mathrm{d}r}{[r^2+(z-a)^2]^{3/2}}$$

$$
\begin{aligned}
&= 2\pi G\rho \int_{-R}^{R} (z-a)\left(\frac{1}{a-z} - \frac{1}{\sqrt{R^2-2az+a^2}}\right)\mathrm{d}z \\
&= 2\pi G\rho \left[-2R + \frac{1}{a}\int_{-R}^{R}(z-a)\mathrm{d}\sqrt{R^2-2az+a^2}\right] \\
&= 2\pi G\rho \left(-2R + 2R - \frac{2R^3}{3a^2}\right) = -\frac{4\pi G}{3a^2}\rho R^3.
\end{aligned}
$$

因此, $\boldsymbol{F} = F_z\boldsymbol{k}$. □

习 题 10.4

1. 求锥面 $z=\sqrt{x^2+y^2}$ 被柱面 $z^2=2x$ 所割下的部分曲面面积.

2. 求圆柱面 $x^2+y^2=ax$ 被球面 $x^2+y^2+z^2=a^2$ 所截下的那部分面积.

3. 求两正交圆柱面 $x^2+y^2=a^2$ 及 $x^2+z^2=a^2$ 所围立体的表面积.

4. 求位于两圆周 $x^2+(y-2)^2=4$ 和 $x^2+(y-1)^2=1$ 之间的均匀薄板的质心.

5. 设球体 $V=\{(x,y,z)\mid x^2+y^2+z^2\leqslant 2az\}$ 中任一点的密度与该点到原点的距离成正比, 求此球体的质心.

6. 求半径为 a 且密度为 ρ 的均匀球体对于过球心的一条轴 l 的转动惯量.

7. 求半径为 a、高为 h、密度为 ρ 的均匀圆柱体关于其中心轴线的转动惯量.

8. 求均匀柱体 $x^2+y^2\leqslant a^2, 0\leqslant z\leqslant h$, 对位于点 $P(0,0,c)(c>h)$ 处的单位质点的引力.

// 复习题10 //

1. 计算二重积分 $\iint\limits_D (x+y)\,\mathrm{d}x\mathrm{d}y$, 其中 $D=\{(x,\ y)|x^2+y^2\leqslant x+y+1\}$.

2. 计算二重积分 $\iint\limits_D y\,\mathrm{d}x\mathrm{d}y$, 其中 D 是由直线 $x=-2,\ y=0,\ y=2$ 以及曲线 $x=-\sqrt{2y-y^2}$ 所围成的平面区域.

3. 计算二重积分 $\iint\limits_D \dfrac{\sqrt{x^2+y^2}}{\sqrt{4a^2-x^2-y^2}}\mathrm{d}\sigma$, 其中 D 是由曲线 $y=-a+\sqrt{a^2-x^2}\ (a>0)$ 和直线 $y=-x$ 所围成的区域.

4. 设 $k=\iint\limits_D (x^2+f(xy))\,\mathrm{d}\sigma$, 其中 f 为连续的奇函数, D 是由 $y=-x^3,\ x=1,\ y=1$ 所围成的平面区域, 求 k.

5. 设平面区域 $D=\{(x,y)|1\leqslant x^2+y^2\leqslant 4, x\geqslant 0, y\geqslant 0\}$. 求 $\iint\limits_D \dfrac{x\sin(\pi\sqrt{x^2+y^2})}{x+y}\mathrm{d}x\mathrm{d}y$.

6. 计算二重积分 $\iint\limits_{D}|x^2+y^2-1|\,\mathrm{d}\sigma$, 其中 $D=\{(x,y)|0\leqslant x\leqslant 1,\ 0\leqslant y\leqslant 1\}$.

7. 求 $\iiint\limits_{\Omega}(x^2+y^2+z)\mathrm{d}v$, Ω 是由曲线 $\begin{cases} y^2=2z, \\ x=0 \end{cases}$ 绕 z 轴旋转一周而成的曲面与平面 $z=4$ 所围成的立体图形.

8. 求 $\iiint\limits_{\Omega}z\mathrm{d}v$, 其中 $\Omega=\{(x,y,z)|z\leqslant\sqrt{x^2+y^2}\leqslant\sqrt{3}\,z,\ 0\leqslant z\leqslant 4\}$.

9. 设 Ω 是由平面 $x+y+z=1$ 与三个坐标平面所围成的空间区域, 求

$$\iiint\limits_{\Omega}(x+2y+3z)\,\mathrm{d}x\mathrm{d}y\mathrm{d}z.$$

10. 设直线 L 过 $A(1,0,0)$, $B(0,1,1)$ 两点, 将 L 绕 z 轴旋转一周得到曲面 Σ, Σ 与平面 $z=0$, $z=2$ 所围成的立体为 Ω.

(1) 求曲面 Σ 的方程;

(2) 求 Ω 的质心坐标.

11. 设高度为 $h(t)$ 的雪堆在融化过程中, 其侧面满足方程

$$z=h(t)-2\cdot\frac{x^2+y^2}{h(t)},$$

其中长度单位为厘米, 时间单位为小时. 已知体积减小的速率与侧面积成正比 (比例系数 0.9), 问: 高为 130 厘米的雪堆需多少小时全部融化?

12. 设有一半径为 R 的球体, 球心在 $(0,0,R)$ 处, $P_0(0,0,0)$ 是此球表面上的一个定点, 球体上任一点的密度与该点到 P_0 点的距离的平方成正比 (比例常数 $k>0$), 求球体的质心.

Chapter 11

第11章 曲线积分与曲面积分

重积分讨论的是定义在有界闭区域上的有界函数在该区域上的积分. 在很多实际应用中, 我们需要讨论定义在曲线或曲面上的函数在该曲线或曲面的积分, 这就是曲线或曲面的积分问题, 也是本章所讨论的主要内容. 本章还将建立重积分、线积分、面积分之间的关系, 即格林 (Green) 公式、高斯 (Gauss) 公式以及斯托克斯 (Stokes) 公式.

11.1 第一类曲线积分

一、第一类曲线积分的概念

1. 物理背景: 曲线形构件的质量

实际问题中, 经常需要计算一些细长的曲线型构件的质量, 比如一根铁丝、一条绳子, 其线密度 (单位长度的质量) 因点而异. 工程技术人员常常用这样的方法来计算一个曲线形构件的质量: 设构件为空间一条有质量的曲线 L, L 上任一点 (x,y,z) 处的线密度为 $\rho(x,y,z)$, 这样就能将实际问题定量化.

如图 11.1.1 所示, 将 L 分成 n 个小曲线段, 设分点分别为

$$A=P_0,P_1,P_2,\cdots,P_{n-1},P_n=B,$$

各小曲线段 $\overset{\frown}{P_{i-1}P_i}$ 的弧长记为 $\Delta s_i, i=1,2,\cdots,n$. 在 $\overset{\frown}{P_{i-1}P_i}$ 上任取一点 (ξ_i,η_i,ζ_i), 当 Δs_i 都很小时, 每一小弧段 $\overset{\frown}{P_{i-1}P_i}$ 的质量就可以近似于 $\rho(\xi_i,\eta_i,\zeta_i)\Delta s_i$, 于是整个曲线 L 的质量就近似于

$$\sum_{i=1}^{n}\rho(\xi_i,\eta_i,\zeta_i)\Delta s_i.$$

设 $\lambda=\max\limits_{1\leqslant i\leqslant n}(\Delta s_i)$, 则当 $\lambda\to 0$ 时, 上述和式的极限即为 L 的质量, 即

$$\lim_{\lambda\to 0}\sum_{i=1}^{n}\rho(\xi_i,\eta_i,\zeta_i)\Delta s_i.$$

这就解决了所提出的问题.

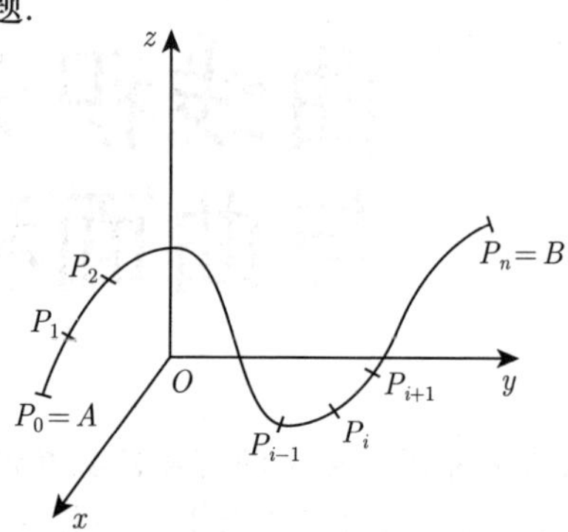

图 11.1.1

2. 第一类曲线积分的定义

定义 11.1.1　设 L 是空间 $\mathbb{R}^3$ 上一条可求长的连续曲线, 其端点分别为 A 和 B, 函数 $f(x,y,z)$ 定义在曲线 L 上且有界. 对曲线 L 按照从 A 到 B 的顺序插入分点

$$A=P_0,P_1,P_2,\cdots,P_{n-1},P_n=B,$$

由此构成了曲线 L 的一个划分. 在每个小弧段 $\overset{\frown}{P_{i-1}P_i}$ 上任取一点 (ξ_i,η_i,ζ_i), 并记第 i 个小弧段 $\overset{\frown}{P_{i-1}P_i}$ 的长度为 Δs_i, $i=1,2,\cdots,n$. 设 $\lambda=\max\limits_{1\leqslant i\leqslant n}(\Delta s_i)$. 当 $\lambda\to 0$ 时, 如果和式

$$\sum_{i=1}^{n}f(\xi_i,\eta_i,\zeta_i)\Delta s_i$$

极限存在, 且与曲线的划分方式及点 (ξ_i,η_i,ζ_i) 的选取方式无关, 则称这个极限值为 $f(x,y,z)$ 在曲线 L 上的**第一类曲线积分**, 记为 $\int_L f(x,y,z)\mathrm{d}s$, 即

$$\int_L f(x,y,z)\mathrm{d}s=\lim_{\lambda\to 0}\sum_{i=1}^{n}f(\xi_i,\eta_i,\zeta_i)\Delta s_i,$$

其中 $f(x,y,z)$ 称为**被积函数**, L 称为**积分路径**, $\mathrm{d}s$ 称为**弧微分**.

如果 L 是闭曲线, 则 $f(x,y,z)$ 在 L 上的第一类曲线积分也记为 $\oint_L f(x,y,z)\mathrm{d}s$. 当曲线 L 为平面曲线时, 函数 $f(x,y)$ 在 L 上的第一类曲线积分记为 $\int_L f(x,y)\mathrm{d}s$.

根据以上定义, 线密度为 $\rho(x,y,z)$ 的曲线 L 的质量为

$$\int_L \rho(x,y,z)\mathrm{d}s.$$

从定义也可看出, 第一类曲线积分与积分路径的方向无关.

3. 第一类曲线积分的性质

若第一类曲线积分 $\int_L f(x,y,z)\mathrm{d}s$ 存在, 则称函数 $f(x,y,z)$**在曲线 L 上可积**. 根据第一类曲线积分的定义, 容易证明以下性质.

性质 11.1.1 (线性性) 如果函数 $f_1(x,y,z)$ 与 $f_2(x,y,z)$ 在 L 上均可积, 则对任意的实数 α_1 和 α_2, 函数 $\alpha_1 f_1(x,y,z)+\alpha_2 f_2(x,y,z)$ 在 L 上也可积, 并且

$$\int_L [\alpha_1 f_1(x,y,z)+\alpha_2 f_2(x,y,z)]\mathrm{d}s = \alpha_1\int_L f_1(x,y,z)\mathrm{d}s+\alpha_2\int_L f_2(x,y,z)\mathrm{d}s.$$

性质 11.1.2 (路径可加性) 设曲线 L 分成两段 L_1 和 L_2. 如果 $f(x,y,z)$ 在 L 上可积, 则 $f(x,y,z)$ 在 L_1 与 L_2 上均可积. 反之, 如果 $f(x,y,z)$ 在 L_1 与 L_2 上均可积, 则 $f(x,y,z)$ 在 L 上也可积, 并且

$$\int_L f(x,y,z)\mathrm{d}s = \int_{L_1} f(x,y,z)\mathrm{d}s + \int_{L_2} f(x,y,z)\mathrm{d}s.$$

二、第一类曲线积分的计算

现在, 我们来讨论如何计算第一类曲线积分. 设空间曲线 L 的方程为

$$x=x(t),\quad y=y(t),\quad z=z(t),\quad t\in[a,b],$$

其中 $x(t),y(t),z(t)$ 具有连续导数, 且 $x'(t),y'(t),z'(t)$ 不同时为零 (即 L 为光滑曲线). 则 L 是可求长的, 且曲线的弧长为

$$s=\int_a^b \sqrt{(x'(t))^2+(y'(t))^2+(z'(t))^2}\mathrm{d}t.$$

定理 11.1.1 设函数 $f(x,y,z)$ 在光滑曲线 L 上连续, 则 $f(x,y,z)$ 在 L 上可积, 且

$$\int_L f(x,y,z)\mathrm{d}s = \int_a^b f(x(t),y(t),z(t))\sqrt{(x'(t))^2+(y'(t))^2+(z'(t))^2}\mathrm{d}t. \tag{11.1.1}$$

证明 设曲线 L 的两个端点分别为 $A(x(a),y(a),z(a))$, $B(x(b),y(b),z(b))$. 从 A 到 B 在 L 上插入分点 $P_i(x(t_i),y(t_i),z(t_i))$, $i=1,2,\cdots,n-1$, 则这些分点对应的参数满足

$$a=t_0<t_1<\cdots<t_n=b.$$

记 Δs_i 为小曲线段 $\widehat{P_{i-1}P_i}$ 的长度. 则

$$\Delta s_i = \int_{t_{i-1}}^{t_i} \sqrt{(x'(t))^2 + (y'(t))^2 + (z'(t))^2}\mathrm{d}t, \quad i = 1, 2, \cdots, n.$$

在 $\widehat{P_{i-1}P_i}$ 任取一点 $(x(\xi_i), y(\xi_i), z(\xi_i))$, 并设

$$\sigma = \sum_{i=1}^{n} f(x(\xi_i), y(\xi_i), z(\xi_i))\Delta s_i.$$

则根据路径可加性,

$$\begin{aligned}
&\sigma - \int_a^b f(x(t), y(t), z(t))\sqrt{(x'(t))^2 + (y'(t))^2 + (z'(t))^2}\mathrm{d}t \\
=&\sum_{i=1}^{n} \int_{t_{i-1}}^{t_i} \left(f(x(\xi_i), y(\xi_i), z(\xi_i)) - f(x(t), y(t), z(t))\right) \sqrt{(x'(t))^2 + (y'(t))^2 + (z'(t))^2}\mathrm{d}t.
\end{aligned}$$

由于 $f(x, y, z)$ 在 L 上连续, 而 L 为有界闭集 (紧集), 故 $f(x, y, z)$ 在 L 上一致连续. 因此, 对任意的 $\varepsilon > 0$, 存在 $\delta > 0$, 对曲线 L 上的任意两点 Q_1, Q_2, 只要 $\widehat{Q_1Q_2}$ 的长度小于 δ, 则

$$|f(Q_1) - f(Q_2)| < \varepsilon/s,$$

其中 s 为曲线 L 的弧长. 因此, 当 $\lambda = \max\limits_{1 \leqslant i \leqslant n} (\Delta s_i) < \delta$ 时,

$$\begin{aligned}
&\left|\sigma - \int_a^b f(x(t), y(t), z(t))\sqrt{(x'(t))^2 + (y'(t))^2 + (z'(t))^2}\mathrm{d}t\right| \\
\leqslant&\sum_{i=1}^{n} \int_{t_{i-1}}^{t_i} \left|f(x(\xi_i), y(\xi_i), z(\xi_i)) - f(x(t), y(t), z(t))\right| \sqrt{(x'(t))^2 + (y'(t))^2 + (z'(t))^2}\mathrm{d}t \\
\leqslant&\frac{\varepsilon}{s}\int_a^b \sqrt{(x'(t))^2 + (y'(t))^2 + (z'(t))^2}\mathrm{d}t = \epsilon.
\end{aligned}$$

故

$$\int_L f(x, y, z)\mathrm{d}s = \lim_{\lambda \to 0} \sigma = \int_a^b f(x(t), y(t), z(t))\sqrt{(x'(t))^2 + (y'(t))^2 + (z'(t))^2}\mathrm{d}t.$$

□

类似地, 如果平面上的光滑曲线 L 的方程为 $x = x(t), y = y(t),\ t \in [a, b]$, $f(x, y)$ 在 L 上连续, 则

$$\int_L f(x, y)\mathrm{d}s = \int_a^b f(x(t), y(t))\sqrt{(x'(t))^2 + (y'(t))^2}\mathrm{d}t. \tag{11.1.2}$$

特别地, 如果光滑平面曲线 L 的方程为 $y=y(x), x\in[a,b]$, 则

$$\int_L f(x,y)\mathrm{d}s=\int_a^b f(x,y(x))\sqrt{1+(y'(x))^2}\mathrm{d}x. \tag{11.1.3}$$

例 11.1.1 计算 $I=\int_L \mathrm{e}^{\sqrt{x^2+y^2}}\mathrm{d}s$, 其中曲线 L 为 $x^2+y^2=a^2$, $y=x$ 及 x 轴在第一象限所围图形的边界 (图 11.1.2).

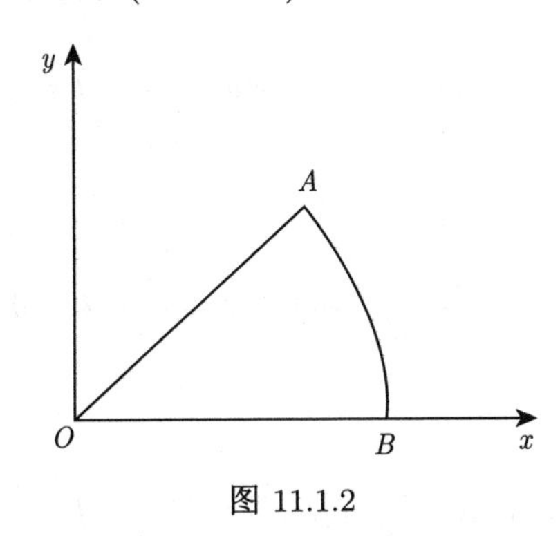

图 11.1.2

解 根据路径可加性,

$$I=\int_{OA}\mathrm{e}^{\sqrt{x^2+y^2}}+\int_{\overset{\frown}{AB}}\mathrm{e}^{\sqrt{x^2+y^2}}+\int_{OB}\mathrm{e}^{\sqrt{x^2+y^2}}.$$

直线度 OA 的方程为 $y=x, 0\leqslant x\leqslant\dfrac{\sqrt{2}}{2}a$, 所以

$$\int_{OA}\mathrm{e}^{\sqrt{x^2+y^2}}\mathrm{d}s=\int_0^{\frac{\sqrt{2}}{2}a}\mathrm{e}^{\sqrt{2}x}\cdot\sqrt{2}\mathrm{d}x=\mathrm{e}^a-1.$$

圆弧 $\overset{\frown}{AB}$ 的方程为 $x=a\cos t, y=a\sin t, 0\leqslant t\leqslant\dfrac{\pi}{4}$, 所以

$$\int_{\overset{\frown}{AB}}\mathrm{e}^{\sqrt{x^2+y^2}}\mathrm{d}s=\int_0^{\frac{\pi}{4}}a\mathrm{e}^a\mathrm{d}t=\frac{\pi}{4}a\mathrm{e}^a;$$

直线度 OB 的方程为 $y=0, 0\leqslant x\leqslant a$,

$$\int_{OB}\mathrm{e}^{\sqrt{x^2+y^2}}\mathrm{d}s=\int_0^a\mathrm{e}^x\mathrm{d}x=\mathrm{e}^a-1.$$

故

$$\int_L\mathrm{e}^{\sqrt{x^2+y^2}}\mathrm{d}s=2(\mathrm{e}^a-1)+\frac{\pi}{4}a\mathrm{e}^a.$$

□

例 11.1.2　计算曲线积分 $\oint_L x^2\,\mathrm{d}s$, 其中 L 为空间曲线 $\begin{cases} x^2+y^2+z^2=a^2, \\ x-y=0. \end{cases}$

解　从曲线 L 的方程消去 y, 得到 L 在 zOx 平面上的投影曲线方程

$$2x^2+z^2=a^2.$$

这是一个椭圆, 参数形式为

$$x=\frac{a}{\sqrt{2}}\cos t,\quad z=a\sin t,\quad 0\leqslant t\leqslant 2\pi.$$

于是 L 的参数方程为

$$x=\frac{a}{\sqrt{2}}\cos t,\quad y=\frac{a}{\sqrt{2}}\cos t,\quad z=a\sin t,\quad 0\leqslant t\leqslant 2\pi.$$

代入公式 (11.1.1), 得

$$\oint_L x^2\,\mathrm{d}s=\int_0^{2\pi} x^2(t)\sqrt{x'^2(t)+y'^2(t)+z'^2(t)}\mathrm{d}t=\int_0^{2\pi}\frac{1}{2}a^3\cos^2 t\mathrm{d}t=\frac{1}{2}a^3\pi.\quad\square$$

例 11.1.3　求 $\oint_L (2xy+3x^2+3y^2)\,\mathrm{d}s$, 其中 L 为圆 $x^2+y^2=4$.

解　根据积分的线性性,

$$\oint_L (2xy+3x^2+3y^2)\,\mathrm{d}s=\oint_L 2xy\,\mathrm{d}s+\oint_L (3x^2+3y^2)\,\mathrm{d}s=I_1+I_2.$$

对第一个积分 I_1, 由于 L 关于 y 轴对称, 被积函数 $2xy$ 是关于 x 的奇函数, 由对称性知 $I_1=0$.

对第二个积分 I_2, 曲线 L 上的点满足 $x^2+y^2=4$, 而被积函数 $3x^2+3y^2$ 定义在 L 上, 所以

$$I_2=\oint_L 12\mathrm{d}s=12\oint_L \mathrm{d}s=12\cdot 4\pi=48\pi.$$

故所求积分为 48π.

例 11.1.4　求 $\oint_L \left(x^2+y^2\right)\mathrm{d}s$, 其中 L 为曲线 $\begin{cases} x^2+y^2+z^2=a^2, \\ x+y+z=0. \end{cases}$

解　应用坐标变换 $(x,y,z)\mapsto(y,z,x)$, 则被积函数变为 y^2+z^2, L 保持形式不变, 弧长微分也不变. 故

$$\oint_L \left(x^2+y^2\right)\mathrm{d}s=\oint_L \left(y^2+z^2\right)\mathrm{d}s=\oint_L \left(z^2+x^2\right)\mathrm{d}s.$$

故

$$\begin{aligned}\oint_L \left(x^2+y^2\right) \mathrm{d}s &= \frac{1}{3}\oint_L \left(\left(x^2+y^2\right)+\left(y^2+z^2\right)+\left(z^2+x^2\right)\right) \mathrm{d}s \\ &= \frac{2}{3}\oint_L \left(x^2+y^2+z^2\right) \mathrm{d}s \\ &= \frac{2}{3}\oint_L a^2 \mathrm{d}s = \frac{2}{3}a^2 \cdot 2\pi a = \frac{4}{3}\pi a^3.\end{aligned}$$

□

习　题　11.1

1. 计算下列第一类曲线积分.

(1) $\int_L (x^2+y^2+z^2)\mathrm{d}s$, 其中 $L: x = a\cos t, y = a\sin t, z = bt, t \in [0, 2\pi]$;

(2) $\oint_L |y|\mathrm{d}s$, 其中 L 为球面 $x^2+y^2+z^2=2$ 与平面 $x=y$ 的交线;

(3) $\oint_L xy\mathrm{d}s$, 其中 L 为球面 $x^2+y^2+z^2=1$ 与平面 $x+y+z=0$ 的交线.

2. 计算下列第一类曲线积分.

(1) $\int_L (x^2+y^2)\mathrm{d}s$, 其中 L 为下半圆周 $y=-\sqrt{1-x^2}$;

(2) $\int_L x\mathrm{d}s$, 其中 $L: y=x^2, 0 \leqslant x \leqslant \sqrt{2}$;

(3) $\int_L y^2\mathrm{d}s$, 其中 L 为摆线的一拱: $x=a(t-\sin t), y=a(1-\cos t), 0 \leqslant t \leqslant 2\pi$;

(4) $\oint_L (x+y)\mathrm{d}s$, 其中 L 为以 $(0,0),(1,0),(0,1)$ 为顶点的三角形围线.

3. 若曲线 L 的极坐标方程为 $r=r(\theta)$, $\theta \in [\theta_1, \theta_2]$, 且 $r'(\theta)$ 连续, 试求第一类曲线积分 $I=\int_L f(x,y)\mathrm{d}s$ 的计算公式.

11.2　第二类曲线积分

在 11.1 节我们讨论了 (数量值) 函数在曲线上的积分, 本节我们将讨论定义在曲线上的向量值函数在该曲线的积分, 即第二类曲线积分.

一、第二类曲线积分的概念

1. 物理背景: 变力沿曲线做功

众所周知, 若质点在常力 $\boldsymbol{F}$ 作用下有一个直线位移 $\boldsymbol{s}$, 则力 $\boldsymbol{F}$ 对该质点所做的功可表示为内积

$$\boldsymbol{F} \cdot \boldsymbol{s} = |\boldsymbol{F}||\boldsymbol{s}| \cos\langle \boldsymbol{F}, \boldsymbol{s}\rangle,$$

其中 $\langle \boldsymbol{F}, \boldsymbol{s}\rangle$ 表示 $\boldsymbol{F}$ 与 $\boldsymbol{s}$ 的夹角. 现在我们讨论变力在曲线运动下的做功.

设 L 为空间中的一条定向曲线, 起点为 A, 终点为 B (图 11.2.1). 设质点在变力

$$\boldsymbol{F}(x,y,z)=P(x,y,z)\boldsymbol{i}+Q(x,y,z)\boldsymbol{j}+R(x,y,z)\boldsymbol{k}$$

的作用下沿曲线 L 从点 A 运动到点 B, 求变力 $\boldsymbol{F}(x,y,z)$ 对质点所做的功.

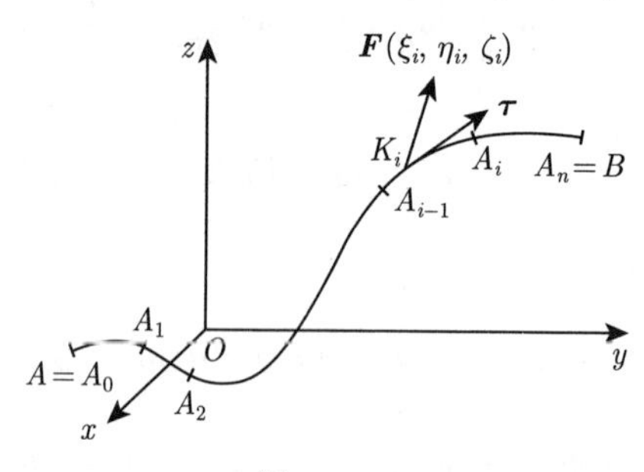

图 11.2.1

为了解决这个问题, 在曲线 L 上按照从 A 到 B 的顺序插入一些分点

$$A=A_0, A_1, A_2, \cdots, A_{n-1}, A_n=B,$$

则 L 被分成 n 个小弧段 $\widehat{A_{i-1}A_i}$, $i=1,2,\cdots,n$. 在每个小弧段 $\widehat{A_{i-1}A_i}$ 上任取一点 $K_i(\xi_i,\eta_i,\zeta_i)$, 并取 L 在 K_i 的单位切向量

$$\boldsymbol{\tau}(\xi_i,\eta_i,\zeta_i)=\cos\alpha_i\boldsymbol{i}+\cos\beta_i\boldsymbol{j}+\cos\gamma_i\boldsymbol{k},$$

使得它的方向与 L 的定向一致. 则质点从 A_{i-1} 沿 L 运动到 A_i, $\boldsymbol{F}$ 所做的功近似为

$$\begin{aligned}&\boldsymbol{F}(\xi_i,\eta_i,\zeta_i)\cdot\boldsymbol{\tau}(\xi_i,\eta_i,\zeta_i)\Delta s_i\\=&\left(P(\xi_i,\eta_i,\zeta_i)\cos\alpha_i+Q(\xi_i,\eta_i,\zeta_i)\cos\beta_i+R(\xi_i,\eta_i,\zeta_i)\cos\gamma_i\right)\Delta s_i,\end{aligned}$$

其中 Δs_i 为 $\widehat{A_{i-1}A_i}$ 的弧长. 因此, $\boldsymbol{F}$ 将质点沿 L 从 A 运动到 B 所做的功为

$$\begin{aligned}W&=\lim_{\lambda\to0}\sum_{i=1}^{n}\boldsymbol{F}(\xi_i,\eta_i,\zeta_i)\cdot\boldsymbol{\tau}(\xi_i,\eta_i,\zeta_i)\Delta s_i\\&=\lim_{\lambda\to0}\sum_{i=1}^{n}\left(P(\xi_i,\eta_i,\zeta_i)\cos\alpha_i+Q(\xi_i,\eta_i,\zeta_i)\cos\beta_i+R(\xi_i,\eta_i,\zeta_i)\cos\gamma_i\right)\Delta s_i\\&=\int_L\boldsymbol{F}(x,y,z)\cdot\boldsymbol{\tau}(x,y,z)\mathrm{d}s\\&=\int_L\left(P(x,y,z)\cos\alpha+Q(x,y,z)\cos\beta+R(x,y,z)\cos\gamma\right)\mathrm{d}s,\end{aligned}$$

其中 $\lambda=\max\limits_{1\leqslant i\leqslant n}(\Delta s_i)$. 注意到上述 α,β,γ 都是关于 x,y,z 的函数.

2. 第二类曲线积分的定义

定义 11.2.1 设 L 是一条定向的可求长的连续曲线, 起点为 A, 终点为 B. 在 L 上每一点取单位切向量 $\boldsymbol{\tau}(x,y,z)=(\cos\alpha,\cos\beta,\cos\gamma)$, 使得它与 L 的定向一致. 设

$$\boldsymbol{f}(x,y,z)=P(x,y,z)\boldsymbol{i}+Q(x,y,z)\boldsymbol{j}+R(x,y,z)\boldsymbol{k}$$

为定义在 L 上的向量值函数. 则称

$$\begin{aligned}&\int_L \boldsymbol{f}(x,y,z)\cdot\boldsymbol{\tau}(x,y,z)\mathrm{d}s\\=&\int_L \left(P(x,y,z)\cos\alpha+Q(x,y,z)\cos\beta+R(x,y,z)\cos\gamma\right)\mathrm{d}s\end{aligned}$$

为 $\boldsymbol{f}(x,y,z)$ 在 L 上的**第二类曲线积分**(如果上述第一类曲线积分存在的话).

在曲线 L 上点 (x,y,z) 处取一个 L 的弧长微元 $\mathrm{d}s$, 构造向量 $\mathrm{d}\boldsymbol{s}=\boldsymbol{\tau}(x,y,z)\mathrm{d}s$, 其中 $\boldsymbol{\tau}$ 的定义同定义 11.2.1, 则 $\mathrm{d}\boldsymbol{s}$ 在 x 轴的投影是 $\cos\alpha\mathrm{d}s$, 因此可记为 $\mathrm{d}x$, 即 $\mathrm{d}x=\cos\alpha\mathrm{d}s$. 类似地, $\mathrm{d}y=\cos\beta\mathrm{d}s$, $\mathrm{d}z=\cos\gamma\mathrm{d}s$. 因此, 第二类曲线积分又可表示为

$$\begin{aligned}\int_L \boldsymbol{f}\cdot\boldsymbol{\tau}\mathrm{d}s=&\int_L \boldsymbol{f}\cdot\mathrm{d}\boldsymbol{s}\\=&\int_L P(x,y,z)\mathrm{d}x+Q(x,y,z)\mathrm{d}y+R(x,y,z)\mathrm{d}z.\end{aligned}$$

特别地, 如果 L 为 xOy 平面上的定向光滑曲线段, 则第二类曲线积分简化为

$$\begin{aligned}\int_L P(x,y)\mathrm{d}x+Q(x,y)\mathrm{d}y=&\int_L \left(P(x,y)\cos\alpha+Q(x,y)\cos\beta\right)\mathrm{d}s\\=&\int_L \left(P(x,y)\cos\alpha+Q(x,y)\sin\alpha\right)\mathrm{d}s,\end{aligned}$$

其中 α 为 L 的沿 L 方向的切向量与 x 轴正向的夹角.

3. 第二类曲线积分的性质

第二类曲线积分定义在定向曲线上, 具有如下性质.

性质 11.2.1 (方向性) 设向量值函数 $\boldsymbol{f}$ 定义在定向曲线 L 上的第二类曲线积分存在. 记 L^- 为定向曲线 L 的反向曲线, 则

$$\int_L \boldsymbol{f}\cdot\boldsymbol{\tau}\mathrm{d}s=-\int_{L^-}\boldsymbol{f}\cdot\boldsymbol{\tau}\mathrm{d}s.$$

性质 11.2.2 (线性性) 设向量值函数 $\boldsymbol{f},\boldsymbol{g}$ 定义在定向曲线 L 上的第二类曲线积分存在, 则对任意常数 α,β, $\alpha\boldsymbol{f}+\beta\boldsymbol{g}$ 在 L 上的第二类曲线积分也存在, 且

$$\int_L (\alpha\boldsymbol{f}+\beta\boldsymbol{g})\cdot\boldsymbol{\tau}\mathrm{d}s=\alpha\int_L \boldsymbol{f}\cdot\boldsymbol{\tau}\mathrm{d}s+\beta\int_L \boldsymbol{g}\cdot\boldsymbol{\tau}\mathrm{d}s.$$

性质 11.2.3 (路径可加性)　设定向曲线 L 分成两段 L_1 和 L_2, 它们与 L 的取向相同 (记为 $L = L_1 + L_2$). 如果向量值函数 $\boldsymbol{f}$ 在 L 上第二类曲线积分存在, 则 $\boldsymbol{f}$ 在 L_1 与 L_2 上第二类曲线积分也存在; 反之, 如果 $\boldsymbol{f}$ 在 L_1 与 L_2 上第二类曲线积分存在, 则 $\boldsymbol{f}$ 在 L 上第二类曲线积分存在, 且

$$\int_L \boldsymbol{f}\cdot\boldsymbol{\tau}\mathrm{d}s = \int_{L_1} \boldsymbol{f}\cdot\boldsymbol{\tau}\mathrm{d}s + \int_{L_2} \boldsymbol{f}\cdot\boldsymbol{\tau}\mathrm{d}s.$$

4. 第二类曲线积分的计算

现在讨论如何计算第二类曲线积分. 设空间光滑曲线 L 的方程为

$$x = x(t),\quad y = y(t),\quad z = z(t),\quad t: a \to b,$$

这里 $t: a \to b$ 表示当参数 t 从 a 变化到 b, L 的定向为从端点 $(x(a), y(a), z(a))$ 指向端点 $(x(b), y(b), z(b))$. 此处, a 未必小于 b. 由于 L 是可求长曲线, 弧长微分为

$$\mathrm{d}s = \sqrt{(x'(t))^2 + (y'(t))^2 + (z'(t))^2}\mathrm{d}t.$$

注意到 $(x'(t), y'(t), z'(t))$ 是 L 的切向量, 故单位切向量为

$$\boldsymbol{\tau} = (\cos\alpha, \cos\beta, \cos\gamma) = \frac{1}{\sqrt{(x'(t))^2 + (y'(t))^2 + (z'(t))^2}}(x'(t), y'(t), z'(t)).$$

若向量值函数

$$\boldsymbol{f}(x, y, z) = P(x, y, z)\boldsymbol{i} + Q(x, y, z)\boldsymbol{j} + R(x, y, z)\boldsymbol{k}$$

在 L 上连续, 根据定理 11.1.1, 第二类曲线积分的计算公式为

$$\begin{aligned}
&\int_L P(x, y, z)\mathrm{d}x + Q(x, y, z)\mathrm{d}y + R(x, y, z)\mathrm{d}z \\
=& \int_L (P(x, y, z)\cos\alpha + Q(x, y, z)\cos\beta + R(x, y, z)\cos\gamma)\,\mathrm{d}s \\
=& \int_a^b (P(x(t), y(t), z(t))x'(t) + Q(x(t), y(t), z(t))y'(t) + R(x(t), y(t), z(t))z'(t))\,\mathrm{d}t.
\end{aligned} \tag{11.2.1}$$

特别地, 如果 L 的方程为 $y = y(x), z = z(x), x: a \to b$, 则

$$\begin{aligned}
&\int_L P(x, y, z)\mathrm{d}x + Q(x, y, z)\mathrm{d}y + R(x, y, z)\mathrm{d}z \\
=& \int_a^b (P(x, y(x), z(x)) + Q(x, y(x), z(x))y'(x) + R(x, y(x), z(x))z'(x))\,\mathrm{d}x.
\end{aligned} \tag{11.2.2}$$

如果 L 为 xOy 平面上的光滑曲线, 其方程为 $x=x(t), y=y(t), t: a\to b$, 则

$$\begin{aligned}&\int_L P(x,y)\mathrm{d}x+Q(x,y)\mathrm{d}y\\&=\int_a^b \left(P(x(t),y(t))x'(t)+Q(x(t),y(t))y'(t)\right)\mathrm{d}t.\end{aligned}\tag{11.2.3}$$

因此, 如果 L 是 xOy 平面上方程为 $y=y(x), x: a\to b$ 的光滑曲线, 则

$$\int_L P(x,y)\mathrm{d}x+Q(x,y)\mathrm{d}y=\int_a^b \left(P(x,y(x))+Q(x,y(x))y'(x)\right)\mathrm{d}x.\tag{11.2.4}$$

如果 L 是 x 轴上直线段: $y=0, x: a\to b$, $(P(x),0)$ 为定义在 L 上的向量值函数, 则

$$\int_L P(x)\mathrm{d}x=\int_a^b P(x)\mathrm{d}x.$$

这说明定积分是一种特殊的第二类曲线积分.

例 11.2.1 计算 $\displaystyle\int_L y^2\mathrm{d}x$.

(1) L 为按逆时针方向绕行的上半圆周 $x^2+y^2=a^2$;

(2) L 为从点 $A(a,0)$ 沿 x 轴到点 $B(-a,0)$ 的直线段.

解 (1) L 的参数方程为 $x=a\cos\theta$, $y=a\sin\theta$, $\theta: 0\to\pi$. 根据公式 (11.2.3), 注意到此处 $Q(x,y)=0$, 则

$$\int_L y^2\mathrm{d}x=\int_0^\pi a^2\sin^2\theta(-a\sin\theta)\mathrm{d}\theta=a^3\int_0^\pi(1-\cos^2\theta)\mathrm{d}\cos\theta=-\frac{4}{3}a^3.$$

(2) L 的方程为 $y=0$, $x: a\to -a$, 根据公式 (11.2.4), 则

$$\int_L y^2\mathrm{d}x=\int_a^{-a}0^2\mathrm{d}x=0.$$

□

例 11.2.2 计算 $\displaystyle\int_L 2xy\mathrm{d}x+x^2\mathrm{d}y$.

(1) L 为抛物线 $y=x^2$ 上从 $O(0,0)$ 到 $B(1,1)$ 的一段弧;

(2) L 为抛物线 $x=y^2$ 上从 $O(0,0)$ 到 $B(1,1)$ 的一段弧;

(3) L 为从 $O(0,0)$ 到 $A(1,0)$, 再到 $B(1,1)$ 的有向折线 OAB.

解 (1) L: $y=x^2$, $x: 0\to 1$. 根据公式 (11.2.4), 则

$$\int_L 2xy\mathrm{d}x+x^2\mathrm{d}y=\int_0^1(2x\cdot x^2+x^2\cdot 2x)\mathrm{d}x=4\int_0^1 x^3\mathrm{d}x=1.$$

(2) L: $x=y^2, y:0\to 1$. 以 y 为参数, 根据公式 (11.2.3), 则

$$\int_L 2xy\mathrm{d}x + x^2\mathrm{d}y = \int_0^1 (2y^2\cdot y\cdot 2y + y^4)\mathrm{d}y = 5\int_0^1 y^4\mathrm{d}y = 1.$$

(3) OA: y=0, $x:0\to 1$; $AB: x=1, y:0\to 1$. 根据路径可加性,

$$\begin{aligned}\int_L 2xy\mathrm{d}x + x^2\mathrm{d}y &= \int_{OA} 2xy\mathrm{d}x + x^2\mathrm{d}y + \int_{AB} 2xy\mathrm{d}x + x^2\mathrm{d}y \\ &= \int_0^1 (2x\cdot 0 + x^2\cdot 0)\mathrm{d}x + \int_0^1 (2y\cdot 0+1)\mathrm{d}y = 0+1=1.\end{aligned}$$ □

例 11.2.3　计算 $I=\oint_L (y^2-z^2)\mathrm{d}x + (z^2-x^2)\mathrm{d}y + (x^2-y^2)\mathrm{d}z$, 其中 L 为 $x^2+y^2+z^2=1$ 在第一卦限部分的边界, 方向如图 11.2.2 所示.

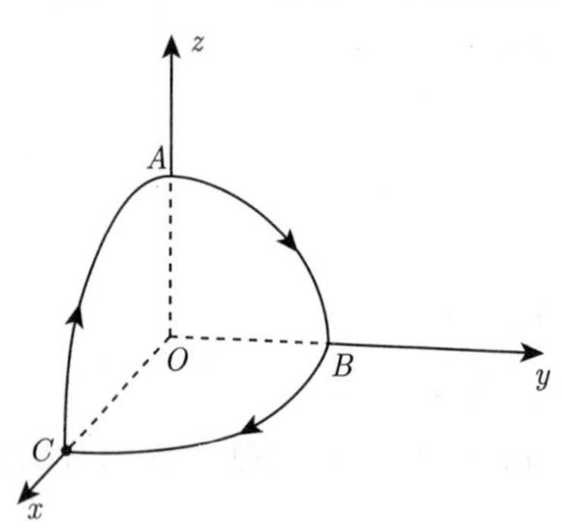

图 11.2.2

解　记

$$\omega = (y^2-z^2)\mathrm{d}x + (z^2-x^2)\mathrm{d}y + (x^2-y^2)\mathrm{d}z,$$

由于 L 是分段光滑曲线, 根据路径可加性,

$$I = \int_{\widehat{AB}} \omega + \int_{\widehat{BC}} \omega + \int_{\widehat{CA}} \omega.$$

对于 $\widehat{AB}: x=0, y=\cos t, z=\sin t,\ t: \dfrac{\pi}{2}\to 0$, 根据公式 (11.2.1),

$$\int_{\widehat{AB}} \omega = \int_{\frac{\pi}{2}}^0 \left((\sin^2 t - 0)(-\sin t) + (0-\cos^2 t)\cos t\right)\mathrm{d}t = \frac{4}{3}.$$

类似可得 $\displaystyle\int_{\widehat{BC}} \omega = \int_{\widehat{CA}} \omega = \frac{4}{3}$, 故 $I = 3\times\dfrac{4}{3} = 4$. □

习　题　11.2

1. 计算 $\displaystyle\int_{\overrightarrow{AB}} x\mathrm{d}x + 2yz\mathrm{d}y - xy\mathrm{d}z$, 其中 $\overrightarrow{AB}$ 为从 $A(3,2,1)$ 到 $B(0,0,0)$ 的有向线段.

2. 计算 $\displaystyle\int_L (y-z)\mathrm{d}x + (z-x)\mathrm{d}y + (x-y)\mathrm{d}z$, 其中 L 为圆柱面 $x^2+y^2=1$ 与平面 $x+z=1$ 的交线, 从 x 轴正向向原点方看去, L 为顺时针方向.

3. 计算 $\displaystyle\int_L y^2\mathrm{d}x + x^2\mathrm{d}y$.

(1) L 为圆 $x^2+y^2=R^2$ 的上半部分, 方向为逆时针方向;

(2) L 为从点 $M(R,0)$ 到 $N(-R,0)$ 的直线段.

4. 计算曲线积分 $\int_L (x^2+y^2)\mathrm{d}x+(x^2-y^2)\mathrm{d}y$, 其中 L 为折线 $y=1-|1-x|(0\leqslant x\leqslant 2)$, 方向为: $O(0,0)\to A(1,1)\to B(2,0)$.

5. 计算 $\oint_{ABCDA}(x^2-2xy)\mathrm{d}x+(y^2-2xy)\mathrm{d}y$, 其中积分路径是 $A(1,-1)\to B(1,1)\to C(-1,1)\to D(-1,-1)\to A(1,-1)$ 构成的有向折线段闭回路.

6. 计算 $\oint_L \dfrac{(x+y)\mathrm{d}x-(x-y)\mathrm{d}y}{x^2+y^2}$, 其中 L 为圆 $x^2+y^2=a^2$, 方向为逆时针方向.

11.3 第一类曲面积分

本节将介绍定义在曲面上的函数在该曲面的积分, 即第一类曲面积分.

一、第一类曲面积分的概念

1. 物理背景: 空间曲面块的质量

假设空间一曲面 Σ 上分布着质量, 其面密度函数为 $\rho(x,y,z)$, 求曲面块 Σ 的质量.

类似于应用第一类曲线积分求曲线型构件的质量, 我们用光滑曲线网把曲面 Σ 任意分割成 n 个小的曲面片 $\Sigma_1,\Sigma_2,\cdots,\Sigma_n$, 并记 Σ_i 的面积为 ΔS_i, Σ_i 的直径为 d_i, $i=1,2,\cdots,n$. 在每个 Σ_i 上任取一点 (ξ_i,η_i,ζ_i), 则曲面 Σ 的质量近似于和式

$$\sum_{i=1}^{n}\rho(\xi_i,\eta_i,\zeta_i)\Delta S_i.$$

设 $\lambda=\max\limits_{1\leqslant i\leqslant n}(d_i)$. 当 $\lambda\to 0$ 时, 上述和式的极限即为 Σ 的质量, 即

$$\lim_{\lambda\to 0}\sum_{i=1}^{n}\rho(\xi_i,\eta_i,\zeta_i)\Delta S_i.$$

2. 第一类曲面积分的定义

定义 11.3.1 设 Σ 为有界光滑 (或分片光滑) 曲面, 函数 $f(x,y,z)$ 为定义在 Σ 上的有界函数. 用一个光滑曲线网把曲面 Σ 分成 n 个小曲面 $\Sigma_1,\Sigma_2,\cdots,\Sigma_n$, 并记 Σ_i 的面积为 ΔS_i, Σ_i 的直径为 d_i, $i=1,2,\cdots,n$. 在每个 Σ_i 上任取一点 (ξ_i,η_i,ζ_i), 作和式

$$\sum_{i=1}^{n}f(\xi_i,\eta_i,\zeta_i)\Delta S_i.$$

设 $\lambda=\max\limits_{1\leqslant i\leqslant n}d_i$. 当 $\lambda\to 0$ 时, 如果上述和式的极限存在, 且与曲面的分法以及点 (ξ_i,η_i,ζ_i) 的取法无关, 则称此极限为 $f(x,y,z)$ 定义在 Σ 上的**第一类曲面积分**, 记

为 $\iint\limits_{\Sigma} f(x,y,z)\mathrm{d}S$, 即

$$\iint\limits_{\Sigma} f(x,y,z)\mathrm{d}S = \lim_{\lambda\to 0}\sum_{i=1}^{n} f(\xi_i,\eta_i,\zeta_i)\Delta S_i,$$

其中 $f(x,y,z)$ 称为**被积函数**, Σ 称为**积分曲面**, $\mathrm{d}S$ 称为**面积微元**.

若 Σ 为封闭曲面, 则 $f(x,y,z)$ 在 Σ 上的曲面积分也记为 $\oint\!\!\!\!\iint\limits_{\Sigma} f(x,y,z)\mathrm{d}S$. 由定义不难发现, 密度分布为 $\rho(x,y,z)$ 的曲面块 Σ 的质量为

$$\iint\limits_{\Sigma} \rho(x,y,z)\mathrm{d}S.$$

特别地, 当被积函数 $f(x,y,z)\equiv 1$ 时,

$$S=\iint\limits_{\Sigma}\mathrm{d}S,$$

即为曲面 Σ 的面积.

当 $f(x,y,z)$ 在曲面 S 上可积时, 第一类曲面积分也有着与第一类曲线积分类似的性质, 如线性性、曲面可加性等, 这里不再赘述.

二、第一类曲面积分的计算

类似于定理 11.1.1 的证明, 利用面积公式 (10.4.1) 和 (10.4.3), 以及连续函数在有界闭集 (紧集) 上的一致连续性, 可证明如下第一类曲面积分的计算公式. 有兴趣的读者请写出证明.

定理 11.3.1　设曲面 Σ 的方程为

$$z=z(x,y),\quad (x,y)\in D_{xy},$$

其中 D_{xy} 为 xOy 平面上具有分段光滑边界的有界区域, D_{xy} 到 Σ 的映射为一一对应, 且 $z(x,y)$ 在 D_{xy} 上有连续偏导数 (即 Σ 为光滑曲面). 设 $f(x,y,z)$ 为定义在 Σ 上的连续函数. 则

$$\iint\limits_{\Sigma} f(x,y,z)\mathrm{d}S=\iint\limits_{D_{xy}} f\left(x,y,z(x,y)\right)\sqrt{1+\left(\frac{\partial z}{\partial x}\right)^2+\left(\frac{\partial z}{\partial y}\right)^2}\mathrm{d}x\mathrm{d}y.$$

类似地, 如果曲面 Σ 为

$$x=x(u,v),\quad y=y(u,v),\quad z=z(u,v),\quad (u,v)\in D,$$

其中 D 为具有分段光滑边界的有界区域, D 到 Σ 的映射为一一对应, 且 x,y,z 在 D 上具有连续偏导数, x,y,z 关于 u,v 的雅可比矩阵在 D 上满秩 (即 Σ 为光滑曲面; 见 9.5 节). 设 $f(x,y,z)$ 为定义在 Σ 上的连续函数, 则

$$\iint_{\Sigma} f(x,y,z)\mathrm{d}S = \iint_{D} f(x(u,v),y(u,v),z(u,v))\sqrt{EG-F^2}\mathrm{d}u\mathrm{d}v,$$

其中 E,F,G 为高斯系数; 见 10.4 节.

例 11.3.1 计算曲面积分

$$\iint_{\Sigma} \frac{1}{z}\mathrm{d}S,$$

其中 Σ 是球面 $x^2+y^2+z^2=a^2$ 被平面 $z=h\ (0<h<a)$ 截出的顶部.

解 曲面 Σ 的方程为

$$z=\sqrt{a^2-x^2-y^2},\quad (x,y)\in D_{xy}=\{(x,y)\mid x^2+y^2\leqslant a^2-h^2\}.$$

面积微元为

$$\mathrm{d}S=\sqrt{1+z_x^2+z_y^2}\mathrm{d}x\mathrm{d}y=\frac{a}{\sqrt{a^2-x^2-y^2}}\mathrm{d}x\mathrm{d}y.$$

故

$$\iint_{\Sigma}\frac{1}{z}\mathrm{d}S=\iint_{D_{xy}}\frac{a}{a^2-x^2-y^2}\mathrm{d}x\mathrm{d}y=a\int_0^{2\pi}\mathrm{d}\theta\int_0^{\sqrt{a^2-h^2}}\frac{r\mathrm{d}r}{a^2-r^2}=2\pi a\ln\frac{a}{h}.\qquad\square$$

例 11.3.2 求

$$I=\oiint_{\Sigma}(z+1)^2\,\mathrm{d}S,$$

其中 Σ 为球面 $x^2+y^2+z^2=a^2$, $a>0$.

解 根据线性性,

$$\oiint_{\Sigma}(z+1)^2\,\mathrm{d}S=\oiint_{\Sigma}z^2\mathrm{d}S+\oiint_{\Sigma}2z\mathrm{d}S+\oiint_{\Sigma}\mathrm{d}S.$$

首先, 由几何意义可知, $\oiint_{\Sigma}\mathrm{d}S$ 表示曲面 Σ 的面积, 因此,

$$\oiint_{\Sigma}\mathrm{d}S=4\pi a^2.$$

其次, 曲面 Σ 关于 xOy 坐标面对称, 且 $2z$ 关于 z 是奇函数, 因此,

$$\oiint_{\Sigma} 2z\mathrm{d}S = 0.$$

最后, 类似于例 11.1.4, 由轮换对称性,

$$\oiint_{\Sigma} x^2\mathrm{d}S = \oiint_{\Sigma} y^2\mathrm{d}S = \oiint_{\Sigma} z^2\mathrm{d}S = \frac{1}{3}\oiint_{\Sigma}\left(x^2+y^2+z^2\right)\mathrm{d}S = \frac{1}{3}\oiint_{\Sigma} a^2\mathrm{d}S = \frac{4}{3}\pi a^4.$$

综上所述, 所求积分 $I = \dfrac{4}{3}\pi a^4 + 4\pi a^2$. □

例 11.3.3　求

$$\iint_{\Sigma} \frac{1}{x^2+y^2+z^2}\mathrm{d}S,$$

其中 Σ 为介于平面 $z=0$ 和 $z=H\ (H>0)$ 之间的柱面 $x^2+y^2=R^2$.

解　曲面 Σ 不管投影到哪个坐标面, 都会出现投影点重合, 即曲面与投影区域不是一一对应的. 因此, 可以考虑将曲面分成若干小曲面片, 使得每个小曲面片与其投影区域一一对应, 从而积分化为每个小曲面片上积分.

本题我们利用被积函数的奇偶性与积分曲面的对称性来简化计算. 由于曲面 Σ 关于 yOz 坐标面对称, 且被积函数 $\dfrac{1}{x^2+y^2+z^2}$ 关于 x 是偶函数, 因此

$$\iint_{\Sigma} \frac{1}{x^2+y^2+z^2}\mathrm{d}S = 2\iint_{\Sigma_1} \frac{1}{x^2+y^2+z^2}\mathrm{d}S,$$

其中, Σ_1 为 Σ 在 $x \geqslant 0$ 的部分, 其方程为

$$x=\sqrt{R^2-y^2},\quad (y,z)\in D_{yz}=\{(y,z)|-R\leqslant y\leqslant R, 0\leqslant z\leqslant H\}.$$

所以,

$$\begin{aligned}\iint_{\Sigma} \frac{1}{x^2+y^2+z^2}\mathrm{d}S &= 2\iint_{\Sigma_1} \frac{1}{x^2+y^2+z^2}\mathrm{d}S\\ &= 2\iint_{D_{yz}} \frac{1}{R^2-y^2+y^2+z^2}\sqrt{1+\left(\frac{\partial x}{\partial y}\right)^2+\left(\frac{\partial x}{\partial z}\right)^2}\mathrm{d}y\mathrm{d}z\\ &= 2\iint_{D_{yz}} \frac{R}{(R^2+z^2)\sqrt{R^2-y^2}}\mathrm{d}y\mathrm{d}z\\ &= 2R\int_{-R}^{R}\mathrm{d}y\int_0^H \frac{R}{(R^2+z^2)\sqrt{R^2-y^2}}\mathrm{d}z = 2\pi\arctan\frac{H}{R}.\end{aligned}$$

□

习 题 11.3

1. 计算 $\iint\limits_{\Sigma} y^2\mathrm{d}S$, 其中 $\Sigma=\{(x,y,z)|x+y+z=1,\ x\geqslant 0,y\geqslant 0,z\geqslant 0\}$.

2. 计算 $\iint\limits_{\Sigma} z\mathrm{d}S$, 其中 Σ 为圆锥面 $z=\sqrt{x^2+y^2}$ 在柱体 $x^2+y^2\leqslant 2x$ 内的部分.

3. 计算 $\iint\limits_{\Sigma} |xyz|\,\mathrm{d}S$, 其中 Σ 为曲面 $z=x^2+y^2$ 被平面 $z=1$ 所割下的有界部分.

4. 计算 $\iint\limits_{\Sigma} (xy+yz+zx)\,\mathrm{d}S$, 其中 Σ 为圆锥面 $z=\sqrt{x^2+y^2}$ 被圆柱面 $x^2+y^2=2ax$ 所割下的部分.

5. 某抛物面壳子 $z=\dfrac{1}{2}(x^2+y^2)\ (0\leqslant z\leqslant 1)$ 的密度函数为 $\rho=z$, 求该壳子的质量.

11.4 第二类曲面积分

本节讨论定义在定向曲面上的向量值函数在该曲面上的积分. 我们先引入曲面的定向.

一、曲面的定向

设 Σ 为光滑曲面, P 为 Σ 上任一点, Γ_P 为 Σ 上过点 P 且不越过 Σ 边界的任意一条闭曲线. 取定 Σ 在点 P 的一个单位法向量, 让它沿着 Γ_P 连续移动并且与所过之点处的一个单位法向量重合. 如果当它再回到 P 时, 法向量的指向与原来选定的法向量方向相同, 则称 Σ 为**双侧曲面**; 否则称其为**单侧曲面**.

根据上述定义, 所谓双侧曲面就是指, 对曲面上任意一条不越过边界的闭曲线, 存在一个定义其上的连续单位法向量函数. 因此, 对于双侧曲面, 只要指定曲面在某点处的法向量, 就可以通过该法向量的连续移动唯一确定曲面上任一点处的法向量, 于是曲面被分为两侧. 例如, 一张纸有正面和反面, 一个球面有内侧与外侧. 选好一侧或指定法向量方向的双侧曲面称为**定向曲面**.

单侧曲面是存在的, 如默比乌斯 (Möbius) 带. 单侧曲面是不可定向的. 有兴趣的读者请查阅相关书籍.

在直角坐标系中, 设 $\boldsymbol{n}=(\cos\alpha,\cos\beta,\cos\gamma)$ 为定向曲面 Σ 的法向量 (向量值函数). 如果在 Σ 上都有 $\cos\alpha>0$ (或 $\cos\alpha<0$), 即法向量 $\boldsymbol{n}$ 与 x 轴正向夹角为锐角 (或钝角), 则称曲面 Σ 取前侧 (或后侧). 类似地, 如果在 Σ 上都有 $\cos\beta>0$ (或 $\cos\beta<0$), 则称曲面 Σ 取右侧 (或左侧); 如果在 Σ 上都有 $\cos\gamma>0$ (或 $\cos\gamma<0$), 则称曲面 Σ 取上侧 (或下侧). 对于封闭曲面, 如果曲面上每一点的法向量都指向

曲面所包围区域的外部 (或内部), 则称曲面取外侧 (或内侧).

设光滑曲面 Σ 的方程为

$$z = z(x,y), \quad (x,y) \in D,$$

其中 D 为平面区域. 则 Σ 的法向量为

$$\pm(-z'_x, -z'_y, 1),$$

此处 "±" 是指在曲面每一点都有方向相反的两个法向量. 于是 Σ 的单位法向量为

$$\boldsymbol{n} = (\cos\alpha, \cos\beta, \cos\gamma) = \pm\frac{1}{\sqrt{1+(z'_x)^2+(z'_y)^2}}(-z'_x, -z'_y, 1). \tag{11.4.1}$$

在式 (11.4.1) 取定一个符号后, 则确定了曲面在每一点的单位法向量, 由于 $z(x,y)$ 有连续的偏导数, 因此所确定的单位法向量函数是连续函数. 这就是说, 在式 (11.4.1) 取定一个符号就是取定了曲面 Σ 的一侧. 如果取正号, 则 $\cos\gamma > 0$, 说明取定了曲面的上侧; 而取负号则意味着取定了曲面的下侧.

类似地, 假设光滑曲面 Σ 具有参数形式

$$x = x(u,v), \quad y = y(u,v), \quad z = z(u,v), \quad (u,v) \in D$$

或

$$\boldsymbol{r}(u,v) = (x(u,v), y(u,v), z(u,v)), \quad (u,v) \in D,$$

则曲面 Σ 的法向量为

$$\pm\boldsymbol{r}'_u \times \boldsymbol{r}'_v = \pm\left(\frac{\partial(y,z)}{\partial(u,v)}, \frac{\partial(z,x)}{\partial(u,v)}, \frac{\partial(x,y)}{\partial(u,v)}\right).$$

于是 Σ 的单位法向量为

$$\boldsymbol{n} = (\cos\alpha, \cos\beta, \cos\gamma) = \pm\frac{1}{\sqrt{EG-F^2}}\left(\frac{\partial(y,z)}{\partial(u,v)}, \frac{\partial(z,x)}{\partial(u,v)}, \frac{\partial(x,y)}{\partial(u,v)}\right). \tag{11.4.2}$$

根据以上类似讨论, 在式 (11.4.2) 取定一个符号就是取定了曲面 Σ 的一侧.

二、第二类曲面积分的概念

1. 物理背景

假设不可压缩流体 (设其密度为 1) 在点 (x,y,z) 的流速为

$$\boldsymbol{v}(x,y,z) = P(x,y,z)\boldsymbol{i} + Q(x,y,z)\boldsymbol{j} + R(x,y,z)\boldsymbol{k},$$

并设它与时间无关, 求该流体单位时间内通过定向曲面 $\varSigma$ 的流量 (质量).

如果流速 $\boldsymbol{v}$ 在每一点都相同 (即 $\boldsymbol{v}$ 为常值向量), 且 $\varSigma$ 为平面, 如图 11.4.1 所示. 则单位时间内的流量 Φ 等于以 $\varSigma$ 为底, 以 $|\boldsymbol{v}|$ 为斜高的柱体体积, 即

$$\Phi = |MA| \cdot S,$$

其中 S 是 $\varSigma$ 的面积, $|MA| = \boldsymbol{v} \cdot \boldsymbol{n}$, $\boldsymbol{n}$ 为 $\varSigma$ 在指定侧的单位法向量. 因此,

$$\Phi = (\boldsymbol{v} \cdot \boldsymbol{n}) S.$$

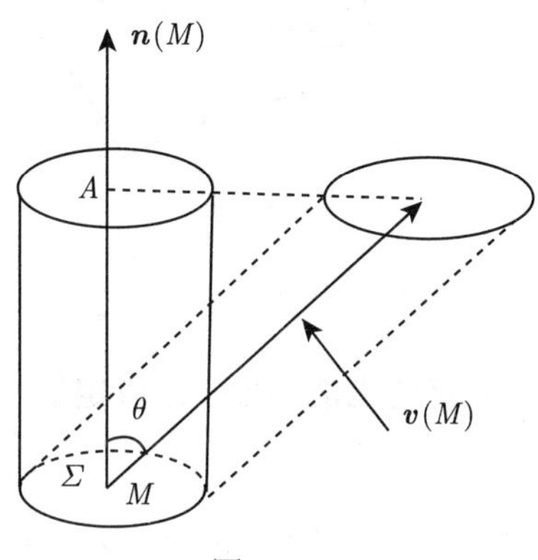

图 11.4.1

现在我们讨论变流速 $\boldsymbol{v}$ 通过曲面 $\varSigma$ 的流量问题 (图 11.4.2). 用光滑曲线网把定向曲面 $\varSigma$ 分成 n 个小曲面 $\varSigma_1, \varSigma_2, \cdots, \varSigma_n$, 并设 $\varSigma_i$ 的面积为 ΔS_i, $\varSigma_i$ 的直径为 d_i, $i = 1, 2, \cdots, n$. 在每个 $\varSigma_i$ 上任取一点 $M_i(\xi_i, \eta_i, \zeta_i)$, 则流体在 M_i 的流速为

$$\boldsymbol{v}(M_i) = P(\xi_i, \eta_i, \zeta_i)\boldsymbol{i} + Q(\xi_i, \eta_i, \zeta_i)\boldsymbol{j} + R(\xi_i, \eta_i, \zeta_i)\boldsymbol{k}.$$

记曲面 $\varSigma$ 在点 M_i 的单位法向量为

$$\boldsymbol{n}(M_i) = \cos\alpha_i \boldsymbol{i} + \cos\beta_i \boldsymbol{j} + \cos\gamma_i \boldsymbol{k}.$$

则单位时间内通过 $\varSigma_i$ 的流量近似为

$$\boldsymbol{v}(M_i) \cdot \boldsymbol{n}(M_i) \Delta S_i = (P(\xi_i, \eta_i, \zeta_i)\cos\alpha_i + Q(\xi_i, \eta_i, \zeta_i)\cos\beta_i + R(\xi_i, \eta_i, \zeta_i)\cos\gamma_i)\,\Delta S_i.$$

设 $\lambda = \max\limits_{1 \leqslant i \leqslant n}(d_i)$. 则单位时间内通过 $\varSigma$ 的流量为

$$\Phi = \lim_{\lambda \to 0} \sum_{i=1}^{n} \boldsymbol{v}(M_i) \cdot \boldsymbol{n}(M_i) \Delta S_i$$

$$= \lim_{\lambda \to 0} \sum_{i=1}^{n} (P(\xi_i, \eta_i, \zeta_i) \cos\alpha_i + Q(\xi_i, \eta_i, \zeta_i) \cos\beta_i + R(\xi_i, \eta_i, \zeta_i) \cos\gamma_i) \Delta S_i$$

$$= \iint_{\Sigma} (P(x,y,z)\cos\alpha + Q(x,y,z)\cos\beta + R(x,y,z)\cos\gamma) \, \mathrm{d}S.$$

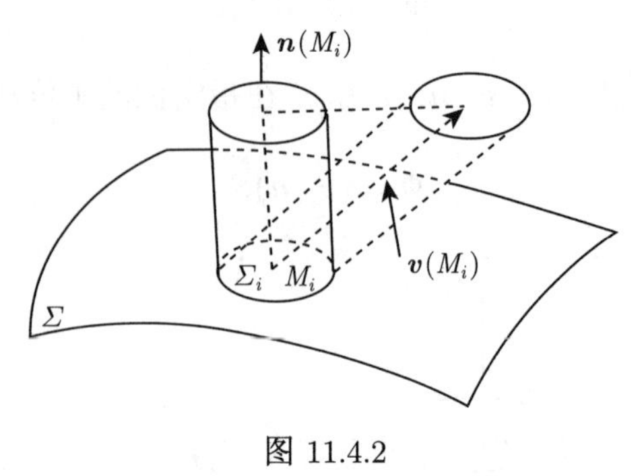

图 11.4.2

2. 第二类曲面积分

定义 11.4.1 设 Σ 为定向光滑曲面, 在取定的一侧具有单位法向量函数 $\boldsymbol{n}(x,y,z) = (\cos\alpha, \cos\beta, \cos\gamma)$. 设

$$\boldsymbol{f}(x,y,z) = P(x,y,z)\boldsymbol{i} + Q(x,y,z)\boldsymbol{j} + R(x,y,z)\boldsymbol{k}$$

为定义在 Σ 上的向量值函数. 称

$$\begin{aligned}&\iint_{\Sigma} \boldsymbol{f}(x,y,z) \cdot \boldsymbol{n}(x,y,z) \mathrm{d}S \\ = &\iint_{\Sigma} (P(x,y,z)\cos\alpha + Q(x,y,z)\cos\beta + R(x,y,z)\cos\gamma) \, \mathrm{d}S\end{aligned}$$

为 $\boldsymbol{f}$ 在 Σ 上的**第二类曲面积分** (如果上述第一类曲面积分存在的话).

第二类曲面积分定义在定向曲面上, 它具有与第二类曲线积分类似的性质.

性质 11.4.1 (方向性) 设向量值函数 $\boldsymbol{f}$ 在定向曲面 Σ 上的第二类曲面积分存在. 记 Σ^- 为与 Σ 取相反侧的曲面, 则 $\boldsymbol{f}$ 在曲面 Σ^- 上的第二类曲面积分也存在, 且

$$\iint_{\Sigma} \boldsymbol{f} \cdot \boldsymbol{n} \mathrm{d}S = -\iint_{\Sigma^-} \boldsymbol{f} \cdot \boldsymbol{n} \mathrm{d}S.$$

性质 11.4.2 (线性性) 设向量值函数 $\boldsymbol{f}, \boldsymbol{g}$ 在定向曲面 Σ 上的第二类曲面积分都存在. 则对任意的常数 α, β, $\alpha\boldsymbol{f} + \beta\boldsymbol{g}$ 在 Σ 上的第二类曲面积分也存在, 且

$$\iint_{\Sigma} (\alpha\boldsymbol{f} + \beta\boldsymbol{g}) \cdot \boldsymbol{n} \mathrm{d}S = \alpha \iint_{\Sigma} \boldsymbol{f} \cdot \boldsymbol{n} \mathrm{d}S + \beta \iint_{\Sigma} \boldsymbol{g} \cdot \boldsymbol{n} \mathrm{d}S.$$

性质 11.4.3 (曲面可加性) 设定向光滑曲面 Σ 分成了两片 Σ_1, Σ_2, 它们与 Σ 的取向相同 (此时记为 $\Sigma = \Sigma_1 + \Sigma_2$). 如果向量值函数 $\boldsymbol{f}$ 在 Σ 上的第二类曲面积分存在, 则它在 Σ_1, Σ_2 上的第二类曲面积分也存在; 反之, 如果 $\boldsymbol{f}$ 在 Σ_1, Σ_2 上的第二类曲面积分存在, 则它在 Σ 上的第二类曲面积分存在, 且

$$\iint\limits_{\Sigma} \boldsymbol{f} \cdot \boldsymbol{n} \mathrm{d}S = \iint\limits_{\Sigma_1} \boldsymbol{f} \cdot \boldsymbol{n} \mathrm{d}S + \iint\limits_{\Sigma_2} \boldsymbol{f} \cdot \boldsymbol{n} \mathrm{d}S.$$

利用性质 11.4.3, 可以把第二类曲面积分的定义推广到分片光滑曲面上.

在 Σ 上的点 (x, y, z) 处取 Σ 的一个面积微元 $\mathrm{d}S$, 作定向曲面微元 $\mathrm{d}\boldsymbol{S} = \boldsymbol{n}\mathrm{d}S$, 其中 $\boldsymbol{n}$ 的定义同定义 11.4.1. 则 $\mathrm{d}\boldsymbol{S}$ 在 xOy 平面的有向投影面积为 $\cos\gamma \mathrm{d}S$, 用微分形式 $\mathrm{d}x \wedge \mathrm{d}y$ 记此有向面积, 即 $\mathrm{d}x \wedge \mathrm{d}y = \cos\gamma \mathrm{d}S$. 类似地, $\mathrm{d}y \wedge \mathrm{d}z = \cos\alpha \mathrm{d}S, \mathrm{d}z \wedge \mathrm{d}x = \cos\beta \mathrm{d}S$.

为方便起见, 简记 $\mathrm{d}x \wedge \mathrm{d}y$ 为 $\mathrm{d}x\mathrm{d}y$, $\mathrm{d}y \wedge \mathrm{d}z$ 为 $\mathrm{d}y\mathrm{d}z$, $\mathrm{d}z \wedge \mathrm{d}x$ 为 $\mathrm{d}z\mathrm{d}x$. 因此, 第二类曲面积分又可表示为

$$\begin{aligned}
&\iint\limits_{\Sigma} \boldsymbol{f}(x, y, z) \cdot \mathrm{d}\boldsymbol{S} \\
=& \iint\limits_{\Sigma} P(x, y, z)\mathrm{d}y \wedge \mathrm{d}z + Q(x, y, z)\mathrm{d}z \wedge \mathrm{d}x + R(x, y, z)\mathrm{d}x \wedge \mathrm{d}y \\
=& \iint\limits_{\Sigma} P(x, y, z)\mathrm{d}y\mathrm{d}z + Q(x, y, z)\mathrm{d}z\mathrm{d}x + R(x, y, z)\mathrm{d}x\mathrm{d}y.
\end{aligned}$$

三、第二类曲面积分的计算

设定向光滑曲面 Σ 的方程为

$$z = z(x, y), \quad (x, y) \in D_{xy},$$

其中 D_{xy} 为 xOy 平面上具有分段光滑边界的有界区域, D_{xy} 到 Σ 的映射为一一对应, 且 $z(x, y)$ 在 D_{xy} 上有连续偏导数. 则 Σ 的单位法向量函数为

$$\boldsymbol{n} = (\cos\alpha, \cos\beta, \cos\gamma) = \pm\frac{1}{\sqrt{1 + (z'_x)^2 + (z'_y)^2}}(-z'_x, -z'_y, 1),$$

其中上式中取正号 (或负号) 取决于 Σ 的定向为上侧 (或下侧). 而 Σ 的面积微元为

$$\mathrm{d}S = \sqrt{1 + (z'_x)^2 + (z'_y)^2}\mathrm{d}x\mathrm{d}y.$$

设 $\boldsymbol{f}(x,y,z)=(P(x,y,z),Q(x,y,z),R(x,y,z))$ 为定义在 Σ 上的连续函数, 则

$$\begin{aligned}
&\iint\limits_{\Sigma} P(x,y,z)\mathrm{d}y\mathrm{d}z+Q(x,y,z)\mathrm{d}z\mathrm{d}x+R(x,y,z)\mathrm{d}x\mathrm{d}y\\
=&\iint\limits_{\Sigma}(P(x,y,z)\cos\alpha+Q(x,y,z)\cos\beta+R(x,y,z)\cos\gamma)\,\mathrm{d}S\\
=&\pm\iint\limits_{D_{xy}}\big(P(x,y,z(x,y))(-z'_x)+Q(x,y,z(x,y))(-z'_y)+R(x,y,z(x,y))\big)\,\mathrm{d}x\mathrm{d}y.
\end{aligned}\tag{11.4.3}$$

特别地, 若在式（11.4.3）中取 $P(x,y,z)=0,Q(x,y,z)=0$, 则

$$\iint\limits_{\Sigma} R(x,y,z)\mathrm{d}x\mathrm{d}y=\pm\iint\limits_{D_{xy}} R(x,y,z(x,y))\mathrm{d}x\mathrm{d}y.\tag{11.4.4}$$

上式右边为二重积分, 当 Σ 的定向为上侧时, 积分号前取 “+”; 当 Σ 的定向为下侧时, 积分号前取 “−”. 根据式 (11.4.4), 如果 Σ 为 xOy 平面上的曲面 (区域), 即方程为 $z=0$, $(x,y)\in D_{xy}$, 则说明二重积分是平面区域定向为上侧的第二类曲面积分.

请读者推导出曲面的方程为

$$x=x(y,z),\ (y,z)\in D_{yz}\quad 或\quad y=y(z,x),\ (z,x)\in D_{zx}$$

的类似于 (11.4.3) 和 (11.4.4) 的公式.

类似地, 如果曲面 Σ 为

$$x=x(u,v),\quad y=y(u,v),\quad z=z(u,v),\quad (u,v)\in D,$$

其中 D 为具有分段光滑边界的区域, D 到 Σ 的映射为一一对应, 且 x,y,z 在 D 上具有连续偏导数, x,y,z 关于 u,v 的雅可比矩阵在 D 上满秩. 则 Σ 的单位法向量函数为

$$\boldsymbol{n}=(\cos\alpha,\cos\beta,\cos\gamma)=\pm\frac{1}{\sqrt{EG-F^2}}\left(\frac{\partial(y,z)}{\partial(u,v)},\frac{\partial(z,x)}{\partial(u,v)},\frac{\partial(x,y)}{\partial(u,v)}\right).$$

而 Σ 的面积微元为

$$\mathrm{d}S=\sqrt{EG-F^2}\mathrm{d}u\mathrm{d}v.$$

设 $\boldsymbol{f}(x,y,z)=(P(x,y,z),Q(x,y,z),R(x,y,z))$ 为定义在 Σ 上的连续函数, 则

$$\iint\limits_{\Sigma} P(x,y,z)\mathrm{d}y\mathrm{d}z+Q(x,y,z)\mathrm{d}z\mathrm{d}x+R(x,y,z)\mathrm{d}x\mathrm{d}y$$

$$
\begin{aligned}
&= \iint_{\Sigma} (P(x,y,z)\cos\alpha + Q(x,y,z)\cos\beta + R(x,y,z)\cos\gamma)\,\mathrm{d}S \\
&= \pm \iint_{D_{xy}} \left(P(x(u,v),y(u,v),z(u,v))\frac{\partial(y,z)}{\partial(u,v)} + Q(x(u,v),y(u,v),z(u,v))\frac{\partial(z,x)}{\partial(u,v)} \right.\\
&\qquad \left. +R(x(u,v),y(u,v),z(u,v))\frac{\partial(x,y)}{\partial(u,v)} \right) \mathrm{d}u\mathrm{d}v. \qquad (11.4.5)
\end{aligned}
$$

例 11.4.1 计算

$$\iint_{\Sigma} (2x+z)\mathrm{d}y\mathrm{d}z + z\mathrm{d}x\mathrm{d}y,$$

其中, Σ 为定向曲面 $z = x^2 + y^2\ (0 \leqslant z \leqslant 1)$, 取上侧.

解 我们给出两种解法, 帮助读者熟悉第二类曲面积分计算方法.

方法一: 逐个投影法. 分别计算 $\iint_{\Sigma} (2x+z)\mathrm{d}y\mathrm{d}z$ 和 $\iint_{\Sigma} z\mathrm{d}x\mathrm{d}y$, 其中第一个积分考虑曲面 Σ 在 yOz 面的投影, 第二个积分考虑 Σ 在 xOy 面的投影.

首先, 计算 $\iint_{\Sigma} (2x+z)\mathrm{d}y\mathrm{d}z$, 将 Σ 投影到 yOz, 注意到投影点有重合, 因此, 可以将 Σ 分为前后两片:

$$\Sigma_{\text{前}}: x = \sqrt{z-y^2}, \quad (y,z) \in D_{yz}, \quad \text{方向向后},$$

$$\Sigma_{\text{后}}: x = -\sqrt{z-y^2}, \quad (y,z) \in D_{yz}, \quad \text{方向向前},$$

其中, $D_{yz} = \big\{(y,z)| -1 \leqslant y \leqslant 1, y^2 \leqslant z \leqslant 1\big\}$. 所以

$$
\begin{aligned}
\iint_{\Sigma} (2x+z)\mathrm{d}y\mathrm{d}z &= \iint_{\Sigma_{\text{前}}} (2x+z)\mathrm{d}y\mathrm{d}z + \iint_{\Sigma_{\text{后}}} (2x+z)\mathrm{d}y\mathrm{d}z \\
&= -\iint_{D_{yz}} (2\sqrt{z-y^2}+z)\mathrm{d}y\mathrm{d}z + \iint_{D_{yz}} (-2\sqrt{z-y^2}+z)\mathrm{d}y\mathrm{d}z \\
&= -4\int_{-1}^{1}\mathrm{d}y\int_{y^2}^{1}\sqrt{z-y^2}\mathrm{d}z = -\pi.
\end{aligned}
$$

其次, 计算 $\iint_{\Sigma} z\mathrm{d}x\mathrm{d}y$, 将 Σ 投影到 xOy 面, 投影点无重合, 且投影区域为 $D_{xy} = \big\{(x,y)|x^2+y^2 \leqslant 1\big\}$. 故

$$\iint_{\Sigma} z\mathrm{d}x\mathrm{d}y = \iint_{D_{xy}} (x^2+y^2)\mathrm{d}x\mathrm{d}y = \int_0^{2\pi}\mathrm{d}\theta\int_0^1 r^3\mathrm{d}r = \frac{\pi}{2}.$$

从而 $\iint\limits_{\Sigma}(2x+z)\mathrm{d}y\mathrm{d}z+z\mathrm{d}x\mathrm{d}y=-\pi+\dfrac{\pi}{2}=-\dfrac{\pi}{2}$.

方法二: 整体投影法. 将 Σ 投影到 xOy 面, 投影区域为 $D_{xy}=\{(x,y)|x^2+y^2\leqslant 1\}$, 即

$$\Sigma: z=x^2+y^2,\quad (x,y)\in D_{xy}.$$

故

$$\begin{aligned}\iint\limits_{\Sigma}(2x+z)\mathrm{d}y\mathrm{d}z+z\mathrm{d}x\mathrm{d}y&=\iint\limits_{D_{xy}}\left[(2x+x^2+y^2)(-z_x')+x^2+y^2\right]\mathrm{d}x\mathrm{d}y\\&=\int_0^{2\pi}\mathrm{d}\theta\int_0^1\left(-4r^2\cos^2\theta+r^2-2r^3\cos\theta\right)r\mathrm{d}r=-\frac{\pi}{2}.\end{aligned}$$

□

例 11.4.2　求

$$I=\iint\limits_{\Sigma}\frac{x\mathrm{d}y\mathrm{d}z+z^2\mathrm{d}x\mathrm{d}y}{x^2+y^2+z^2},$$

其中 Σ 是由曲面 $x^2+y^2=R^2$ 及两平面 $z=R, z=-R\ (R>0)$ 所围成立体表面的外侧.

解　曲面 Σ 是由圆柱体的上下底圆盘和侧面 (圆柱面) 组成的, 分别记为 Σ_1, Σ_2, Σ_3.

首先, 计算 $I_1=\iint\limits_{\Sigma}\dfrac{x\mathrm{d}y\mathrm{d}z}{x^2+y^2+z^2}$. 因为 Σ_1,Σ_2 与 yOz 坐标面垂直, 所以它们在 yOz 的投影面积为 0, 从而

$$\iint\limits_{\Sigma_1}\frac{x\mathrm{d}y\mathrm{d}z}{x^2+y^2+z^2}=\iint\limits_{\Sigma_2}\frac{x\mathrm{d}y\mathrm{d}z}{x^2+y^2+z^2}=0.$$

而曲面 Σ_3 关于 yOz 面对称, 被积函数 $\dfrac{x}{x^2+y^2+z^2}$ 关于 x 为奇函数, 所以

$$\begin{aligned}\iint\limits_{\Sigma_3}\frac{x\mathrm{d}y\mathrm{d}z}{R^2+z^2}&=2\iint\limits_{\Sigma_3\text{前}}\frac{x\mathrm{d}y\mathrm{d}z}{R^2+z^2}=2\iint\limits_{D_{yz}}\frac{\sqrt{R^2-y^2}}{R^2+z^2}\mathrm{d}y\mathrm{d}z\\&=2\times2\times2\int_0^R\sqrt{R^2-y^2}\mathrm{d}y\int_0^R\frac{\mathrm{d}z}{R^2+z^2}\\&=\frac{1}{2}\pi^2R,\end{aligned}$$

其中, $D_{yz}=\{(y,z)\mid -R\leqslant y\leqslant R,-R\leqslant z\leqslant R\}$. 故 $I_1=\dfrac{1}{2}\pi^2R$.

其次, 计算 $I_2 = \iint\limits_{\Sigma} \dfrac{z^2\mathrm{d}x\mathrm{d}y}{x^2+y^2+z^2}$, 因为 Σ_3 与 xOy 面垂直, 所以

$$\iint\limits_{\Sigma_3} \frac{z^2\mathrm{d}x\mathrm{d}y}{x^2+y^2+z^2} = 0.$$

而曲面 Σ_1, Σ_2 关于 xOy 面对称, 被积函数 $\dfrac{z^2}{x^2+y^2+z^2}$ 关于 z 为偶函数, 所以

$$\iint\limits_{\Sigma_1} \frac{z^2\mathrm{d}x\mathrm{d}y}{x^2+y^2+z^2} + \iint\limits_{\Sigma_2} \frac{z^2\mathrm{d}x\mathrm{d}y}{x^2+y^2+z^2} = 0.$$

故 $I_2 = 0$.

综上所述, 所求积分 $I = \dfrac{1}{2}\pi^2 R$. □

请读者思考例 11.4.2 中函数的奇偶性和积分区域的对称性在第二类曲面积分计算中的作用, 并解释原因.

例 11.4.3 设稳定流体的流速为 $\boldsymbol{v}(x,y,z) = (0,0,xyz)$, 流速与时间无关. 计算该流体从曲面

$$\Sigma: x^2+y^2+z^2=1, \quad x \geqslant 0, \quad y \geqslant 0$$

的内侧流向外侧的流量 Φ.

解 计算流量的本质是计算第二类曲面积分. 根据题设, 曲面 Σ 可分为两部分, 且定向如下:

$$\begin{aligned} &\Sigma_1: \quad z = \sqrt{1-x^2-y^2}, \quad (x,y) \in D_{xy}, \quad \text{取上侧}, \\ &\Sigma_2: \quad z = -\sqrt{1-x^2-y^2}, \quad (x,y) \in D_{xy}, \quad \text{取下侧}, \end{aligned}$$

其中 $D_{xy} = \{(x,y) \mid x^2+y^2 \leqslant 1, x \geqslant 0, y \geqslant 0\}$. 则

$$\begin{aligned} \Phi &= \iint\limits_{\Sigma} \boldsymbol{v} \cdot \mathrm{d}\boldsymbol{S} = \iint\limits_{\Sigma} xyz\mathrm{d}x\mathrm{d}y \\ &= \iint\limits_{\Sigma_1} xyz\mathrm{d}x\mathrm{d}y + \iint\limits_{\Sigma_2} xyz\mathrm{d}x\mathrm{d}y \\ &= \iint\limits_{D_{xy}} xy\sqrt{1-x^2-y^2}\mathrm{d}x\mathrm{d}y - \iint\limits_{D_{xy}} xy(-\sqrt{1-x^2-y^2})\mathrm{d}x\mathrm{d}y \\ &= 2\iint\limits_{D_{xy}} xy\sqrt{1-x^2-y^2}\mathrm{d}x\mathrm{d}y \end{aligned}$$

$$= 2\int_0^{\frac{\pi}{2}} \mathrm{d}\theta \int_0^1 r^2 \sin\theta\cos\theta\sqrt{1-r^2}r\mathrm{d}r = \frac{2}{15}. \qquad \square$$

习 题 11.4

1. 计算 $\iint\limits_{\Sigma} (x^2+y^2)\mathrm{d}z\mathrm{d}x + z\mathrm{d}x\mathrm{d}y$, 其中 Σ 为锥面 $z=\sqrt{x^2+y^2}$ 被平面 $z=1$ 所截下在第一卦限部分的下侧.

2. 计算 $\iint\limits_{\Sigma} x\mathrm{d}y\mathrm{d}z + y\mathrm{d}z\mathrm{d}x + (x+z)\mathrm{d}x\mathrm{d}y$, 其中 Σ 为平面 $2x+2y+z=2$ 在第一卦限部分的上侧.

3. 计算 $\iint\limits_{\Sigma} x^2z\mathrm{d}y\mathrm{d}z + y^2\mathrm{d}z\mathrm{d}x + z\mathrm{d}x\mathrm{d}y$, 其中 Σ 为圆柱面 $x^2+y^2=1$ 的前半个柱面界于平面 $z=0$ 与 $z=3$ 之间的部分, 取前侧.

4. 计算 $\iint\limits_{\Sigma} x\mathrm{d}y\mathrm{d}z + y\mathrm{d}z\mathrm{d}x + z\mathrm{d}x\mathrm{d}y$, 其中 Σ 为球面 $x^2+y^2+z^2=R^2$ 的外侧.

5. 设有一稳定流体, 其流速 $\boldsymbol{v}(M) = c\boldsymbol{i} + y\boldsymbol{j} + z\boldsymbol{k}$, 其中 c 是常数. 设半径为 R 的球面的球心在原点, 求流体从球面内部流出的流量.

11.5 格 林 公 式

一、格林公式

格林公式建立了坐标平面上有界闭区域上的二重积分和该区域边界的第二类曲线积分的联系. 根据 11.4 节的内容, 二重积分是一种特殊的第二类曲面积分. 因此, 格林公式建立了坐标平面有界闭区域上的第二类曲面积分与区域边界上的第二类曲线积分的联系.

设 L 为平面上一条连续曲线, 其方程为 $\boldsymbol{r}(t) = x(t)\boldsymbol{i} + y(t)\boldsymbol{j},\ t\in[a,b]$. 如果 $\boldsymbol{r}(a)=\boldsymbol{r}(b)$, 且对任意的 $t_1, t_1 \in (a,b)$, $t_1 \neq t_2$, 总成立 $\boldsymbol{r}(t_1)\neq\boldsymbol{r}(t_2)$, 则称 L 为**简单闭曲线**或若尔当 (Jordan) 曲线.

设 D 为平面上一个区域. 如果 D 内部的任一条简单闭曲线都可以不经过 D 外的点而连续地收缩成 D 中一点, 则称 D 为**单连通区域**; 否则称 D 为**复连通区域**或**多连通区域**. 例如, 圆盘 $\{(x,y)|x^2+y^2<1\}$ 是单连通区域, 而圆环 $\{(x,y)|1<x^2+y^2<4\}$ 是多连通区域. 单连通区域 D 也可以描述为: D 内的任何一条简单闭曲线所围区域仍含于 D. 因此, 通俗地说, 单连通区域不含有 "洞", 而复连通区域含有 "洞".

对于平面有界区域 D, 我们给它的边界 ∂D 规定一个正向: 当一个人沿着 ∂D 行走时, D 总在他的左边, 则定义行走的方向为 ∂D 的**正方向**, 也称为 D 的**诱导定向**. 如果 D 为 xOy 平面上的区域 (曲面), 定义曲面 D 的方向为 z 轴正向, 则 D 的方向与其边界 ∂D 的方向则满足右手定则, 其中大拇指指向 D 的方向, 弯曲的四指则指向 ∂D 的方向.

例如, 单连通区域 $\{(x,y)|x^2+y^2<1\}$ 的边界正向为圆 $x^2+y^2=1$ 的逆时针方向; 多连通区域 $\{(x,y)|1<x^2+y^2<4\}$ 的边界正向为: 外圆周取逆时针方向, 而内圆周取顺时针方向.

定理 11.5.1 (格林公式) 设 D 为平面上由光滑或分段光滑的简单闭曲线所围成的单连通区域. $P(x,y)$, $Q(x,y)$ 在 D 上具有一阶连续偏导数, 则

$$\oint_{\partial D} P(x,y)\mathrm{d}x+Q(x,y)\mathrm{d}y=\iint\limits_D\left(\frac{\partial Q}{\partial x}-\frac{\partial P}{\partial y}\right)\mathrm{d}x\mathrm{d}y, \tag{11.5.1}$$

其中, ∂D 取正向, 即 D 的诱导定向.

证明 首先考虑 D 是标准区域, 即 D 既是 x-型区域又是 y-型区域的情形; 如图 11.5.1 所示. 设

$$D=\{(x,y)\mid y_1(x)\leqslant y\leqslant y_2(x),a\leqslant x\leqslant b\}.$$

因为 $\dfrac{\partial P}{\partial y}$ 在 D 上连续, 由累次积分,

$$\iint\limits_D\frac{\partial P}{\partial y}\mathrm{d}x\mathrm{d}y=\int_a^b\mathrm{d}x\int_{y_1(x)}^{y_2(x)}\frac{\partial P(x,y)}{\partial y}\mathrm{d}y=\int_a^b\left(P(x,y_2(x))-P(x,y_1(x))\right)\mathrm{d}x.$$

另一方面, $\partial D=L_1+L_2$, 其中 L_1,L_2 的定向与 ∂D 保持一致, 由路径可加性,

$$\begin{aligned}\oint_{\partial D}P\mathrm{d}x&=\int_{L_1}P\mathrm{d}x+\int_{L_2}P\mathrm{d}x=\int_a^bP(x,y_1(x))\mathrm{d}x+\int_b^aP(x,y_2(x))\mathrm{d}x\\&=\int_a^b\left(P(x,y_1(x))-P(x,y_2(x))\right)\mathrm{d}x.\end{aligned}$$

因此,

$$-\iint\limits_D\frac{\partial P}{\partial y}\mathrm{d}x\mathrm{d}y=\oint_{\partial D}P\mathrm{d}x. \tag{11.5.2}$$

设 $D=\{(x,y)|x_1(y)\leqslant x\leqslant x_2(y),\ c\leqslant y\leqslant d\}$. 类似可证

$$\iint\limits_D\frac{\partial Q}{\partial x}\mathrm{d}x\mathrm{d}y=\oint_L Q\mathrm{d}y. \tag{11.5.3}$$

以上两式 (11.5.2) 和 (11.5.3) 合并即得格林公式.

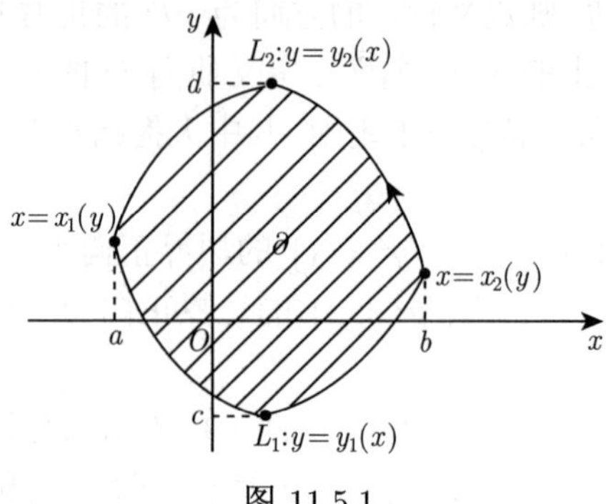

图 11.5.1

其次, 考虑 D 可分成有限块标准区域. 我们仅讨论 D 分成两个标准区域的情形. 如图 11.5.2 所示, 用光滑曲线 AB 将 D 分成 D_1 与 D_2 两个标准区域, 其中 D_1 的边界记为 $ABMA$, D_2 的边界记为 $BANB$. 注意到 D_1 和 D_2 的公共边界 AB, 其方向相对于 ∂D_1 是从 A 到 B, 但相对于 ∂D_2 是从 B 到 A, 两者方向恰好相反.

在 D_1, D_2 上分别应用格林公式, 有

$$\oint_{ABMA} P\mathrm{d}x + Q\mathrm{d}y = \iint\limits_{D_1} \left(\frac{\partial Q}{\partial x} - \frac{\partial P}{\partial y}\right)\mathrm{d}x\mathrm{d}y,$$

$$\oint_{BANB} P\mathrm{d}x + Q\mathrm{d}y = \iint\limits_{D_2} \left(\frac{\partial Q}{\partial x} - \frac{\partial P}{\partial y}\right)\mathrm{d}x\mathrm{d}y.$$

上述两式相加, 得

$$\oint_{\partial D} P(x,y)\mathrm{d}x + Q(x,y)\mathrm{d}y = \iint\limits_{D} \left(\frac{\partial Q}{\partial x} - \frac{\partial P}{\partial y}\right)\mathrm{d}x\mathrm{d}y.$$

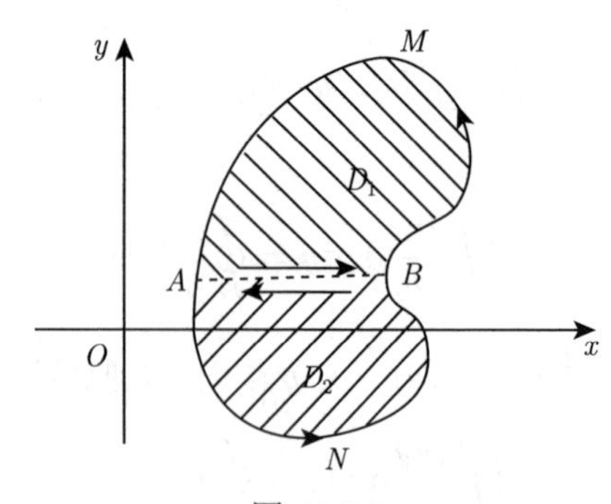

图 11.5.2

对于一般性区域 D, 格林公式的证明比较复杂, 这里从略. □

格林公式可以推广到具有有限个 "洞" 的复连通区域, 但要注意 "洞" 的边界的定向.

格林公式是牛顿-莱布尼茨公式的推广. 设 $f(x)$ 在闭区间 $[a,b]$ 上具有连续导数. 取

$$D=[a,b]\times[0,1]=\{(x,y)\mid a\leqslant x\leqslant b, 0\leqslant y\leqslant 1\},$$

如图 11.5.3 所示的矩形区域. 在格林公式中取 $P(x,y)=0$, $Q(x,y)=f(x)$, 则

$$\oint_{\partial D} f(x)\mathrm{d}y=\iint_D f'(x)\mathrm{d}x\mathrm{d}y.$$

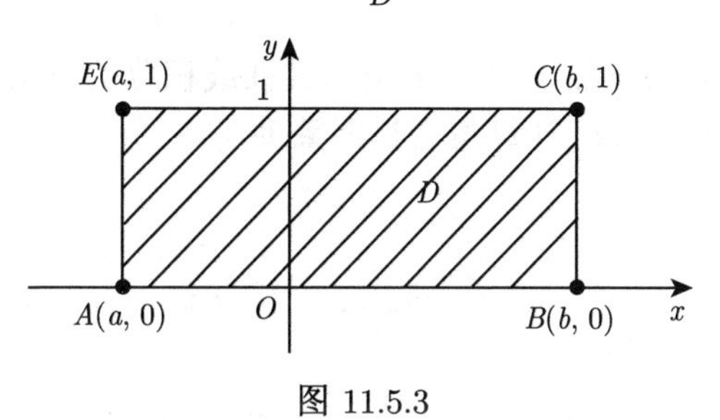

图 11.5.3

应用累次积分, 可得

$$\iint_D f'(x)\mathrm{d}x\mathrm{d}y=\int_a^b \mathrm{d}x\int_0^1 f'(x)\mathrm{d}y=\int_a^b f'(x)\mathrm{d}x.$$

而曲线积分

$$\begin{aligned}\oint_{\partial D} f(x)\mathrm{d}y&=\int_{\overrightarrow{AB}} f(x)\mathrm{d}y+\int_{\overrightarrow{BC}} f(x)\mathrm{d}y+\int_{\overrightarrow{CE}} f(x)\mathrm{d}y+\int_{\overrightarrow{EA}} f(x)\mathrm{d}y\\&=\int_{\overrightarrow{BC}} f(x)\mathrm{d}y+\int_{\overrightarrow{EA}} f(x)\mathrm{d}y\\&=\int_0^1 f(b)\mathrm{d}y+\int_1^0 f(a)\mathrm{d}y\\&=f(b)-f(a).\end{aligned}$$

这就是牛顿 - 莱布尼茨公式

$$\int_a^b f'(x)\mathrm{d}x=f(b)-f(a).$$

格林公式还可以用来计算区域的面积. 设 D 为平面上有界闭区域, 其边界为分段光滑的简单闭曲线, 则它的面积为

$$\int_D=\oint_{\partial D} x\mathrm{d}y=-\oint_{\partial D} y\mathrm{d}x=\frac{1}{2}\oint_{\partial D} x\mathrm{d}y-y\mathrm{d}x.$$

例 11.5.1 求

$$I = \oint_L (2xy - 2y)\mathrm{d}x + (x^2 - 4x)\mathrm{d}y,$$

其中, L 为圆周 $x^2 + y^2 = a^2$, $a > 0$, 方向为逆时针方向.

解 设 D 为 L 所围的圆盘区域, 直接应用格林公式,

$$\begin{aligned} I &= \oint_L (2xy - 2y)\mathrm{d}x + (x^2 - 4x)\mathrm{d}y \\ &= \iint\limits_D ((2x - 4) - (2x - 2))\,\mathrm{d}x\mathrm{d}y = (-2)\iint\limits_D \mathrm{d}x\mathrm{d}y = -2\pi a^2. \end{aligned}$$ □

在例 11.5.1 中, 如果按照 11.2 节求第二类曲线积分的方法来计算, 则需通过 L 的参数方程化为定积分计算, 计算将会显得繁琐.

例 11.5.2 求

$$I = \int_L (\mathrm{e}^x \sin y - my)\mathrm{d}x + (\mathrm{e}^x \cos y - m)\mathrm{d}y,$$

其中 L 为 $A(a,0)$ 到 $O(0,0)$ 的上半圆周 $y = \sqrt{ax - x^2}$ $(a > 0)$ (图 11.5.4).

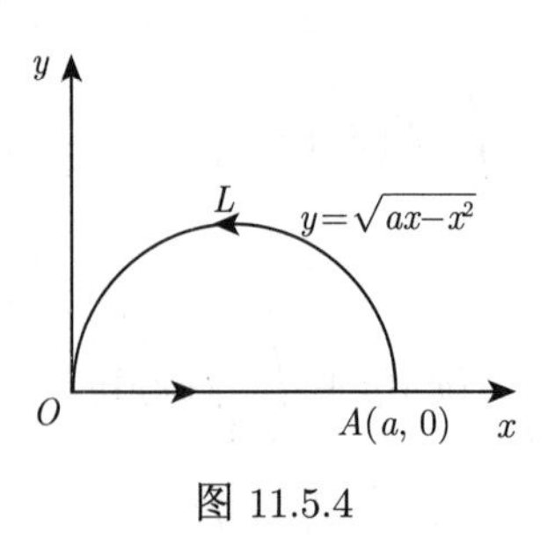

图 11.5.4

解 注意到曲线 L 不是封闭的, 不能使用格林公式, 但我们可以添加一条有向线段 $\overrightarrow{OA}$, 方向由 O 指向 A, 使得 $L + \overrightarrow{OA}$ 为封闭曲线. 此时, 所求积分

$$\begin{aligned} I = &\oint_{L+\overrightarrow{OA}} (\mathrm{e}^x \sin y - my)\mathrm{d}x + (\mathrm{e}^x \cos y - m)\mathrm{d}y \\ &- \int_{\overrightarrow{OA}} (\mathrm{e}^x \sin y - my)\mathrm{d}x + (\mathrm{e}^x \cos y - m)\mathrm{d}y. \end{aligned}$$

应用格林公式,

$$\oint_{L+\overrightarrow{OA}} (\mathrm{e}^x \sin y - my)\mathrm{d}x + (\mathrm{e}^x \cos y - m)\mathrm{d}y = \iint\limits_D m\mathrm{d}x\mathrm{d}y = \frac{m\pi a^2}{8}.$$

应用第二类曲线积分,

$$\int_{\overrightarrow{OA}} (\mathrm{e}^x \sin y - my)\mathrm{d}x + (\mathrm{e}^x \cos y - m)\mathrm{d}y = \int_0^a (\mathrm{e}^x \sin 0 - m \cdot 0)\mathrm{d}x = 0.$$

故 $I = \dfrac{m\pi a^2}{8}$. □

例 11.5.3 计算第二类曲线积分

$$I=\oint_L \frac{y\mathrm{d}x-x\mathrm{d}y}{x^2+y^2},$$

其中 L 为任意的包含原点在内的光滑闭曲线, 取逆时针方向.

解 本题中, L 是封闭曲线, 为使用格林公式提供了可能. 但注意到, L 所围的区域含有原点 $O(0,0)$, 但是 $P(x,y)=\dfrac{y}{x^2+y^2}$, $Q(x,y)=\dfrac{x}{x^2+y^2}$在点 $O(0,0)$ 无定义, 因此不能使用格林公式.

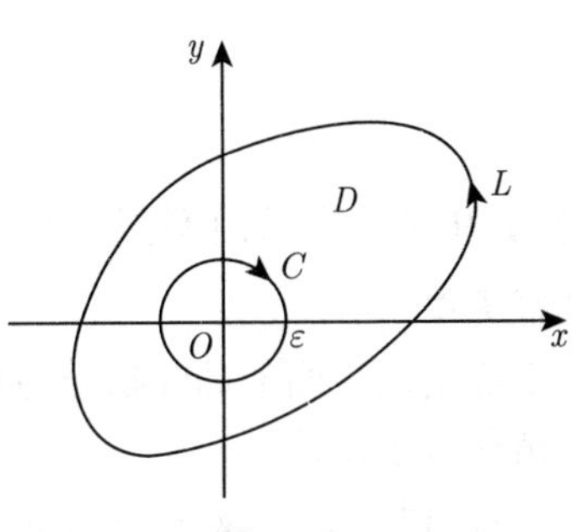

图 11.5.5

设圆 $C: x^2+y^2=\varepsilon^2\ (\varepsilon>0)$, 可取 ε 充分小, 使得 C 所围区域含于 L 所围区域. 记 L 与 C 所围成的区域为 D, 这是一个复连通区域. 则 $\partial D=L+C$, 其中 C 取顺时针方向, 如图 11.5.5 所示.

因此,

$$I=\oint_L \frac{y\mathrm{d}x-x\mathrm{d}y}{x^2+y^2}=\oint_{L+C} \frac{y\mathrm{d}x-x\mathrm{d}y}{x^2+y^2}-\oint_C \frac{y\mathrm{d}x-x\mathrm{d}y}{x^2+y^2}.$$

由多连通区域上的格林公式,

$$\oint_{L+C} \frac{y\mathrm{d}x-x\mathrm{d}y}{x^2+y^2}=\iint_D \left(\frac{\partial Q}{\partial x}-\frac{\partial P}{\partial y}\right)\mathrm{d}x\mathrm{d}y=\iint_D 0\mathrm{d}x\mathrm{d}y=0.$$

而

$$\oint_C \frac{y\mathrm{d}x-x\mathrm{d}y}{x^2+y^2}=\frac{1}{\varepsilon^2}\oint_C y\mathrm{d}x-x\mathrm{d}y.$$

注意到, $\oint_C y\mathrm{d}x-x\mathrm{d}y$ 满足格林公式的条件,

$$\oint_C \frac{y\mathrm{d}x-x\mathrm{d}y}{x^2+y^2}=\frac{1}{\varepsilon^2}\oint_C y\mathrm{d}x-x\mathrm{d}y=-\frac{1}{\varepsilon^2}\iint_{D_0}(-2)\,\mathrm{d}x\mathrm{d}y=2\pi,$$

其中 D_0 为 C 所围的圆盘区域. 故

$$I=\oint_L \frac{y\mathrm{d}x-x\mathrm{d}y}{x^2+y^2}=0-2\pi=-2\pi.$$

□

二、平面曲线积分与路径无关

在物理学中, 重力做功与路径无关, 只与起点、终点的位置有关, 而重力沿曲线做功的数学本质就是第二类曲线积分. 因此, 我们需要讨论第二类曲线积分与路径无关的问题.

定义 11.5.1　设 D 是平面区域, $P(x,y)$, $Q(x,y)$ 为 D 上的连续函数. 如果对于 D 内任意两点 A,B, 曲线积分

$$\int_L P\mathrm{d}x + Q\mathrm{d}y$$

只与 A,B 两点有关, 而与从 A 到 B 的路径 L 无关, 则称曲线积分 $\int_L P\mathrm{d}x + Q\mathrm{d}y$ **与路径无关**.

下面给出平面上曲线积分与路径无关的条件. 此处只考虑积分路径为光滑或分段光滑曲线的情形.

定理 11.5.2　设 D 为平面上单连通区域, $P(x,y)$, $Q(x,y)$ 在 D 上有连续的偏导数, 则下列四个命题等价:

(1) 对 D 内任意一条光滑或分段光滑的闭曲线 L,

$$\oint_L P\mathrm{d}x + Q\mathrm{d}y = 0;$$

(2) 曲线积分 $\int_L P\mathrm{d}x + Q\mathrm{d}y$ 与路径无关;

(3) 存在 D 上的可微函数 $U(x,y)$, 使得

$$\mathrm{d}U = P\mathrm{d}x + Q\mathrm{d}y,$$

即 $P\mathrm{d}x + Q\mathrm{d}y$ 是一个全微分, 此时称 $U(x,y)$ 为 $P\mathrm{d}x + Q\mathrm{d}y$ 的一个**原函数**;

(4) 在 D 内成立等式

$$\frac{\partial Q}{\partial x} = \frac{\partial P}{\partial y}.$$

证明　(1) $\Rightarrow$ (2): 在 D 内任取两点 A,B, 从 A 到 B 任取两条光滑或分段光滑路径 ACB 与 AEB, 如图 11.5.6 所示. 则 $ACB + AEB^- = ACBEA$ 为 D 内一条封闭曲线.

由 (1),

$$\oint_{ACBEA} P\mathrm{d}x + Q\mathrm{d}y = 0,$$

即

$$\int_{ACB} P\mathrm{d}x + Q\mathrm{d}y + \int_{BEA} P\mathrm{d}x + Q\mathrm{d}y = 0.$$

于是,

$$\int_{ACB} P\mathrm{d}x + Q\mathrm{d}y = \int_{AEB} P\mathrm{d}x + Q\mathrm{d}y.$$

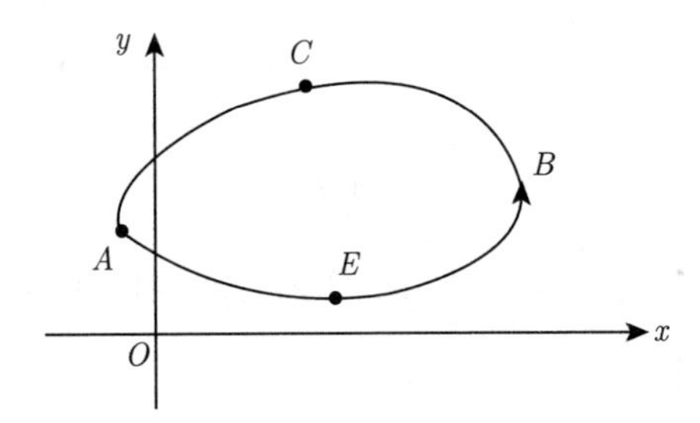

图 11.5.6

(2) ⇒ (3): 在 D 内任意取定一点 (x_0, y_0), 设

$$U(x,y) = \int_{(x_0,y_0)}^{(x,y)} P\mathrm{d}x + Q\mathrm{d}y,$$

此处积分路径是从 (x_0, y_0) 到 (x, y) 的任意路径. 因为积分与路径无关, 故函数 $U(x, y)$ 是有确定意义的.

下面我们证明 $U(x, y)$ 可微, 且

$$\frac{\partial U}{\partial x} = P(x,y), \quad \frac{\partial U}{\partial y} = Q(x,y).$$

由于积分与路径无关, 选取如图 11.5.7 所示的路径, 并让 Δx 充分小, 使得 $(x + \Delta x, y) \in D$, 则

$$\begin{aligned}
\frac{\partial U}{\partial x} &= \lim_{\Delta x \to 0} \frac{U(x+\Delta x, y) - U(x,y)}{\Delta x} \\
&= \lim_{\Delta x \to 0} \frac{1}{\Delta x} \left(\int_{(x_0,y_0)}^{(x+\Delta x,y)} P\mathrm{d}x + Q\mathrm{d}y - \int_{(x_0,y_0)}^{(x,y)} P\mathrm{d}x + Q\mathrm{d}y \right) \\
&= \lim_{\Delta x \to 0} \frac{1}{\Delta x} \int_{(x,y)}^{(x+\Delta x,y)} P\mathrm{d}x + Q\mathrm{d}y \\
&= \lim_{\Delta x \to 0} \frac{1}{\Delta x} \int_{x}^{x+\Delta x} P(t,y)\mathrm{d}t \\
&= \lim_{\Delta x \to 0} P(\xi, y) = P(x,y),
\end{aligned}$$

其中倒数第二个等式应用了积分中值定理, ξ 位于 x 与 $x + \Delta x$ 之间.

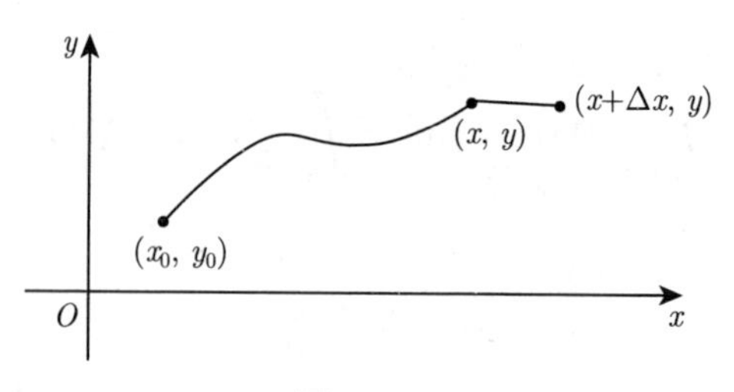

图 11.5.7

类似可证 $\dfrac{\partial U}{\partial y}=Q(x,y)$. 由于 U 在 D 内有连续偏导函数 $P(x,y), Q(x,y)$, 故 $U(x,y)$ 在 D 内可微, 且

$$\mathrm{d}U=P\mathrm{d}x+Q\mathrm{d}y.$$

(3) ⇒ (4): 由 (3), 在 D 内存在可微函数 $U(x,y)$, 使得 $\mathrm{d}U=P\mathrm{d}x+Q\mathrm{d}y$, 从而

$$\frac{\partial U}{\partial x}=P(x,y),\quad \frac{\partial U}{\partial y}=Q(x,y).$$

故

$$\frac{\partial P}{\partial y}=\frac{\partial}{\partial y}\left(\frac{\partial U}{\partial x}\right)=\frac{\partial^2 U}{\partial x\partial y},\quad \frac{\partial Q}{\partial x}=\frac{\partial}{\partial x}\left(\frac{\partial U}{\partial y}\right)=\frac{\partial^2 U}{\partial y\partial x}.$$

因为 $P(x,y), Q(x,y)$ 在 D 上有连续的偏导数, 故 U 关于 x,y 有连续的二阶混合偏导数, 从而

$$\frac{\partial Q}{\partial x}=\frac{\partial P}{\partial y}.$$

(4) ⇒ (1): 对于包含在 D 内任意一条光滑或分段光滑的闭曲线 L, 它所围成的区域为 $D_1\subseteq D$, 则由格林公式,

$$\int_L P(x,y)\mathrm{d}x+Q(x,y)\mathrm{d}y=\iint\limits_{D_1}\left(\frac{\partial Q}{\partial x}-\frac{\partial P}{\partial y}\right)\mathrm{d}x\mathrm{d}y=0.$$ □

由上面的证明可以看出, 当曲线积分与路径无关时, $P\mathrm{d}x+Q\mathrm{d}y$ 是一个全微分, 或者说 $P\mathrm{d}x+Q\mathrm{d}y$ 存在如下形式的原函数:

$$U(x,y)=\int_{(x_0,y_0)}^{(x,y)}P\mathrm{d}x+Q\mathrm{d}y.$$

设 $A(x_A,y_A), B(x_B,y_B)\in D$, 对于从 A 到 B 的任意路径 L_{AB}, 任取 D 内一条从 (x_0,y_0) 到 A 的路径 l, 则

$$U(x_A,y_A)=\int_l P\mathrm{d}x+Q\mathrm{d}y,\quad U(x_B,y_B)=\int_{l+L_{AB}}P\mathrm{d}x+Q\mathrm{d}y.$$

因此

$$\int_{L_{AB}} P\mathrm{d}x + Q\mathrm{d}y = \int_{l+L_{AB}} P\mathrm{d}x + Q\mathrm{d}y - \int_{l} P\mathrm{d}x + Q\mathrm{d}y = U(x_B, y_B) - U(x_A, y_A).$$

于是, 当曲线积分与路径无关时, 有类似的微积分基本公式:

$$\int_{L_{AB}} Pdx + Qdy = U(x_B, y_B) - U(x_A, y_A) = U(x, y)\Big|_{(x_A, y_A)}^{(x_B, y_B)}.$$

值得一提的是, 求原函数 $U(x, y)$ 时, 常选择简单的折线路径来计算. 如图 11.5.8 所示,

$$\begin{aligned} U(x, y) &= \int_{(x_0, y_0)}^{(x, y)} P\mathrm{d}x + Q\mathrm{d}y \\ &= \int_{\overrightarrow{AM}} P\mathrm{d}x + Q\mathrm{d}y + \int_{\overrightarrow{MB}} P\mathrm{d}x + Q\mathrm{d}y \\ &= \int_{x_0}^{x} P(x, y_0)\mathrm{d}x + \int_{y_0}^{y} Q(x, y)\mathrm{d}y. \end{aligned}$$

若选取积分路径 ANB, 则

$$U(x, y) = \int_{y_0}^{y} Q(x_0, y)\mathrm{d}y + \int_{x_0}^{x} P(x, y)\mathrm{d}x.$$

当然 $P(x, y)\mathrm{d}x + Q(x, y)\mathrm{d}y$ 的原函数之间都相差一个常数.

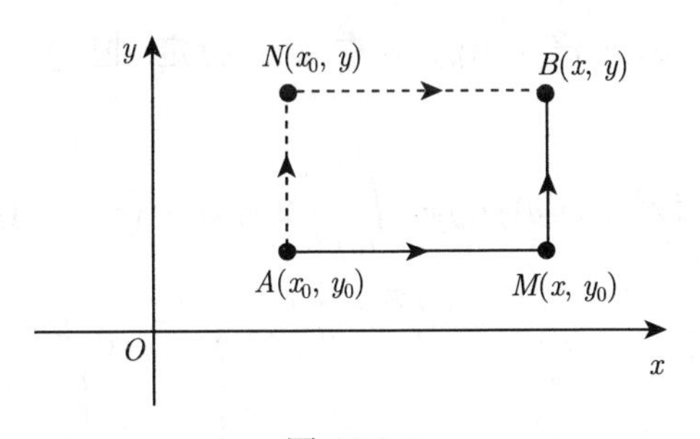

图 11.5.8

例 11.5.4 若曲线积分

$$\int_{L} (6xy + ky^2)\mathrm{d}x + (3x^2 + 4xy)\mathrm{d}y$$

与路径无关, 求 k 的值, 并计算 $\displaystyle\int_{(0,1)}^{(1,2)} (6xy + ky^2)\mathrm{d}x + (3x^2 + 4xy)\mathrm{d}y$.

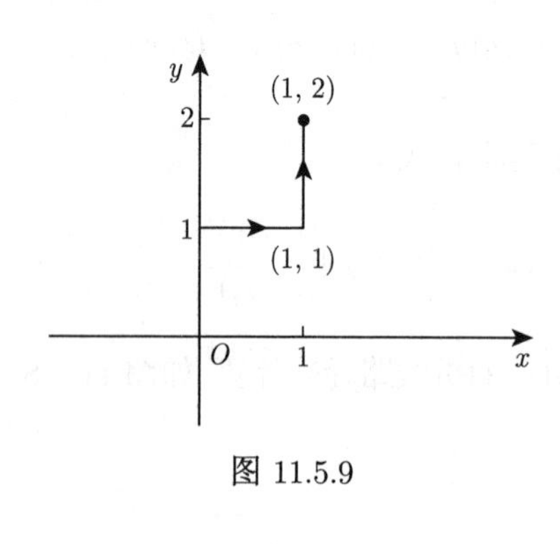

图 11.5.9

解　设 $P(x,y)=6xy+ky^2$, $Q(x,y)=3x^2+4xy$. 由积分与路径无关的等价条件知, $\dfrac{\partial Q}{\partial x}=\dfrac{\partial P}{\partial y}$, 即

$$6x+4y=6x+2ky.$$

因此, $k=2$. 由积分与路径无关, 我们选择简单的折线路径计算, 如图 11.5.9 所示.

$$\int_{(0,1)}^{(1,2)}(6xy+2y^2)\mathrm{d}x+(3x^2+4xy)\mathrm{d}y$$

$$=\int_0^1(6x+2)\mathrm{d}x+\int_1^2(3+4y)\mathrm{d}y=14. \quad \square$$

例 11.5.5　设函数 $Q(x,y)$ 在 $\mathbb{R}^2$ 上具有连续偏导数, 曲线积分 $\displaystyle\int_L 2xy\mathrm{d}x+Q(x,y)\mathrm{d}y$ 与路径无关, 且对任意 t,

$$\int_{(0,0)}^{(t,1)}2xy\mathrm{d}x+Q(x,y)\mathrm{d}y=\int_{(0,0)}^{(1,t)}2xy\mathrm{d}x+Q(x,y)\mathrm{d}y,$$

求 $Q(x,y)$.

解　由于积分 $\displaystyle\int_L P\mathrm{d}x+Q\mathrm{d}y$ 与路径无关, 其中 $P=2xy$, 则 $\dfrac{\partial P}{\partial y}=\dfrac{\partial Q}{\partial x}$, 即

$$\frac{\partial Q}{\partial x}=2x.$$

上式对 x 积分得 $Q(x,y)=x^2+\varphi(y)$, 其中 $\varphi(y)$ 待定. 把 $Q(x,y)=x^2+\varphi(y)$ 代入题中等式,

$$\int_{(0,0)}^{(t,1)}2xy\mathrm{d}x+\left(x^2+\varphi(y)\right)\mathrm{d}y=\int_{(0,0)}^{(1,t)}2xy\mathrm{d}x+\left(x^2+\varphi(y)\right)\mathrm{d}y. \tag{11.5.4}$$

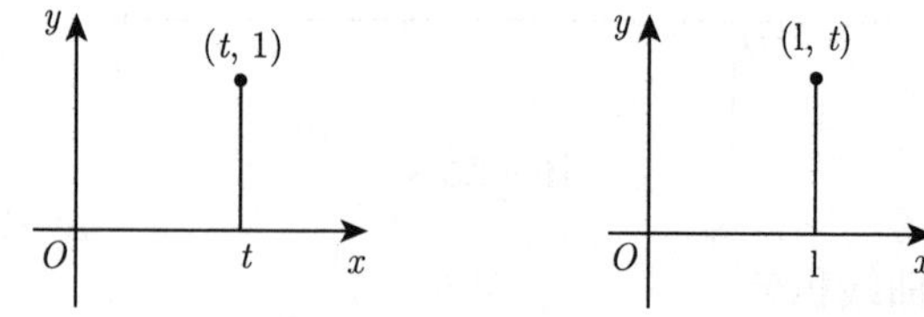
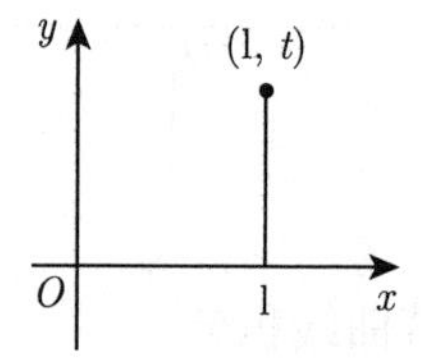

图 11.5.10

对式 (11.5.4) 左边与右边积分, 分别取图 11.5.10 中左边和右边的积分路径, 得

$$\int_0^1\left(t^2+\varphi(y)\right)\mathrm{d}y=\int_0^t\left(1+\varphi(y)\right)\mathrm{d}y,$$

即

$$t^2+\int_0^1\varphi(y)\mathrm{d}y=t+\int_0^t\varphi(y)\mathrm{d}y,$$

$$t^2=t+\int_1^t\varphi(y)\mathrm{d}y.$$

对上式两边求导, 得

$$2t=1+\varphi(t),$$

即

$$\varphi(t)=2t-1.$$

因此

$$Q(x,y)=x^2+2y-1.$$

□

例 11.5.6 验证 $\dfrac{x\mathrm{d}y-y\mathrm{d}x}{x^2+y^2}$ 在右半平面 $(x>0)$ 内是某个函数的全微分, 并求它的原函数.

解 设 $P(x,y)=\dfrac{-y}{x^2+y^2}$, $Q(x,y)=\dfrac{x}{x^2+y^2}$. 因为 P, Q 在右半平面内具有一阶连续偏导数, 且

$$\frac{\partial Q}{\partial x}=\frac{y^2-x^2}{(x^2+y^2)^2}=\frac{\partial P}{\partial y},$$

所以在右半平面内, $\dfrac{x\mathrm{d}y-y\mathrm{d}x}{x^2+y^2}$ 是某个函数的全微分.

取积分路径为从 $A(1,\ 0)$ 到 $B(x,\ 0)$ 再到 $C(x,\ y)$ 的折线段, 即积分路径为 $\overrightarrow{AB}+\overrightarrow{BC}$, 则所求原函数为

$$U(x,y)=\int_{(1,0)}^{(x,y)}\frac{x\mathrm{d}y-y\mathrm{d}x}{x^2+y^2}+C=\int_0^y\frac{x\mathrm{d}y}{x^2+y^2}=\arctan\frac{y}{x}+C,$$

其中 C 为任意常数. □

最后, 利用曲线积分与路径无关性, 讨论一类特殊的一阶微分方程. 形如

$$P(x,y)\mathrm{d}x+Q(x,y)\mathrm{d}y=0$$

且满足 $\dfrac{\partial Q}{\partial x}=\dfrac{\partial P}{\partial y}$ 的微分方程, 称为**全微分方程**.

由曲线积分与路径无关的性质, 方程左边是一个全微分, 即存在原函数

$$U(x,y)=\int_{(x_0,y_0)}^{(x,y)}P\mathrm{d}x+Q\mathrm{d}y,$$

使得

$$\mathrm{d}U = P(x,y)\mathrm{d}x + Q(x,y)\mathrm{d}y.$$

故原方程的通解为 $U(x,y)=C$, 其中 C 为任意常数.

例 11.5.7 求解微分方程

$$\left(5x^4+3xy^2-y^3\right)\mathrm{d}x+\left(3x^2y-3xy^2+y^2\right)\mathrm{d}y=0.$$

解 设 $P(x,y)=5x^4+3xy^2-y^3$, $Q(x,y)=3x^2y-3xy^2+y^2$, 显然,

$$\frac{\partial Q}{\partial x}=6xy-3y^2=\frac{\partial P}{\partial y}.$$

因此, 原方程是一个全微分方程. 设

$$\begin{aligned}U(x,y)&=\int_{(0,0)}^{(x,y)}P(x,y)\mathrm{d}x+Q(x,y)\mathrm{d}y\\&=\int_{(0,0)}^{(x,y)}\left(5x^4+3xy^2-y^3\right)\mathrm{d}x+\left(3x^2y-3xy^2+y^2\right)\mathrm{d}y\\&=\int_0^x 5x^4\mathrm{d}x+\int_0^y\left(3x^2y-3xy^2+y^2\right)\mathrm{d}y\\&=x^5+\frac{3}{2}x^2y^2-xy^3+\frac{1}{3}y^3,\end{aligned}$$

其中积分路径选取 $(0,0)$ 到 $(0,x)$ 再到 (x,y) 的折线段.

故原方程通解为

$$x^5+\frac{3}{2}x^2y^2-xy^3+\frac{1}{3}y^3=C,$$

其中 C 为任意常数. □

习 题 11.5

1. 计算下列第二类曲线积分.

(1) $\oint_L xy^2\mathrm{d}y-x^2y\mathrm{d}x$, 其中 L 为圆 $x^2+y^2=R^2$, 逆时针方向;

(2) $\oint_L (x+y^2)\mathrm{d}x+(x^2-y^2)\mathrm{d}y$, 其中 L 为 $\triangle ABC$ 的边界, 其中 $A(1,1)$, $B(3,2)$, $C(3,5)$, 逆时针方向.

2. 计算下列第二类曲线积分.

(1) $I=\int_L \sin 2x\,\mathrm{d}x+2(x^2-1)y\,\mathrm{d}y$, 其中 L 是曲线 $y=\sin x$ 上从点 $(0,0)$ 到点 $(\pi,0)$ 的一段.

(2) $I = \int_L (\mathrm{e}^x \sin y - b(x+y))\mathrm{d}x + (\mathrm{e}^x \cos y - ax)\,\mathrm{d}y$, 其中 a, b 为正常数, L 为从点 $A\,(2a,0)$ 沿曲线 $y=\sqrt{2ax-x^2}$ 到点 $O(0,0)$ 的弧;

(3) $I = \int_L 3x^2y\,\mathrm{d}x + (x^3+x-2y)\,\mathrm{d}y$, 其中 L 是第一象限中从点 $(0,0)$ 沿圆周 $x^2+y^2=2x$ 到点 $(2,0)$, 再沿圆周 $x^2+y^2=4$ 到点 $(0,2)$ 的曲线段.

3. 计算曲线积分 $\oint_L \dfrac{x\mathrm{d}y - y\mathrm{d}x}{4x^2+y^2}$, 其中 L 是以点 $(1,0)$ 为中心, R 为半径的圆周 $(R>1)$, 取顺时针方向.

4. 计算曲线积分 $\int_L \mathrm{e}^x \cos y\mathrm{d}y + \mathrm{e}^x \sin y\mathrm{d}x$, L 是从原点 O 沿摆线 $\begin{cases} x = a(t-\sin t), \\ y = a(1-\cos t) \end{cases}$ 到 $A(\pi a,\ 2a)$ 的曲线段.

5. 设曲线积分 $\int_L (f(x)-\mathrm{e}^x)\sin y\mathrm{d}x - f(x)\cos y\mathrm{d}y$ 与路径无关, 其中 $f(x)$ 具有一阶连续导数, 且 $f(0)=0$, 求函数 $f(x)$ 的表达式.

6. 设曲线积分 $\int_C xy^2\mathrm{d}x + y\varphi(x)\mathrm{d}y$ 与路径无关, 其中 $\varphi(x)$ 具有连续的导数, 且 $\varphi(0)=0$, 计算 $\int_{(0,0)}^{(1,1)} xy^2\mathrm{d}x + y\varphi(x)\mathrm{d}y$ 的值.

7. 求下列全微分的一个原函数.

(1) $(x+2y)\mathrm{d}x + (2x+y)\mathrm{d}y$;

(2) $(2x\cos y + y^2\cos x)\mathrm{d}x + (2y\sin x - x^2\sin y)\mathrm{d}y$.

11.6 高 斯 公 式

格林公式反映了平面上闭曲线积分与其所围区域上的二重积分的关系. 类似地, 空间闭曲面上的曲面积分与其所围区域上的三重积分也有着内在的联系, 这就是高斯公式.

首先, 我们先引入三维空间中的单连通与复连通区域的概念. 设 Ω 为空间中的一个区域, 若 Ω 内的任何一张封闭曲面所围的几何体仍然属于 Ω, 则称 Ω 为**单连通区域**; 否则, 称 Ω 为一个**复连通区域**. 因此, 也可以通俗地说, 单连通区域不含有 “洞”, 而复连通区域含有 “洞”. 例如, 球

$$\Omega_1 = \{(x,y,z)|x^2+y^2+z^2<1\}$$

是一个单连通区域, 而空心球

$$\Omega_2 = \{(x,y,z)|1<x^2+y^2+z^2<4\}$$

是一个复连通区域.

定理 11.6.1 (高斯公式) 设 Ω 是 $\mathbb{R}^3$ 上由光滑或分片光滑的封闭曲面所围成的单连通区域, 函数 $P(x,y,z), Q(x,y,z), R(x,y,z)$ 在 Ω 上有连续的偏导数, 则

$$\oiint_{\partial\Omega} P\mathrm{d}y\mathrm{d}z + Q\mathrm{d}z\mathrm{d}x + R\mathrm{d}x\mathrm{d}y = \iiint_{\Omega} \left(\frac{\partial P}{\partial x} + \frac{\partial Q}{\partial y} + \frac{\partial R}{\partial z}\right) \mathrm{d}x\mathrm{d}y\mathrm{d}z,$$

其中 $\partial\Omega$ 定向为外侧, 称为 Ω 的诱导定向.

证明 我们只对 Ω 是标准区域的情形进行证明, 即 Ω 可表示为如下三种形式

$$\begin{aligned}\Omega &= \{(x,y,z)|z_1(x,y) \leqslant z \leqslant z_2(x,y), (x,y) \in D_{xy}\} \\ &= \{(x,y,z)|y_1(z,x) \leqslant y \leqslant y_2(z,x), (z,x) \in D_{zx}\} \\ &= \{(x,y,z)|x_1(y,z) \leqslant x \leqslant x_2(y,z), (y,z) \in D_{yz}\},\end{aligned}$$

如图 11.6.1 所示.

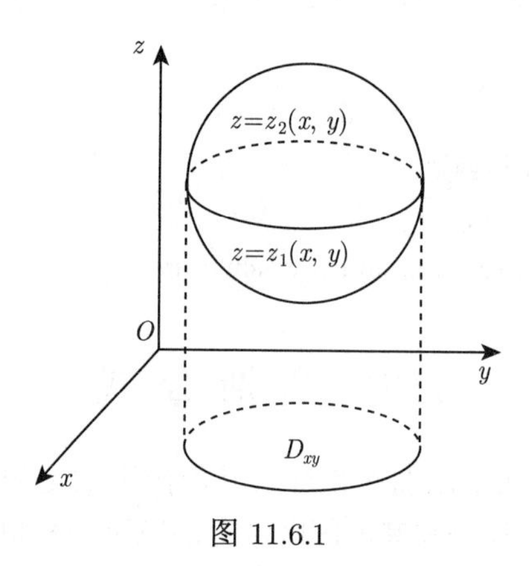

图 11.6.1

设曲面

$$\Sigma_1 : z = z_1(x,y), \quad (x,y) \in D_{xy},$$

$$\Sigma_2 : z = z_2(x,y), \quad (x,y) \in D_{xy},$$

其中, Σ_1 取下侧, Σ_2 取上侧. 由累次积分,

$$\begin{aligned}\iiint_{\Omega} \frac{\partial R}{\partial z}\mathrm{d}x\mathrm{d}y\mathrm{d}z &= \iint_{D_{xy}} \mathrm{d}x\mathrm{d}y \int_{z_1(x,y)}^{z_2(x,y)} \frac{\partial R}{\partial z}\mathrm{d}z \\ &= \iint_{D_{xy}} (R(x,y,z_2(x,y)) - R(x,y,z_1(x,y)))\mathrm{d}x\mathrm{d}y\end{aligned}$$

$$
\begin{aligned}
&= \iint_{\Sigma_2} R(x,y,z)\mathrm{d}x\mathrm{d}y + \iint_{\Sigma_1} R(x,y,z)\mathrm{d}x\mathrm{d}y \\
&= \oiint_{\partial\Omega} R(x,y,z)\mathrm{d}x\mathrm{d}y.
\end{aligned}
$$

类似可证

$$
\iiint_{\Omega} \frac{\partial Q}{\partial y}\mathrm{d}x\mathrm{d}y\mathrm{d}z = \oiint_{\partial\Omega} Q(x,y,z)\mathrm{d}z\mathrm{d}x,
$$

$$
\iiint_{\Omega} \frac{\partial P}{\partial x}\mathrm{d}x\mathrm{d}y\mathrm{d}z = \oiint_{\partial\Omega} P(x,y,z)\mathrm{d}y\mathrm{d}z.
$$

三式相加就是高斯公式.

如果 Ω 可分成有限个标准区域, 则可添加辅助曲面, 类似于格林公式证明中的讨论, 也可证明高斯公式, 但要注意标准区域的公共曲面的定向.

对于更一般的区域 Ω, 证明比较复杂, 这里从略. □

高斯公式也可以推广到具有有限个 "洞" 的复连通区域. 注意, 此时复连通区域外面的边界是外侧, 但内部的边界却取内侧, 但相对于整个区域, 它们事实上都是外侧.

用高斯公式可以计算空间立体 Ω 的体积, 即

$$
\begin{aligned}
V &= \iiint_{\Omega} \mathrm{d}x\mathrm{d}y\mathrm{d}z = \oiint_{\partial\Omega} x\mathrm{d}y\mathrm{d}z = \oiint_{\partial\Omega} y\mathrm{d}z\mathrm{d}x = \oiint_{\partial\Omega} z\mathrm{d}x\mathrm{d}y \\
&= \frac{1}{3}\oiint_{\partial\Omega} x\mathrm{d}y\mathrm{d}z + y\mathrm{d}z\mathrm{d}x + z\mathrm{d}x\mathrm{d}y.
\end{aligned}
$$

例 11.6.1 设有界区域 Ω 由平面 $2x+y+2z=2$ 与三个坐标平面围成, Σ 为 Ω 整个表面的外侧, 计算曲面积分

$$
I = \oiint_{\Sigma} (x^2+1)\,\mathrm{d}y\mathrm{d}z - 2y\,\mathrm{d}z\mathrm{d}x + 3z\,\mathrm{d}x\mathrm{d}y.
$$

解 设 $P(x,y,z)=x^2+1,\ Q(x,y,z)=-2y,\ R(x,y,z)=3z$, 由高斯公式,

$$
I = \iiint_{\Omega} \left(\frac{\partial P}{\partial x}+\frac{\partial Q}{\partial y}+\frac{\partial R}{\partial z}\right)\mathrm{d}x\mathrm{d}y\mathrm{d}z = \iiint_{\Omega} (2x+1)\,\mathrm{d}x\mathrm{d}y\mathrm{d}z.
$$

由体积公式知

$$
\iiint_{\Omega} \mathrm{d}x\mathrm{d}y\mathrm{d}z = \frac{1}{3}.
$$

应用累次积分,

$$\iiint_{\Omega} 2x\mathrm{d}x\mathrm{d}y\mathrm{d}z = 2\int_0^1 \mathrm{d}x\int_0^{2(1-x)}\mathrm{d}y\int_0^{1-x-\frac{y}{2}} x\mathrm{d}z = 2\int_0^1 x(1-x)^2\mathrm{d}x = \frac{1}{6}.$$

故 $I = \frac{1}{3} + \frac{1}{6} = \frac{1}{2}$. □

例 11.6.2　计算曲面积分

$$I = \iint_{\Sigma} (x^3 + az^2)\mathrm{d}y\mathrm{d}z + (y^3 + ax^2)\mathrm{d}z\mathrm{d}x + (z^3 + ay^2)\mathrm{d}x\mathrm{d}y,$$

其中 Σ 为上半球面 $z = \sqrt{a^2 - x^2 - y^2}$ 的上侧.

解　我们可以借助 "添加辅助面" 的方法间接使用高斯公式. 设 $\Sigma_1 : z = 0,\ (x,y) \in \{(x,y) \mid x^2 + y^2 \leqslant a^2\}$, 取下侧. 则 $\Sigma + \Sigma_1$ 构成封闭曲面, 其所围区域记为 Ω. 应用高斯公式,

$$\begin{aligned}
I_1 &= \oiint_{\Sigma+\Sigma_1} (x^3 + az^2)\mathrm{d}y\mathrm{d}z + (y^3 + ax^2)\mathrm{d}z\mathrm{d}x + (z^3 + ay^2)\mathrm{d}x\mathrm{d}y \\
&= 3\iiint_{\Omega} (x^2 + y^2 + z^2)\mathrm{d}x\mathrm{d}y\mathrm{d}z \\
&= 3\int_0^{2\pi}\mathrm{d}\theta\int_0^{\frac{\pi}{2}}\sin\varphi\mathrm{d}\varphi\int_0^a r^2\cdot r^2\mathrm{d}r = \frac{6}{5}\pi a^5.
\end{aligned}$$

由于 Σ_1 垂直于 yOz 平面与 zOx 平面, 故

$$\iint_{\Sigma_1} (x^3 + az^2)\mathrm{d}y\mathrm{d}z = 0, \quad \iint_{\Sigma_1} (y^3 + ax^2)\mathrm{d}z\mathrm{d}x = 0.$$

而

$$\iint_{\Sigma_1} (z^3 + ay^2)\mathrm{d}x\mathrm{d}y = -a\iint_{D_{xy}} y^2\mathrm{d}x\mathrm{d}y = -\frac{\pi}{4}\pi a^5.$$

因此

$$I_2 = \oiint_{\Sigma_1} (x^3 + az^2)\mathrm{d}y\mathrm{d}z + (y^3 + ax^2)\mathrm{d}z\mathrm{d}x + (z^3 + ay^2)\mathrm{d}x\mathrm{d}y = -\frac{\pi}{4}\pi a^5.$$

故所求积分为

$$I = I_1 - I_2 = \frac{6}{5}\pi a^5 + \frac{\pi}{4}a^5 = \frac{29}{20}\pi a^5.$$ □

例 11.6.3　计算曲面积分 $I = \oiint_{\Sigma} \frac{x\mathrm{d}y\mathrm{d}z + y\mathrm{d}z\mathrm{d}x + z\mathrm{d}x\mathrm{d}y}{(x^2 + y^2 + z^2)^{\frac{3}{2}}}$, 其中 Σ 是曲面

$2x^2+2y^2+z^2=4$ 的外侧.

解 设曲面 Σ 所包围的区域为 Ω. 注意到 Σ 包括原点 $O(0,0)$, 但被积函数在 $(0,0)$ 无定义, 故不能使用高斯公式.

作一个小封闭曲面 $\Sigma_1: x^2+y^2+z^2=\varepsilon^2$, 定向为内侧. 可以取 $\varepsilon>0$ 充分小, 使得其所围区域 Ω_1 含于 Ω.

记 $\omega=\dfrac{x\mathrm{d}y\mathrm{d}z+y\mathrm{d}z\mathrm{d}x+z\mathrm{d}x\mathrm{d}y}{(x^2+y^2+z^2)^{\frac{3}{2}}}$, 并设曲面 Σ 和曲面 Σ_1 所围区域为 Ω_2, 该区域的边界为 $\Sigma+\Sigma_1$.

应用高斯公式,

$$\oiint_{\Sigma+\Sigma_1}\omega=\iiint_{\Omega_2}\left(\frac{\partial P}{\partial x}+\frac{\partial Q}{\partial y}+\frac{\partial R}{\partial z}\right)\mathrm{d}x\mathrm{d}y\mathrm{d}z=\iiint_{\Omega_2}0\mathrm{d}x\mathrm{d}y\mathrm{d}z=0.$$

而

$$\begin{aligned}\oiint_{\Sigma_1}\omega&=\frac{1}{\varepsilon^3}\oiint_{\Sigma_1}x\mathrm{d}y\mathrm{d}z+y\mathrm{d}z\mathrm{d}x+z\mathrm{d}x\mathrm{d}y\\&=-\frac{1}{\varepsilon^3}\iiint_{\Omega_1}3\mathrm{d}x\mathrm{d}y\mathrm{d}z=-4\pi.\end{aligned}$$

故

$$I=\oiint_{\Sigma}\omega=\oiint_{\Sigma+\Sigma_1}\omega-\oiint_{\Sigma_1}\omega=0-(-4\pi)=4\pi.$$ □

习 题 11.6

1. 计算下列曲面积分.

(1) $\oiint_{\Sigma}x^3\mathrm{d}y\mathrm{d}z+y^3\mathrm{d}z\mathrm{d}x+z^3\mathrm{d}x\mathrm{d}y$, 其中 Σ 是球面 $x^2+y^2+z^2=R^2$ 的外侧;

(2) $\oiint_{\Sigma}(x+1)\mathrm{d}y\mathrm{d}z+y\mathrm{d}z\mathrm{d}x+(xy+z)\mathrm{d}x\mathrm{d}y$, 其中 Σ 是以 $O(0,0,0)$, $A(1,0,0)$, $B(0,1,0)$, $C(0,0,1)$ 为顶点的四面体的外表面;

(3) $\oiint_{\Sigma}x^2y\mathrm{d}z\mathrm{d}x+y^2z\mathrm{d}x\mathrm{d}y$, 其中 Σ 是抛物面 $z=x^2+y^2$ 及 $z=1$ 所围立体整个边界曲面的内侧.

2. 计算下列曲面积分.

(1) $\iint_{\Sigma}(x-z)\mathrm{d}y\mathrm{d}z+(y-x)\mathrm{d}z\mathrm{d}x+(z-y)\mathrm{d}x\mathrm{d}y$, 其中 Σ 是抛物面 $z=x^2+y^2$ $(0\leqslant$

$z \leqslant 1)$ 的下侧;

(2) $\iint\limits_{\Sigma} 2x^3\mathrm{d}y\mathrm{d}z + 2y^3\mathrm{d}z\mathrm{d}x + 3(z^2-1)\mathrm{d}x\mathrm{d}y$, 其中 Σ 是曲面 $z = 1 - x^2 - y^2\ (z \geqslant 0)$ 的上侧;

(3) $\iint\limits_{\Sigma} \dfrac{ax\,\mathrm{d}y\mathrm{d}z + (z+a)^2\mathrm{d}x\mathrm{d}y}{\sqrt{x^2+y^2+z^2}}$, 其中 Σ 为下半球面 $z = -\sqrt{a^2-x^2-y^2}$ 的上侧, 常数 $a > 0$.

3. 计算曲面积分

$$I = \oiint\limits_{\Sigma} \frac{x\mathrm{d}y\mathrm{d}z + y\mathrm{d}z\mathrm{d}x + z\mathrm{d}x\mathrm{d}y}{\sqrt{(x^2+y^2+z^2)^3}},$$

其中 Σ 是椭球面 $\dfrac{x^2}{a^2} + \dfrac{y^2}{b^2} + \dfrac{z^2}{c^2} = 1$ 的外侧.

11.7　斯托克斯公式

一、斯托克斯公式

斯托克斯公式建立了空间曲面上的第二类曲面积分与曲面边界上的第二类曲线积分的联系, 是格林公式的推广.

设 Σ 为具有分段光滑边界的非封闭光滑双侧曲面. 选定曲面的一侧, 并如下规定 Σ 的边界曲线 $\partial\Sigma$ 的一个**正向**: 如果一个人保持与曲面选定一侧的法向量同时站立, 当他沿 $\partial\Sigma$ 的这个方向行走时, 曲面 Σ 总是在他左边. $\partial\Sigma$ 的这个定向也称为 Σ 的**诱导定向**, 这种定向方法称为右手定则.

定理 11.7.1 (斯托克斯公式)　设 Σ 为定向光滑双侧曲面, 其边界 $\partial\Sigma$ 为分段光滑闭曲线. 设函数 $P(x,y,z)$, $Q(x,y,z)$, $R(x,y,z)$ 在 Σ 及 $\partial\Sigma$ 上具有连续的偏导数, 则

$$\begin{aligned}
&\oint_{\partial\Sigma} P\mathrm{d}x + Q\mathrm{d}y + R\mathrm{d}z \\
=&\iint\limits_{\Sigma} \left(\frac{\partial R}{\partial y} - \frac{\partial Q}{\partial z}\right)\mathrm{d}y\mathrm{d}z + \left(\frac{\partial P}{\partial z} - \frac{\partial R}{\partial x}\right)\mathrm{d}z\mathrm{d}x + \left(\frac{\partial Q}{\partial x} - \frac{\partial P}{\partial y}\right)\mathrm{d}x\mathrm{d}y \\
=&\iint\limits_{\Sigma} \left(\left(\frac{\partial R}{\partial y} - \frac{\partial Q}{\partial z}\right)\cos\alpha + \left(\frac{\partial P}{\partial z} - \frac{\partial R}{\partial x}\right)\cos\beta + \left(\frac{\partial Q}{\partial x} - \frac{\partial P}{\partial y}\right)\cos\gamma\right)\mathrm{d}S,
\end{aligned}$$

其中, $\partial\Sigma$ 取 Σ 的诱导定向.

证明　我们只证明 Σ 是标准曲面的情形, 即 Σ 可以表示为下面的三种形式

$$\Sigma = \{(x,y,z) \mid z = z(x,y),\ (x,y) \in D_{xy}\}$$

$$= \{(x,y,z) \mid y = y(z,x),\ (z,x) \in D_{zx}\}$$
$$= \{(x,y,z) \mid x = x(y,z),\ (y,z) \in D_{yz}\};$$

如图 11.7.1 所示.

不妨设 Σ 定向为上侧, 由曲线积分的计算方法,

$$\oint_{\partial\Sigma} P(x,y,z)\mathrm{d}x = \oint_{\partial D_{xy}} P(x,y,z(x,y))\mathrm{d}x, \tag{11.7.1}$$

其中, ∂D_{xy} 为 D_{xy} 的正向边界, 由格林公式,

$$\begin{aligned}\oint_{\partial D_{xy}} P(x,y,z(x,y))\mathrm{d}x &= -\iint\limits_{D_{xy}} \frac{\partial}{\partial y}P\left(x,y,z(x,y)\right)\mathrm{d}x\mathrm{d}y \\ &= -\iint\limits_{D_{xy}} \left(\frac{\partial P}{\partial y}(x,y,z(x,y)) + \frac{\partial P}{\partial z}(x,y,z(x,y))\frac{\partial z}{\partial y}\right)\mathrm{d}x\mathrm{d}y.\end{aligned} \tag{11.7.2}$$

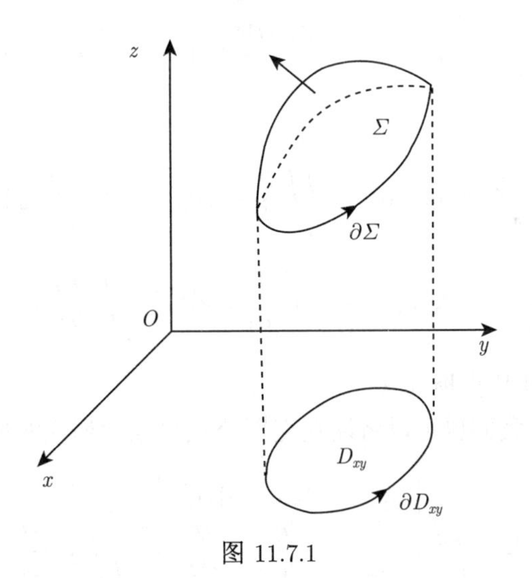

图 11.7.1

由于 Σ 取上侧, Σ 的方向余弦为

$$(\cos\alpha, \cos\beta, \cos\gamma) = \frac{1}{\sqrt{1+\left(\dfrac{\partial z}{\partial x}\right)^2+\left(\dfrac{\partial z}{\partial y}\right)^2}}\left(-\frac{\partial z}{\partial x}, -\frac{\partial z}{\partial y}, 1\right),$$

故 $\dfrac{\partial z}{\partial y} = -\dfrac{\cos\beta}{\cos\gamma}$, 所以,

$$
\begin{aligned}
&\iint\limits_{D_{xy}} \left(\frac{\partial P(x,y,z(x,y))}{\partial y} + \frac{\partial P(x,y,z(x,y))}{\partial z} \frac{\partial z}{\partial y} \right) \mathrm{d}x\mathrm{d}y \\
=& \iint\limits_{\Sigma} \left(\frac{\partial P(x,y,z)}{\partial y} + \frac{\partial P(x,y,z)}{\partial z} \frac{\partial z}{\partial y} \right) \mathrm{d}x\mathrm{d}y \\
=& \iint\limits_{\Sigma} \left(\frac{\partial P(x,y,z)}{\partial y} + \frac{\partial P(x,y,z)}{\partial z} \frac{\partial z}{\partial y} \right) \cos\gamma dS \\
=& \iint\limits_{\Sigma} \frac{\partial P(x,y,z)}{\partial y} \cos\gamma \mathrm{d}S - \iint\limits_{\Sigma} \frac{\partial P(x,y,z)}{\partial z} \frac{\cos\beta}{\cos\gamma} \cos\gamma \mathrm{d}S \\
=& \iint\limits_{\Sigma} \frac{\partial P(x,y,z)}{\partial y} \cos\gamma \mathrm{d}S - \iint\limits_{\Sigma} \frac{\partial P(x,y,z)}{\partial z} \cos\beta \mathrm{d}S \\
=& \iint\limits_{\Sigma} \frac{\partial P}{\partial y} \mathrm{d}x\mathrm{d}y - \iint\limits_{\Sigma} \frac{\partial P}{\partial z} \mathrm{d}z\mathrm{d}x.
\end{aligned} \tag{11.7.3}
$$

由式 (11.7.1)—(11.7.3), 可得

$$
\oint_{\partial\Sigma} P(x,y,z)\mathrm{d}x = \iint\limits_{\Sigma} \frac{\partial P}{\partial z} \mathrm{d}z\mathrm{d}x - \iint\limits_{\Sigma} \frac{\partial P}{\partial y} \mathrm{d}x\mathrm{d}y.
$$

类似可证,

$$
\oint_{\partial\Sigma} Q(x,y,z)\mathrm{d}x = \iint\limits_{\Sigma} \frac{\partial Q}{\partial x} \mathrm{d}x\mathrm{d}y - \iint\limits_{\Sigma} \frac{\partial Q}{\partial z} \mathrm{d}y\mathrm{d}z,
$$

$$
\oint_{\partial\Sigma} R(x,y,z)\mathrm{d}x = \iint\limits_{\Sigma} \frac{\partial R}{\partial y} \mathrm{d}y\mathrm{d}z - \iint\limits_{\Sigma} \frac{\partial R}{\partial x} \mathrm{d}z\mathrm{d}x.
$$

上述三式相加即得斯托克斯公式. □

为了便于记忆, 我们也可以将斯托克斯公式写成行列式的形式:

$$
\oint_{\partial\Sigma} P\mathrm{d}x + Q\mathrm{d}y + R\mathrm{d}z = \iint\limits_{\Sigma} \begin{vmatrix} \mathrm{d}y\mathrm{d}z & \mathrm{d}z\mathrm{d}x & \mathrm{d}x\mathrm{d}y \\ \dfrac{\partial}{\partial x} & \dfrac{\partial}{\partial y} & \dfrac{\partial}{\partial z} \\ P & Q & R \end{vmatrix} = \iint\limits_{\Sigma} \begin{vmatrix} \cos\alpha & \cos\beta & \cos\gamma \\ \dfrac{\partial}{\partial x} & \dfrac{\partial}{\partial y} & \dfrac{\partial}{\partial z} \\ P & Q & R \end{vmatrix} \mathrm{d}S.
$$

例 11.7.1　计算

$$
I = \oint_L (y^2 - z^2)\mathrm{d}x + (2z^2 - x^2)\mathrm{d}y + (3x^2 - y^2)\mathrm{d}z,
$$

其中 L 是平面 $x+y+z=2$ 与柱面 $|x|+|y|=1$ 的交线, 从 z 轴正向看去 L 为逆时针方向.

解 设 Σ 为平面 $x+y+z=2$ 上 L 所围成的区域. 按右手定则, 由 L 的定向取 Σ 为上侧, 则 Σ 的单位法向量

$$\boldsymbol{n}=(\cos\alpha,\cos\beta,\cos\gamma)=\frac{1}{\sqrt{3}}(1,1,1).$$

应用斯托克斯公式,

$$\begin{aligned}
I&=\iint_{\Sigma}\begin{vmatrix}\cos\alpha & \cos\beta & \cos\gamma\\ \dfrac{\partial}{\partial x} & \dfrac{\partial}{\partial y} & \dfrac{\partial}{\partial z}\\ y^2-z^2 & 2z^2-x^2 & 3x^2-y^2\end{vmatrix}\mathrm{d}S\\
&=\iint_{\Sigma}\left[(-2y-4z)\frac{1}{\sqrt{3}}+(-2z-6x)\frac{1}{\sqrt{3}}+(-2x-2y)\frac{1}{\sqrt{3}}\right]\mathrm{d}S\\
&=-\frac{2}{\sqrt{3}}\iint_{\Sigma}(4x+2y+3z)\mathrm{d}S\\
&=-\frac{2}{\sqrt{3}}\iint_{\Sigma}(6+x-y)\mathrm{d}S,
\end{aligned}$$

其中最后一个等式利用 $x+y+z=2$.

注意到 Σ 的方程为

$$z=2-x-y,\quad (x,y)\in D=\{(x,y)\mid |x|+|y|\leqslant 1\}.$$

因此, 根据第一类曲面积分计算公式,

$$I=-\frac{2}{\sqrt{3}}\iint_{D}(6+x-y)\sqrt{1+(z'_x)^2+(z'_y)^2}\mathrm{d}x\mathrm{d}y=-2\iint_{D}(6+x-y)\mathrm{d}x\mathrm{d}y.$$

由 D 关于 x,y 轴的对称性及被积函数的奇偶性, 易见 $\displaystyle\iint_{D}(x-y)\mathrm{d}x\mathrm{d}y=0$. 故

$$I=-12\iint_{D}\mathrm{d}x\mathrm{d}y=-24.$$ □

二、空间曲线积分与路径无关

类似于平面曲线积分, 空间曲线积分与路径无关也有相应的结论. 我们不加证明地给出如下定理, 其证明方法类似于定理 11.5.2.

定理 11.7.2 设 Ω 为三维空间内的单连通区域, 函数 $P(x,y,z)$, $Q(x,y,z)$, $R(x,y,z)$ 在 Ω 上有连续偏导数, 则下列四个命题等价.

(1) 对于 Ω 内的任意一条分段光滑的闭曲线 L,

$$\oint_L P\mathrm{d}x + Q\mathrm{d}y + R\mathrm{d}z = 0.$$

(2) 曲线积分 $\int_L P\mathrm{d}x + Q\mathrm{d}y + R\mathrm{d}z$ 与路径无关;

(3) 存在 Ω 上的可微函数 $U(x,y,z)$, 使得

$$\mathrm{d}U = P\mathrm{d}x + Q\mathrm{d}y + R\mathrm{d}z;$$

(4) 在 Ω 内成立等式

$$\frac{\partial R}{\partial y} = \frac{\partial Q}{\partial z}, \quad \frac{\partial P}{\partial z} = \frac{\partial R}{\partial x}, \quad \frac{\partial Q}{\partial x} = \frac{\partial P}{\partial y}.$$

例 11.7.2　验证曲线积分

$$\int_L (x^2 - yz)\mathrm{d}y\mathrm{d}z + (y^2 - zx)\mathrm{d}z\mathrm{d}x + (z^2 - xy)\mathrm{d}x\mathrm{d}y$$

与路径无关, 并求其一个原函数 $U(x,y,z)$.

解　设 $P(x,y,z) = x^2 - yz$, $Q(x,y,z) = y^2 - zx$, $R(x,y,z) = z^2 - xy$. 显然,

$$\frac{\partial R}{\partial y} = \frac{\partial Q}{\partial z} = -x, \quad \frac{\partial P}{\partial z} = \frac{\partial R}{\partial x} = -y, \quad \frac{\partial Q}{\partial x} = \frac{\partial P}{\partial y} = -z.$$

故积分与路径无关.

设

$$U(x,y,z) = \int_{(0,0,0)}^{(x,y,z)} P(x,y,z)\mathrm{d}x + Q(x,y,z)\mathrm{d}y + R(x,y,z)\mathrm{d}z.$$

因为积分与路径无关, 我们选择折线路径计算上述积分, 如图 11.7.2 所示.

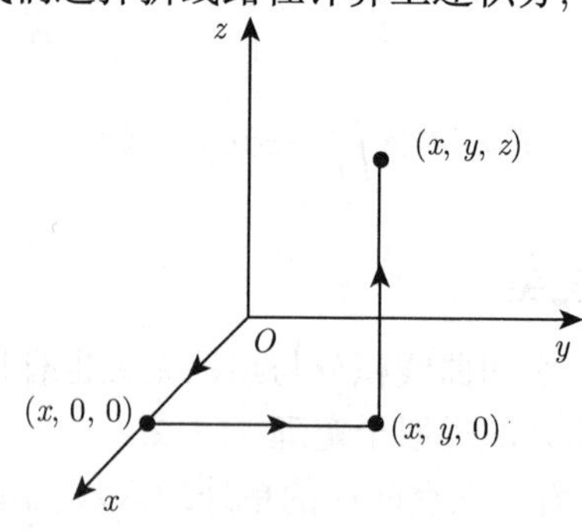

图 11.7.2

故

$$U(x,y,z)=\int_0^x x^2\mathrm{d}x+\int_0^y y^2\mathrm{d}y+\int_0^z (z^2-xy)\mathrm{d}z=\frac{1}{3}(x^3+y^3+z^3)-xyz. \quad \square$$

习 题 11.7

1. 计算下列曲线积分.

(1) $\oint_L z\mathrm{d}x+x\mathrm{d}y+y\mathrm{d}z$, 其中 L 为以 $A(1,0,0),B(0,1,0),C(0,0,1)$ 为顶点的三角形边界, 方向为 $ABCA$;

(2) $\oint_L y\mathrm{d}x+z\mathrm{d}y+x\mathrm{d}z$, 其中 L 为圆周 $\begin{cases} x^2+y^2+z^2=a^2, \\ x+y+z=0, \end{cases}$ 若从 x 轴的正向看去, 圆周为逆时针方向;

(3) $\oint_L (y-z)\mathrm{d}x+(z-x)\mathrm{d}y+(x-y)\mathrm{d}z$, 其中 L 为椭圆 $\begin{cases} x^2+y^2=a^2, \\ \dfrac{x}{a}+\dfrac{z}{b}=1 \end{cases}$ $(a>0,b>0)$, 若从 x 轴的正向看去, L 为逆时针方向;

(4) $\oint_L z^2\mathrm{d}x+xy\mathrm{d}y+yz\mathrm{d}z$, 其中 L 为上半球面 $z=\sqrt{a^2-x^2-y^2}$ 与柱面 $x^2+y^2=ay$ 的交线, 其方向与上半球面的下侧满足右手定则.

11.8 场论初步

在实际应用中, 常常要考察某个物理量 (如温度、速度、电场强度、力等) 在空间中的分布和变化规律, 从数学和物理上看这就是场.

设 Ω 为 $\mathbb{R}^3$ 的区域, 若在时刻 t, Ω 的每一点都有一个确定的数值 $f(x,y,z,t)$ (或向量 $\boldsymbol{f}(x,y,z,t)$) 与之对应, 则称 $f(x,y,z,t)$ (或 $\boldsymbol{f}(x,y,z,t)$) 为 Ω 上的**数量场** (或**向量场**). 从数学上理解, 场就是定义在某个区域上的数量值函数或向量值函数. 例如, 某个区域每一点的温度确定了一个温度场, 某流体在某区域上每一点的速度就确定了一个速度场. 如果一个场不随时间变化而变化, 则称之为**稳定场**; 否则称之为**不稳定场**. 本节只考虑稳定场.

设 $f(x,y,z)$ 为定义在区域 $\Omega\subseteq\mathbb{R}^3$ 上的数量场. 满足方程

$$f(x,y,z)=C \quad (C\text{ 是常数})$$

的点集构成的曲面称为 f 的**等值面**, 如温度场中的等温面、静电场中的等势面等.

设向量场

$$\boldsymbol{F}(x,y,z)=P(x,y,z)\boldsymbol{i}+Q(x,y,z)\boldsymbol{j}+R(x,y,z)\boldsymbol{k}, \quad (x,y,z)\in\Omega.$$

设 L 是向量场 $\boldsymbol{F}$ 中的一条曲线, 若 L 在每一点处的切线方向都与向量值函数 $\boldsymbol{F}$ 在该点的方向一致, 则称 L 为向量场 $\boldsymbol{F}$ 的**向量线**. 静电场中的电力线, 磁场中的磁力线等都是向量线的实际例子.

设 $M(x,y,z)$ 为向量线上任一点, 其向量方程为

$$\boldsymbol{r}=x\boldsymbol{i}+y\boldsymbol{j}+z\boldsymbol{k},$$

则

$$\mathrm{d}\boldsymbol{r}=\mathrm{d}x\boldsymbol{i}+\mathrm{d}y\boldsymbol{j}+\mathrm{d}z\boldsymbol{k}$$

即为向量线在 M 的切向量. 根据定义, $\mathrm{d}\boldsymbol{r}$ 与 $\boldsymbol{F}(M)$ 共线, 即

$$\frac{\mathrm{d}x}{P(x,y,z)}=\frac{\mathrm{d}y}{Q(x,y,z)}=\frac{\mathrm{d}z}{R(x,y,z)},$$

这就是向量线所满足的方程.

一、方向导数与梯度

在数量场中, 我们需要考察数量沿不同方向的变化快慢. 从数学上说, 就是研究函数沿不同方向的变化率, 即方向导数.

1. 方向导数

设 Ω 为 $\mathbb{R}^3$ 的开集, $f(x,y,z)$ 为定义在 Ω 上的函数. 设 $P_0(x_0,y_0,z_0)\in\Omega$, 并设 $\boldsymbol{v}=(\cos\alpha,\cos\beta,\cos\gamma)$ 为一给定方向, 其中 $\cos\alpha,\cos\beta,\cos\gamma$ 是 $\boldsymbol{v}$ 的方向余弦. 则以 P_0 为起点, 方向为 $\boldsymbol{v}$ 的射线的参数方程为

$$x=x_0+t\cos\alpha,\quad y=y_0+t\cos\beta,\quad z=z_0+t\cos\gamma,$$

其中 $t\geqslant 0$.

定义 11.8.1　设 $\Omega\subseteq\mathbb{R}^3$ 为开集, 函数 $u=f(x,y,z)$ 为定义在 Ω 上的原函数, $P_0(x_0,y_0,z_0)\in\Omega$ 为一给定点, $\boldsymbol{v}=(\cos\alpha,\cos\beta,\cos\gamma)$ 为一给定方向. 若

$$\lim_{t\to 0^+}\frac{f(x_0+t\cos\alpha,y_0+t\cos\beta,z_0+t\cos\gamma)-f(x_0,y_0,z_0)}{t}$$

存在, 则称此极限为 $u=f(x,y,z)$ 在 $P_0(x_0,y_0,z_0)$ 沿方向 $\boldsymbol{v}$ 的方向导数, 记为

$$\left.\frac{\partial u}{\partial\boldsymbol{v}}\right|_{P_0},\ \left.\frac{\partial f}{\partial\boldsymbol{v}}\right|_{P_0},\ \text{或}\ \frac{\partial f}{\partial\boldsymbol{v}}(P_0).$$

显然, 方向导数 $\dfrac{\partial u}{\partial\boldsymbol{v}}(P_0)$ 刻画函数 $f(x,y,z)$ 在 $P_0(x_0,y_0,z_0)$ 沿着方向 $\boldsymbol{v}$ 的变化率.

特别地, 在平面上, 可类似定义二元函数 $f(x,y)$ 在点 $P_0(x_0,y_0)$ 沿方向 $\boldsymbol{v}=(\cos\alpha,\cos\beta)=(\cos\alpha,\sin\alpha)$ 的方向导数

$$\frac{\partial f}{\partial \boldsymbol{v}}(P_0)=\lim_{t\to 0^+}\frac{f\left(x_0+t\cos\alpha,y_0+t\sin\alpha\right)-f(x_0,y_0)}{t}.$$

例 11.8.1 求二元函数 $z=\sqrt{x^2+y^2}$ 在原点 $O(0,0)$ 的方向导数.

解 对于任一方向 $\boldsymbol{v}=(\cos\alpha,\sin\alpha)$,

$$\begin{aligned}\frac{\partial z}{\partial \boldsymbol{v}}(0,0)&=\lim_{t\to 0^+}\frac{f\left(0+t\cos\alpha,0+t\sin\alpha\right)-f(0,0)}{t}\\&=\lim_{t\to 0^+}\frac{\sqrt{(t\cos\alpha)^2+(t\sin\alpha)^2}-0}{t}\\&=\lim_{t\to 0^+}\frac{|t|}{t}=\lim_{t\to 0^+}\frac{t}{t}=1.\end{aligned}$$

□

从几何来看, 圆锥 $z=\sqrt{x^2+y^2}$ 在其顶点处沿着任何方向的变化率都是相同的. 另一方面, 函数 $z=\sqrt{x^2+y^2}$ 在点 $O(0,0)$ 处的两个偏导数都不存在. 因此, 此例告诉我们, 即使函数沿着任何方向的方向导数都存在, 也不能保证函数的偏导数存在. 当然, 方向导数与偏导数之间也存在内在联系. 请读者可以利用定义证明下面的定理.

定理 11.8.1 函数 $f(x,y,z)$ 在点 $P_0(x_0,y_0,z_0)$ 关于 x 可偏导当且仅当 $f(x,y,z)$ 在 $P_0(x_0,y_0,z_0)$ 沿着方向 $\boldsymbol{e}_1=(1,0,0)$ 和 $-\boldsymbol{e}_1=(-1,0,0)$ 的方向导数都存在且互为相反数.

请读者考虑函数对 y,z 的偏导数与其方向导数的联系.

定理 11.8.2 若函数 $u=f(x,y,z)$ 在点 $P_0(x_0,y_0,z_0)$ 可微, 则 $f(x,y,z)$ 在 $P_0(x_0,y_0,z_0)$ 沿任一方向 $\boldsymbol{v}=(\cos\alpha,\cos\beta,\cos\gamma)$ 的方向导数都存在, 且

$$\frac{\partial f}{\partial \boldsymbol{v}}(P_0)=f'_x(P_0)\cos\alpha+f'_y(P_0)\cos\beta+f'_z(P_0)\cos\gamma.$$

证明 由方向导数的定义以及可微的概念,

$$\begin{aligned}\frac{\partial f}{\partial \boldsymbol{v}}(P_0)&=\lim_{t\to 0^+}\frac{f\left(x_0+t\cos\alpha,y_0+t\cos\beta,z_0+t\cos\gamma\right)-f(x_0,y_0,z_0)}{t}\\&=\lim_{t\to 0^+}\frac{f'_x(x_0,y_0,z_0)t\cos\alpha+f'_y(x_0,y_0,z_0)t\cos\beta+f'_z(x_0,y_0,z_0)t\cos\gamma+o(t)}{t}\\&=f'_x(x_0,y_0,z_0)\cos\alpha+f'_y(x_0,y_0,z_0)\cos\beta+f'_z(x_0,y_0,z_0)\cos\gamma.\end{aligned}$$

□

例 11.8.2 求函数 $u(x,y,z)=1+\dfrac{x^2}{6}+\dfrac{y^2}{12}+\dfrac{z^2}{18}$ 在点 $P_0(1,2,3)$ 沿方向 $\boldsymbol{l}=(1,1,1)$ 的方向导数.

解 易见, $\dfrac{\partial u}{\partial x}=\dfrac{x}{3}$, $\dfrac{\partial u}{\partial y}=\dfrac{y}{6}$, $\dfrac{\partial u}{\partial z}=\dfrac{z}{9}$, 方向 $\boldsymbol{l}$ 的单位向量为 $\boldsymbol{v}=\dfrac{1}{\sqrt{3}}(1,1,1)$. 故所求方向导数为

$$\frac{\partial u}{\partial \boldsymbol{v}}(1,2,3)=\frac{1}{3}\cdot\frac{1}{\sqrt{3}}+\frac{1}{3}\cdot\frac{1}{\sqrt{3}}+\frac{1}{3}\cdot\frac{1}{\sqrt{3}}=\frac{\sqrt{3}}{3}. \qquad \square$$

2. 梯度

定义 11.8.2 设 $\Omega\subseteq\mathbb{R}^3$ 为开集, 点 $P_0(x_0,y_0,z_0)\in\Omega$, 函数 $f(x,y,z)$ 在 P_0 可偏导, 则称向量 $\left(f'_x(P_0),f'_y(P_0),f'_z(P_0)\right)$ 为函数 $u=f(x,y,z)$ 在点 P_0 的梯度, 记为 $\mathbf{grad}\ f(P_0)$, 或 $\nabla f(P_0)$, 即

$$\mathbf{grad}\ f(P_0)=\left(f'_x(P_0),f'_y(P_0),f'_z(P_0)\right).$$

显然, 如果 $f(x,y,z)$ 在 P_0 可微, 则

$$\begin{aligned}\frac{\partial f}{\partial \boldsymbol{v}}(P_0)&=f'_x(P_0)\cos\alpha+f'_y(P_0)\cos\beta+f'_z(P_0)\cos\gamma\\&=\mathbf{grad}\ f(P_0)\cdot\boldsymbol{v}=|\mathbf{grad}\ f(P_0)|\cos\theta,\end{aligned}$$

其中, θ 是向量 $\mathbf{grad}\ f(P_0)$ 与 $\boldsymbol{v}$ 的夹角. 因此,

$$\left|\frac{\partial f}{\partial \boldsymbol{v}}(P_0)\right|\leqslant|\mathbf{grad}\ f(P_0)|,$$

且 $\dfrac{\partial f}{\partial \boldsymbol{v}}(P_0)$ 的最大值是 $|\mathbf{grad}\ f(P_0)|$, 且在梯度方向达到. 这就是说, 梯度方向是函数 $f(x,y,z)$ 增长最快的方向, 而梯度相反的方向是函数 $f(x,y,z)$ 减少最快的方向.

由数量场 f 产生的梯度 $\mathbf{grad}\ f$ 构成了向量场, 称为**梯度场**.

二、向量场的通量与散度

定义 11.8.3 设向量场

$$\boldsymbol{F}(x,y,z)=P(x,y,z)\boldsymbol{i}+Q(x,y,z)\boldsymbol{j}+R(x,y,z)\boldsymbol{k},\quad (x,y,z)\in\Omega,$$

$P(x,y,z),Q(x,y,z),R(x,y,z)$ 在 Ω 上有连续的偏导数. 设 Σ 为 Ω 内定向光滑曲面. 称

$$\iint_{\Sigma}\boldsymbol{F}\cdot\mathrm{d}\boldsymbol{S}=\iint_{\Sigma}\boldsymbol{F}\cdot\boldsymbol{n}\mathrm{d}S=\iint_{\Sigma}P(x,y,z)\mathrm{d}y\mathrm{d}z+Q(x,y,z)\mathrm{d}z\mathrm{d}x+R(x,y,z)\mathrm{d}x\mathrm{d}y$$

为向量场 $\boldsymbol{F}$ 沿指定侧通过曲面 Σ 的通量, 记为 Φ.

现假设 Σ 是封闭曲面, 定向为外侧.

当 $\Phi>0$ 时, 由曲面 Σ 流出的量大于流入的量, 这说明 S 的内部有产生流体的 "源".

当 $\Phi<0$ 时, 由曲面 Σ 流出的量小于流入的量, 这说明 S 的内部有 "汇".

当 $\Phi=0$ 时, 由曲面 Σ 流出的量与流入的量相等.

为反映向量场 "源" 或 "汇" 的强度, 我们引入散度的概念.

定义 11.8.4 设向量场 $\boldsymbol{F}(x,y,z)=P(x,y,z)\boldsymbol{i}+Q(x,y,z)\boldsymbol{j}+R(x,y,z)\boldsymbol{k}$, $(x,y,z)\in\Omega$, $P(x,y,z),Q(x,y,z),R(x,y,z)$ 在 Ω 上有连续的偏导数. 称

$$\frac{\partial P(x,y,z)}{\partial x}+\frac{\partial Q(x,y,z)}{\partial y}+\frac{\partial R(x,y,z)}{\partial z}$$

为向量场 $\boldsymbol{F}$ 的散度. 记为 $\mathrm{div}\boldsymbol{F}$.

如果 $\mathrm{div}\boldsymbol{F}(M)>0$, 则称 $\boldsymbol{F}$ 在 M 点有正源 (源); 如果 $\mathrm{div}\boldsymbol{F}(M)<0$, 则称 $\boldsymbol{F}$ 在 M 点有负源 (汇); 如果 $\mathrm{div}\boldsymbol{F}(M)=0$, 则称 $\boldsymbol{F}$ 在 M 点无源.

显然, 当曲面 Σ 封闭时, 根据高斯公式

$$\oiint_{\Sigma} P\mathrm{d}y\mathrm{d}z+Q\mathrm{d}z\mathrm{d}x+R\mathrm{d}x\mathrm{d}y=\iiint_{\Omega'}\mathrm{div}\boldsymbol{F}\mathrm{d}x\mathrm{d}y\mathrm{d}z,$$

其中 Ω' 为由 Σ 所包围的区域.

应用积分中值定理, 可以证明如下定理.

定理 11.8.3 设 $\boldsymbol{F}$ 定义同上, 设 $M\in\Omega$, Σ 为包含 M 的封闭曲面, 定向为外侧, 其所围区域为 Ω', Ω' 的体积记为 $V(\Omega')$, Ω' 的直径记为 $d(\Omega')$. 则 $\boldsymbol{F}$ 的散度就是通量关于体积的变化率, 即

$$\mathrm{div}\boldsymbol{F}(M)=\lim_{d(\Omega')\to 0}\frac{\displaystyle\iint_{\Sigma}\boldsymbol{F}\cdot\mathrm{d}\boldsymbol{S}}{V(\Omega')}.$$

若向量场 $\boldsymbol{F}$ 在每一点 M 的散度 $\mathrm{div}\boldsymbol{F}(M)$ 都存在, 则散度构成的数量场, 称为**散度场**. 当 $\mathrm{div}\boldsymbol{F}\equiv 0$ 时, 称向量场 $\boldsymbol{F}$ 为**无源场**.

例 11.8.3 证明: 向量场

$$\boldsymbol{v}=(xy+1)\boldsymbol{i}+z\boldsymbol{j}-yz\boldsymbol{k}$$

是无源场.

证明 设 $P(x,y,z)=xy+1,\ Q(x,y,z)=z,\ R(x,y,z)=-yz$, 则向量场 $\boldsymbol{v}=(xy+1)\boldsymbol{i}+z\boldsymbol{j}-yz\boldsymbol{k}$ 的散度为

$$\mathrm{div}\boldsymbol{v}=\frac{\partial P}{\partial x}+\frac{\partial Q}{\partial y}+\frac{\partial R}{\partial z}=y+0-y=0.$$

故该向量场是无源场. □

三、向量场的环量与旋度

定义 11.8.5　设向量场

$$\boldsymbol{F}(x,y,z)=P(x,y,z)\boldsymbol{i}+Q(x,y,z)\boldsymbol{j}+R(x,y,z)\boldsymbol{k},\quad (x,y,z)\in\Omega,$$

$P(x,y,z),Q(x,y,z),R(x,y,z)$ 在 Ω 上有连续的偏导数. 设 L 为 Ω 内定向光滑闭曲线, 称

$$\oint_L \boldsymbol{F}\cdot\mathrm{d}\boldsymbol{s}=\oint_L P(x,y,z)\mathrm{d}x+Q(x,y,z)\mathrm{d}y+R(x,y,z)\mathrm{d}z$$

为向量场 $\boldsymbol{F}$ 沿定向闭曲线 L 的**环量**.

定义 11.8.6　设 $\boldsymbol{F}$ 定义同上, 设 $M\in\Omega$, 称向量

$$\left(\frac{\partial R}{\partial y}-\frac{\partial Q}{\partial z}\right)(M)\ \boldsymbol{i}+\left(\frac{\partial P}{\partial z}-\frac{\partial R}{\partial x}\right)(M)\ \boldsymbol{j}+\left(\frac{\partial Q}{\partial x}-\frac{\partial P}{\partial y}\right)(M)\ \boldsymbol{k}$$

为向量场 $\boldsymbol{F}$ 在点 M 的旋度, 记为 $\mathbf{rot}\boldsymbol{F}(M)$, 也可表示为

$$\mathbf{rot}\boldsymbol{F}(M)=\left|\begin{array}{ccc}\boldsymbol{i} & \boldsymbol{j} & \boldsymbol{k}\\ \dfrac{\partial}{\partial x} & \dfrac{\partial}{\partial y} & \dfrac{\partial}{\partial z}\\ P & Q & R\end{array}\right|_M .$$

由向量场 $\boldsymbol{F}$ 产生的 $\mathbf{rot}\boldsymbol{F}$ 也构成向量场, 称为**旋度场**. 如果在向量场中每一点都有 $\mathbf{rot}\boldsymbol{F}=\mathbf{0}$, 则称向量场 $\boldsymbol{F}$ 为无旋场.

斯托克斯公式可写成

$$\oint_{\partial\Sigma}\boldsymbol{F}\cdot\mathrm{d}\boldsymbol{s}=\iint_{\Sigma}\mathrm{rot}\boldsymbol{F}\cdot\mathrm{d}\boldsymbol{S}.$$

四、保守场

定义 11.8.7　设向量场

$$\boldsymbol{F}(x,y,z)=P(x,y,z)\boldsymbol{i}+Q(x,y,z)\boldsymbol{j}+R(x,y,z)\boldsymbol{k},\quad (x,y,z)\in\Omega.$$

设 L 为 Ω 内任一条定向光滑闭曲线, 如果曲线积分 $\displaystyle\int_L \boldsymbol{F}\cdot\mathrm{d}\boldsymbol{s}$ 与路径无关, 则称 $\boldsymbol{F}$ 为一个**保守场**.

定义 11.8.8　设向量场 $\boldsymbol{F}$ 定义同上, 其中 $P(x,y,z),Q(x,y,z),R(x,y,z)$ 在 Ω 上连续. 若存在函数 $U(x,y,z)$, 使得

$$\boldsymbol{F}(M)=\mathbf{grad}\ U(M),$$

则称向量场 $\boldsymbol{F}$ 为**有势场**, 称 $-U(x,y,z)$ 为**势函数**.

根据上述定义, 有势场是梯度场, 它的势函数有无穷多个, 但它们之间仅相差一个常数.

由曲线积分与路径无关的等价条件 (定理 11.7.2), 下面定理成立.

定理 11.8.4 设 $\Omega \subseteq \mathbb{R}^3$ 为单连通区域, 设向量场

$$\boldsymbol{F}(M) = P(x,y,z)\boldsymbol{i} + Q(x,y,z)\boldsymbol{j} + R(x,y,z)\boldsymbol{k}, \quad M(x,y,z) \in \Omega,$$

其中 $P(x,y,z), Q(x,y,z), R(x,y,z)$ 在 Ω 上有连续偏导数, 则下列四个命题等价:

(1) $\boldsymbol{F}(M)$ 是保守场;

(2) $\boldsymbol{F}(M)$ 是有势场;

(3) $\boldsymbol{F}(M)$ 是无旋场;

(4) $\boldsymbol{F}$ 在 Ω 内任意简单光滑闭曲线上积分为零.

例 11.8.4 设 $u = u(x,y,z)$ 为一个数量场, 它具有二阶连续偏导数. 证明该数量场的梯度场是无旋场.

解 根据定义, $\mathbf{grad}\, u = \left(\dfrac{\partial u}{\partial x}, \dfrac{\partial u}{\partial y}, \dfrac{\partial u}{\partial z}\right)$. 由旋度定义,

$$\mathbf{rot}\,(\mathbf{grad}\, u) = \begin{vmatrix} \boldsymbol{i} & \boldsymbol{j} & \boldsymbol{k} \\ \dfrac{\partial}{\partial x} & \dfrac{\partial}{\partial y} & \dfrac{\partial}{\partial z} \\ \dfrac{\partial u}{\partial x} & \dfrac{\partial u}{\partial y} & \dfrac{\partial u}{\partial z} \end{vmatrix} = (0,0,0)\,,$$

即 $\mathbf{grad}\, u$ 为无旋场. □

习 题 11.8

1. 求下列数量场在指定点处沿方向 $\boldsymbol{v}$ 的方向导数.

(1) $u = f(x,y) = x^2 - y^2$, $P_0(1,1)$, $\boldsymbol{v} = \left(\dfrac{1}{2}, \dfrac{\sqrt{3}}{2}\right)$;

(2) $u = f(x,y,z) = xy^2 + z^3 - xyz$, $P_0(1,1,2)$, $\boldsymbol{v} = \left(1, \sqrt{2}, 1\right)$.

2. 求函数 $f(x,y) = \sqrt{|x^2 - y^2|}$ 在 $O(0,0)$ 处沿方向 $\boldsymbol{v} = (\cos\alpha, \sin\alpha)$ 的方向导数.

3. 求下列数量场在指定点处的梯度.

(1) $f(x,y,z) = \dfrac{1}{\sqrt{x^2+y^2+z^2}}$, $P_0(1,1,1)$;

(2) $f(x,y,z) = \mathrm{e}^{x+y+z}$, $P_0(0,0,0)$.

4. 求下列向量场的散度.

(1) $\boldsymbol{F} = \dfrac{1}{\sqrt{x^2+y^2+z^2}}\,(x,y,z)$, 其中 $\sqrt{x^2+y^2+z^2} > 0$;

(2) $\boldsymbol{F} = \mathbf{grad}\, f$, 其中数量场 $f(x,y,z) = xyz\mathrm{e}^{x+y+z}$.

5. 求下列向量场的旋度.

(1) $\boldsymbol{F} = (y^2, z^2, x^2)$;

(2) $\boldsymbol{F} = (x\mathrm{e}^y + y)\boldsymbol{i} + (z + \mathrm{e}^y)\boldsymbol{j} + (y + 2z\mathrm{e}^y)\boldsymbol{k}$.

6. 确定向量场 $\boldsymbol{F}(M) = (x, y, 2z)$ 的向量线.

7. 求向量场 $\boldsymbol{F}(M) = (x, y, z)$ 穿过曲面 $z = 1 - \sqrt{x^2+y^2}\ (0 \leqslant z \leqslant 1)$ 的流量.

8. 求向量场 $\boldsymbol{F}(M) = (-y, x, c)$ (c 是常数) 沿着圆周 $\begin{cases} (x-2)^2 + y^2 = 1, \\ z = 0 \end{cases}$ 的环量, 从 z 轴正向看圆周为逆时针方向.

// 复习题11 //

1. 计算曲线积分 $\int_L y\mathrm{d}s$, 其中 L 是从 $A(0,\sqrt{2})$ 沿 $x^2+y^2=2$ 经过 $B(\sqrt{2},0)$ 至 $C((1,-1)$ 的弧段.

2. 求 $\int_L |x|^{\frac{1}{3}}\,\mathrm{d}s$, L 是星形线 $x^{\frac{2}{3}} + y^{\frac{2}{3}} = 1$ 的一周.

3. 计算曲线积分 $\int_L (\mathrm{e}^x \sin y - 2y)\mathrm{d}x + (\mathrm{e}^x \cos y - 2)\mathrm{d}y$, 其中 L 为上半圆周 $(x-a)^2+y^2 = a^2\ (y \geqslant 0)$, 沿逆时针方向.

4. 计算曲线积分 $I = \int_L 3x^2 y\,\mathrm{d}x + (x^3 + x - 2y)\,\mathrm{d}y$, 其中 L 是第一象限中从点 $(0,0)$ 沿圆周 $x^2+y^2=2x$ 到点 $(2,0)$, 再沿圆周 $x^2+y^2=4$ 到点 $(0,2)$ 的曲线段.

5. 已知曲线 L 的方程为 $\begin{cases} z = \sqrt{2-x^2-y^2}, \\ z = x, \end{cases}$ 起点为 $A(0,\sqrt{2},0)$, 终点为 $B(0,-\sqrt{2},0)$, 计算曲线积分 $I = \int_L (y+z)\,\mathrm{d}x + (z^2 - x^2 + y)\,\mathrm{d}y + (x^2+y^2)\,\mathrm{d}z$.

6. 设在上半平面 $D = \{(x,y)|y>0\}$ 内, 函数 $f(x,y)$ 具有连续偏导数, 且对任意的 $t>0$, 都有 $f(tx,ty) = t^{-2}f(x,y)$. 证明: 对 D 内的任意分段光滑的有向简单闭曲线 L, 都有

$$\oint_L yf(x,y)\mathrm{d}x - xf(x,y)\mathrm{d}y = 0.$$

7. 设函数 $f(x)$ 在 $\mathbb{R}$ 上具有连续导数, L 为 xOy 平面的上半平面 $(y>0)$ 内有向分段光滑曲线, 其起点为 (a,b), 终点为 (c,d). 记

$$I = \int_L \frac{1}{y}(1 + y^2 f(xy))\mathrm{d}x + \frac{x}{y^2}(y^2 f(xy) - 1)\mathrm{d}y.$$

(1) 证明曲线积分 I 与路径 L 无关;

(2) 当 $ab = cd$ 时, 求 I 的值.

8. 设 Σ 为椭圆面 $\dfrac{x^2}{2} + \dfrac{y^2}{2} + z^2 = 1$ 的上半部分, 点 $P(x,y,z) \in \Sigma$, Π 为 Σ 在点 P 处

的切平面, $\rho(x,y,z)$ 为点 $O(0,0,0)$ 到平面 Π 的距离, 求 $\iint\limits_{\Sigma} \dfrac{z}{\rho(x,y,z)}\mathrm{d}S$.

9. 设薄片型物体 Σ 是圆锥面 $z=\sqrt{x^2+y^2}$ 被柱面 $z^2=2x$ 割下的有限部分, 其上任一点的密度为 $\mu=9\sqrt{x^2+y^2+z^2}$. 记圆锥面与柱面的交线为 C.

(1) 求 C 在 xOy 平面上的投影曲线的方程;

(2) 求 Σ 的质量 M.

10. 计算 $\iint\limits_{\Sigma} 2xz\mathrm{d}y\mathrm{d}z + yz\mathrm{d}z\mathrm{d}x - z^2\mathrm{d}x\mathrm{d}y$, 其中 Σ 是由曲面 $z=\sqrt{x^2+y^2}$ 与 $z=\sqrt{2-x^2-y^2}$ 所围立体的表面外侧.

11. 计算曲面积分 $I=\iint\limits_{\Sigma} xz\mathrm{d}y\mathrm{d}z + 2zy\mathrm{d}z\mathrm{d}x + 3xy\mathrm{d}x\mathrm{d}y$, 其中 Σ 为曲面 $z=1-x^2-\dfrac{y^2}{4}$ $(0\leqslant z\leqslant 1)$ 的上侧.

12. 设 $\Omega=\{(x,y,z)\mid x>0\}$, Σ 为 Ω 内任意的光滑有向封闭曲面, 且

$$\oint\!\!\!\oint_{\Sigma} xf(x)\mathrm{d}y\mathrm{d}z - xyf(x)\mathrm{d}z\mathrm{d}x - \mathrm{e}^{2x}z\mathrm{d}x\mathrm{d}y = 0,$$

其中函数 $f(x)$ 在 $(0,+\infty)$ 内具有连续导数, 且 $\lim\limits_{x\to 0^+} f(x)=1$, 求 $f(x)$.

13. 计算 $I=\oint_L (y^2-z^2)\mathrm{d}x+(2z^2-x^2)\mathrm{d}y+(3x^2-y^2)\mathrm{d}z$, 其中 L 是平面 $x+y+z=2$ 与柱面 $|x|+|y|=1$ 的交线, 从 z 轴正向看去, L 为逆时针方向.

Chapter 12

第12章 无穷级数

无穷级数把有限个数或函数的和推广到无穷个数或函数的和，是高等数学的一个重要组成部分，在函数表示、函数性质研究以及数值计算等方面具有重要的意义. 本章主要介绍常数项级数和函数项级数，并在此基础上讨论幂级数和傅里叶级数的收敛性，以及如何将函数展开为幂级数或傅里叶级数.

12.1 常数项级数的概念与性质

一、常数项级数的基本概念

设 $\{u_n\}$ 为一个数列，把数列的各项用加号连接起来的表达式

$$u_1+u_2+u_3+\cdots+u_n+\cdots$$

称为**常数项无穷级数**(简称级数)，记为 $\sum\limits_{n=1}^{\infty}u_n$，即

$$\sum_{n=1}^{\infty}u_n=u_1+u_2+u_3+\cdots+u_n+\cdots, \tag{12.1.1}$$

其中 u_n 叫做该级数的**一般项**或者**通项**.

级数 (12.1.1) 是无穷多项 “相加”，它有没有和？如果有，如何求？为此，我们取级数 (12.1.1) 的前 n 项之和，记为

$$S_n=u_1+u_2+u_3+\cdots+u_n, \tag{12.1.2}$$

并称之为级数 (12.1.1) 的**前 n 项的部分和**. 则

$$S_1=u_1,\quad S_2=u_1+u_2,\quad \cdots,\quad S_n=u_1+u_2+u_3+\cdots+u_n,\ \cdots$$

构成数列 $\{S_n\}$, 称之为级数 (12.1.1) 的**部分和数列**.

定义 12.1.1　如果级数 (12.1.1) 的部分和数列 $\{S_n\}$ 有极限, 即 $\lim\limits_{n\to\infty} S_n = S$, 则称级数 (12.1.1) **收敛于** S, S 为**级数的和**, 记作

$$\sum_{n=1}^{\infty} u_n = S.$$

如果数列 $\{S_n\}$ 发散, 则称级数 (12.1.1) **发散**.

当级数 (12.1.1) 收敛于 S 时, 则差值

$$r_n = S - S_n = u_{n+1} + u_{n+2} + \cdots$$

称为级数 (12.1.1) 的**余项**. 易知, $\lim\limits_{n\to\infty} r_n = 0$.

例 12.1.1　判别级数 $\sum\limits_{n=1}^{\infty} \dfrac{1}{(n+1)(n+2)}$ 的收敛性.

解　因为级数的一般项 $u_n = \dfrac{1}{(n+1)(n+2)} = \dfrac{1}{n+1} - \dfrac{1}{n+2}$, 所以,

$$\begin{aligned} S_n &= \frac{1}{2\cdot 3} + \cdots + \frac{1}{n\cdot(n+1)} + \frac{1}{(n+1)\cdot(n+2)} \\ &= \left(\frac{1}{2} - \frac{1}{3}\right) + \left(\frac{1}{3} - \frac{1}{4}\right) + \cdots + \left(\frac{1}{n+1} - \frac{1}{n+2}\right) \\ &= \frac{1}{2} - \frac{1}{n+2}. \end{aligned}$$

由于

$$\lim_{n\to\infty}\left(\frac{1}{2} - \frac{1}{n+2}\right) = \frac{1}{2},$$

所以 $\sum\limits_{n=1}^{\infty} \dfrac{1}{(n+1)(n+2)}$ 收敛. □

例 12.1.2　讨论**几何级数**(又称**等比级数**)

$$\sum_{n=0}^{\infty} aq^n = a + aq + aq^2 + \cdots + aq^n + \cdots$$

的敛散性, 其中 $a \neq 0$, q 为公比.

解　(1) 当 $q \neq 1$ 时, 部分和

$$S_n = a + aq + aq^2 + \cdots + aq^{n-1} = \frac{a(1-q^n)}{1-q}.$$

如果 $|q|<1$, 则 $\lim\limits_{n\to\infty} S_n=\dfrac{a}{1-q}$, 此时级数 $\sum\limits_{n=0}^{\infty} aq^n$ 收敛, 其和为 $\dfrac{a}{1-q}$.

如果 $|q|>1$, 则 $\lim\limits_{n\to\infty} S_n=\infty$, 此时级数 $\sum\limits_{n=0}^{\infty} aq^n$ 发散.

(2) 当 $|q|=1$ 时, 如果 $q=1$, 则 $S_n=na\to\infty$, 因此级数 $\sum\limits_{n=0}^{\infty} aq^n$ 发散; 如果 $q=-1$, 则级数 $\sum\limits_{n=0}^{\infty} aq^n=a-a+a-a+\cdots$, 即

$$S_n=\begin{cases} a, & n \text{ 为奇数}, \\ 0, & n \text{ 为偶数}. \end{cases}$$

因此, 当 $|q|=1$ 时, S_n 的极限不存在, 此时级数 $\sum\limits_{n=0}^{\infty} aq^n$ 发散.

综上所述, 如果 $|q|<1$, 则级数 $\sum\limits_{n=0}^{\infty} aq^n$ 收敛, 其和为 $\dfrac{a}{1-q}$; 如果 $|q|\geqslant 1$, 则级数 $\sum\limits_{n=0}^{\infty} aq^n$ 发散. □

例 12.1.3　级数 $\sum\limits_{n=1}^{\infty}\dfrac{1}{n}=1+\dfrac{1}{2}+\dfrac{1}{3}+\cdots+\dfrac{1}{n}+\cdots$ 称为**调和级数**. 试证明此级数发散.

证明　假设级数 $\sum\limits_{n=1}^{\infty}\dfrac{1}{n}$ 收敛于 S, 则由定义, 其部分和满足

$$\lim_{n\to\infty} S_n=S \quad 且 \quad \lim_{n\to\infty} S_{2n}=S,$$

于是

$$\lim_{n\to\infty}(S_{2n}-S_n)=S-S=0.$$

但是

$$S_{2n}-S_n=\frac{1}{n+1}+\frac{1}{n+2}+\cdots+\frac{1}{2n}>\frac{1}{2n}+\frac{1}{2n}+\cdots+\frac{1}{2n}=\frac{1}{2},$$

与上述极限矛盾, 故 $\sum\limits_{n=1}^{\infty}\dfrac{1}{n}$ 发散. □

二、级数的基本性质

性质 12.1.1 (级数收敛的必要条件)　如果 $\sum\limits_{n=1}^{\infty} u_n$ 收敛, 则 $\lim\limits_{n\to\infty} u_n=0$.

证明 设 $\sum\limits_{n=1}^{\infty} u_n$ 收敛于 S, 则

$$\lim_{n\to\infty} u_n = \lim_{n\to\infty} (S_n - S_{n-1}) = \lim_{n\to\infty} S_n - \lim_{n\to\infty} S_{n-1} = S - S = 0. \qquad \square$$

由此性质可知, 若 $\lim\limits_{n\to\infty} u_n \neq 0$, 则级数 $\sum\limits_{n=1}^{\infty} u_n$ 必发散. 此外, 即使级数的通项的极限为 0, 但也不能保证该级数收敛, 例如级数 $\sum\limits_{n=1}^{\infty} \dfrac{1}{n}$.

性质 12.1.2 在级数中去掉、添加或改变有限项, 不改变级数的敛散性.

证明 设级数

$$u_1 + u_2 + \cdots + u_k + u_{k+1} + u_{k+2} + \cdots + u_{k+n} + \cdots, \tag{12.1.3}$$

去掉前 k 项得另一级数

$$u_{k+1} + u_{k+2} + \cdots + u_{k+n} + \cdots. \tag{12.1.4}$$

记级数 (12.1.3), (12.1.4) 的前 n 项部分和分别为 S_n, T_n, 则

$$T_n = S_{k+n} - S_k,$$

注意到 S_k 为常数, 当 $n \to \infty$ 时, T_n 与 S_{k+n} 同时收敛或同时发散. 因此, 级数 (12.1.3) 与 (12.1.4) 具有相同的敛散性. 其他情形类似可证. $\square$

下面两个性质, 请读者根据定义证明.

性质 12.1.3 对任意非零常数 k, 级数 $\sum\limits_{n=1}^{\infty} ku_n$ 与 $\sum\limits_{n=1}^{\infty} u_n$ 具有相同的敛散性. 当 $\sum\limits_{n=1}^{\infty} u_n$ 收敛于 S 时, 则 $\sum\limits_{n=1}^{\infty} ku_n$ 收敛于 kS.

性质 12.1.4 如果级数 $\sum\limits_{n=1}^{\infty} u_n$, $\sum\limits_{n=1}^{\infty} v_n$ 分别收敛于 S, T, 则级数 $\sum\limits_{n=1}^{\infty}(u_n \pm v_n)$ 收敛于 $S \pm T$.

性质 12.1.5 收敛级数任意添加括号后所得的级数仍然收敛, 且和不变.

证明 设收敛级数

$$\sum_{n=1}^{\infty} u_n = u_1 + u_2 + \cdots + u_n + \cdots.$$

添加加括号后所得级数设为

$$(u_1+u_2+\cdots+u_{i_1})+\cdots+(u_{i_1+1}+\cdots+u_{i_2})+\cdots+(u_{i_{n-1}+1}+\cdots+u_{i_n})+\cdots, \quad (12.1.5)$$

用 T_n 表示级数 (12.1.5) 的前 n 项部分和, 用 S_n 表示级数 $\sum_{n=1}^{\infty} u_n$ 的前 n 项部分和, 则

$$T_n = S_{i_n}, \quad n=1,2,\cdots,$$

当 $n \to \infty$ 时, 显然 $i_n \to \infty$. 因此, $\lim_{n\to\infty} T_n = \lim_{i_n\to\infty} S_{i_n} = S$. □

注意上述性质的逆命题是不成立的, 即带括号的收敛级数去括号后未必收敛. 根据例 12.1.2, 级数 $\sum_{n=1}^{\infty}(-1)^{n-1}$ 是发散的, 但是通过以下加括号变成了收敛级数.

$$(1-1)+(1-1)+\cdots+(1-1)+\cdots=0+0+\cdots+0+\cdots=0.$$

$$1+(-1+1)+(-1+1)+\cdots+(-1+1)+\cdots=1+0+0+\cdots+0+\cdots=1.$$

例 12.1.4 判别级数 $\sum_{n=1}^{\infty}\frac{2}{5}\left(-\frac{1}{3}\right)^{n-1}$ 的敛散性.

解 由于级数 $\sum_{n=1}^{\infty}\left(-\frac{1}{3}\right)^{n-1}$ 是公比为 $q=-\frac{1}{3}$ 的几何级数, 且 $|q|=\frac{1}{3}<1$, 所以 $\sum_{n=1}^{\infty}\left(-\frac{1}{3}\right)^{n-1}$ 收敛. 由性质 12.1.3 可知 $\sum_{n=1}^{\infty}\frac{2}{5}\left(-\frac{1}{3}\right)^{n-1}$ 也收敛. □

例 12.1.5 判别级数 $\sum_{n=1}^{\infty}\left[\left(\frac{1}{3}\right)^n+\frac{1}{(n+1)(n+2)}\right]$ 的收敛性.

解 由于级数 $\sum_{n=1}^{\infty}\left(\frac{1}{3}\right)^n$ 与级数 $\sum_{n=1}^{\infty}\frac{1}{(n+1)(n+2)}$ 均收敛, 由性质 12.1.4 可知, 所要判断的级数收敛. □

习 题 12.1

1. 判断题.

(1) 如果级数 $\sum_{n=1}^{\infty} u_n$ 发散, 则 $\lim_{n\to\infty} u_n$ 必不为零. ( )

(2) 若级数 $\sum_{n=1}^{\infty} u_n$ 发散, $\sum_{n=1}^{\infty} v_n$ 收敛, 则 $\sum_{n=1}^{\infty}(u_n+v_n)$ 发散. ( )

(3) 若级数 $\sum\limits_{n=1}^{\infty} u_n$ 与 $\sum\limits_{n=1}^{\infty} v_n$ 都发散, 则 $\sum\limits_{n=1}^{\infty}(u_n \pm v_n)$ 一定发散. ( )

(4) 若一个级数加括号后所得级数收敛, 则该级数一定收敛. ( )

(5) 若一个级数发散, 则其加括号后所得级数一定发散. ( )

(6) 若一个级数加括号后所得级数发散, 则原级数一定发散. ( )

2. 已知级数的前 n 项部分和 S_n, 写出级数的一般项, 并求级数的和.

(1) $S_n = \dfrac{n+1}{n}$; (2) $S_n = \dfrac{2^n - 1}{2^n}$.

3. 判别下列级数的敛散性.

(1) $\dfrac{1}{1 \cdot 3} + \dfrac{1}{3 \cdot 5} + \cdots + \dfrac{1}{(2n-1)(2n+1)} + \cdots$; (2) $\dfrac{1}{2} + \dfrac{1}{4} + \dfrac{1}{6} + \dfrac{1}{8} + \dfrac{1}{10} + \cdots$;

(3) $\dfrac{3}{4} - \dfrac{3\sqrt{3}}{8} + \dfrac{9}{16} - \dfrac{9\sqrt{3}}{32} + \dfrac{27}{64} - \dfrac{27\sqrt{3}}{128} + \cdots$;

(4) $\dfrac{1}{2} + \dfrac{1}{10} + \dfrac{1}{4} + \dfrac{1}{20} + \cdots + \dfrac{1}{2^n} + \dfrac{1}{10n} + \cdots$;

(5) $\sum\limits_{n=1}^{\infty} \dfrac{n-1}{1000n+1}$; (6) $\sum\limits_{n=1}^{\infty} \left(\dfrac{2n}{2n+1}\right)^n$;

(7) $\sum\limits_{n=1}^{\infty} \dfrac{n}{2n-1}$; (8) $\sum\limits_{n=1}^{\infty} \sqrt[n]{\ln n}$;

(9) $\sum\limits_{n=1}^{\infty} \dfrac{1}{\sqrt{n+1}+\sqrt{n}}$; (10) $\sum\limits_{n=1}^{\infty} \dfrac{n}{(n+1)!}$.

12.2 常数项级数的收敛判别法

本节首先讨论正项级数的收敛判别, 在此基础上讨论任意项级数的收敛判别.

一、正项级数及其敛散性判别法

定义 12.2.1 如果级数 $\sum\limits_{n=1}^{\infty} u_n$ 的各项都是非负实数, 即

$$u_n \geqslant 0, \quad n = 1, 2, \cdots,$$

则称此级数为**正项级数**.

显然, 正项级数的部分和数列 $\{S_n\}$ 是单调增加的, 即

$$S_n = \sum_{k=1}^{n} u_k \leqslant S_{n+1} = \sum_{k=1}^{n+1} u_k, \quad n = 1, 2, \cdots.$$

根据单调数列的性质, 立即得到如下定理.

定理 12.2.1　正项级数收敛的充要条件是它的部分和数列有上界.

定理 12.2.2 (比较判别法)　设 $\sum\limits_{n=1}^{\infty} u_n$ 和 $\sum\limits_{n=1}^{\infty} v_n$ 都是正项级数, 且 $u_n \leqslant v_n, n = 1, 2, 3, \cdots$, 则

(1) 若级数 $\sum\limits_{n=1}^{\infty} v_n$ 收敛, 则级数 $\sum\limits_{n=1}^{\infty} u_n$ 收敛;

(2) 若级数 $\sum\limits_{n=1}^{\infty} u_n$ 发散, 则级数 $\sum\limits_{n=1}^{\infty} v_n$ 发散.

证明　设 S_n 和 T_n 分别表示 $\sum\limits_{n=1}^{\infty} u_n$ 和 $\sum\limits_{n=1}^{\infty} v_n$ 的部分和. 根据题设, $S_n \leqslant T_n$. 若 $\sum\limits_{n=1}^{\infty} v_n$ 收敛, 则 $\{T_n\}$ 有上界, 从而 $\{S_n\}$ 有上界, 因此 $\sum\limits_{n=1}^{\infty} u_n$ 收敛. 若 $\sum\limits_{n=1}^{\infty} u_n$ 发散, 则 $\{S_n\}$ 无上界, 从而 $\{T_n\}$ 无上界, 因此 $\sum\limits_{n=1}^{\infty} v_n$ 发散. □

由于改变级数的有限项并不改变它的敛散性, 所以我们有以下推论.

推论 12.2.1　设 $\sum\limits_{n=1}^{\infty} u_n$ 和 $\sum\limits_{n=1}^{\infty} v_n$ 为正项级数. 如果存在正整数 N 以及常数 $k > 0$, 使得

$$u_n \leqslant k v_n, \quad n > N,$$

则定理 12.2.2 的结论仍然成立.

例 12.2.1　讨论p-**级数**$\sum\limits_{n=1}^{\infty} \dfrac{1}{n^p} = 1 + \dfrac{1}{2^p} + \dfrac{1}{3^p} + \dfrac{1}{4^p} + \cdots + \dfrac{1}{n^p} + \cdots$ 的收敛性, 其中常数 $p > 0$.

解　(1) 当 $p \leqslant 1$ 时, 因 $\dfrac{1}{n^p} \geqslant \dfrac{1}{n}$, 而 $\sum\limits_{n=1}^{\infty} \dfrac{1}{n}$ 发散, 所以 p-级数 $\sum\limits_{n=1}^{\infty} \dfrac{1}{n^p}$ 发散.

(2) 当 $p > 1$ 时, $\dfrac{1}{n^p} \leqslant \displaystyle\int_{n-1}^{n} \dfrac{1}{x^p} \mathrm{d}x$, 于是 p-级数的部分和

$$\begin{aligned}
S_n &= \frac{1}{1^p} + \frac{1}{2^p} + \cdots + \frac{1}{n^p} \\
&\leqslant 1 + \int_1^2 \frac{1}{x^p} \mathrm{d}x + \cdots + \int_{n-1}^{n} \frac{1}{x^p} \mathrm{d}x \\
&= 1 + \int_1^n \frac{1}{x^p} \mathrm{d}x = 1 + \frac{1}{p-1}\left(1 - \frac{1}{n^{p-1}}\right) < 1 + \frac{1}{p-1},
\end{aligned}$$

即 $\{S_n\}$ 有界. 故 $\sum\limits_{n=1}^{\infty}\frac{1}{n^p}$ 收敛.

综上所述, 当 $p\leqslant 1$ 时, p-级数发散; 当 $p>1$ 时, p-级数收敛. □

例 12.2.2 判断下列级数的敛散性.

(1) $\sum\limits_{n=1}^{\infty}\frac{1}{2n(2n-1)}$;　　(2) $\sum\limits_{n=2}^{\infty}\frac{1}{\ln n}$.

解 (1) 因为 $2n-1\geqslant n$, 所以 $u_n=\frac{1}{2n(2n-1)}\leqslant\frac{1}{2n^2}$. 由于 $\sum\limits_{n=1}^{\infty}\frac{1}{2n^2}$ 收敛, 根据比较判别法可知 $\sum\limits_{n=1}^{\infty}\frac{1}{2n(2n-1)}$ 收敛.

(2) 当 $n\geqslant 2$ 时, $\frac{1}{\ln n}>\frac{1}{n}$, 而级数 $\sum\limits_{n=2}^{\infty}\frac{1}{n}$ 是发散的, 因此 $\sum\limits_{n=2}^{\infty}\frac{1}{\ln n}$ 也是发散的. □

例 12.2.3 若正项级数 $\sum\limits_{n=1}^{\infty}a_n$ 收敛, 证明下列级数收敛.

(1) $\sum\limits_{n=1}^{\infty}\frac{a_n}{1+a_n}$;　　(2) $\sum\limits_{n=1}^{\infty}\frac{\sqrt{a_n}}{n}$;　　(3) $\sum\limits_{n=1}^{\infty}a_n^2$.

证明 (1) 由于 $\frac{a_n}{1+a_n}\leqslant\frac{a_n}{1+0}=a_n$, 故由比较判别法, $\sum\limits_{n=1}^{\infty}\frac{a_n}{1+a_n}$ 收敛.

(2) 由于

$$\frac{\sqrt{a_n}}{n}\leqslant\frac{1}{2}\left((\sqrt{a_n})^2+\frac{1}{n^2}\right)=\frac{1}{2}\left(a_n+\frac{1}{n^2}\right),$$

而 $\sum\limits_{n=1}^{\infty}a_n$ 和 $\sum\limits_{n=1}^{\infty}\frac{1}{n^2}$ 都收敛, 故 $\sum\limits_{n=1}^{\infty}\frac{\sqrt{a_n}}{n}$ 收敛.

(3) 由于 $\sum\limits_{n=1}^{\infty}a_n$ 收敛, 则 $\lim\limits_{n\to\infty}a_n=0$. 因此, 存在正整数 N, 当 $n>N$ 时, $0\leqslant a_n<1$, 从而 $a_n^2\leqslant a_n$, 故 $\sum\limits_{n=1}^{\infty}a_n^2$ 收敛. □

定理 12.2.3 (比较判别法的极限形式) 设 $\sum\limits_{n=1}^{\infty}u_n$ 和 $\sum\limits_{n=1}^{\infty}v_n$ 都是正项级数, 且

$$\lim_{n\to\infty}\frac{u_n}{v_n}=l.$$

(1) 当 $0 < l < +\infty$ 时, 则 $\sum\limits_{n=1}^{\infty} v_n$ 与 $\sum\limits_{n=1}^{\infty} u_n$ 具有相同的敛散性.

(2) 当 $l = 0$ 时, 如果 $\sum\limits_{n=1}^{\infty} v_n$ 收敛, 则 $\sum\limits_{n=1}^{\infty} u_n$ 收敛.

(3) 当 $l = +\infty$ 时, 如果 $\sum\limits_{n=1}^{\infty} v_n$ 发散, 则 $\sum\limits_{n=1}^{\infty} u_n$ 发散.

证明　(1) 因为 $0 < l < +\infty$, 取 $\varepsilon = \frac{l}{2}$, 则存在正整数 N, 当 $n > N$ 时,

$$\left|\frac{u_n}{v_n} - l\right| < \frac{l}{2},$$

即

$$\frac{l}{2} < \frac{u_n}{v_n} < \frac{3}{2}l.$$

故

$$\frac{l}{2}v_n < u_n < \frac{3l}{2}v_n, \quad n > N.$$

由推论 12.2.1 可知, 两级数同时收敛或同时发散.

(2) 当 $l = 0$ 时, 存在正整数 N, 当 $n > N$ 时, $\frac{u_n}{v_n} < 1$, 即 $u_n < v_n$. 由比较判别法可知, 如果 $\sum\limits_{n=1}^{\infty} v_n$ 收敛, 则 $\sum\limits_{n=1}^{\infty} u_n$ 收敛.

(3) 当 $l = +\infty$ 时, 存在正整数 N, 当 $n > N$ 时, $\frac{u_n}{v_n} > 1$, 即 $u_n > v_n$. 由比较判别法可知, 如果 $\sum\limits_{n=1}^{\infty} v_n$ 发散, 则 $\sum\limits_{n=1}^{\infty} u_n$ 也发散. □

例 12.2.4　判别级数 $\sum\limits_{n=1}^{\infty} \frac{1}{n\sqrt[n]{n}}$ 的收敛性.

解　因为

$$\lim_{n\to\infty} \frac{\frac{1}{n\sqrt[n]{n}}}{\frac{1}{n}} = \lim_{n\to\infty} \frac{1}{\sqrt[n]{n}} = 1,$$

而级数 $\sum\limits_{n=1}^{\infty} \frac{1}{n}$ 发散, 根据比较判别的极限形式, $\sum\limits_{n=1}^{\infty} \frac{1}{n\sqrt[n]{n}}$ 发散. □

例 12.2.5　判别级数 $\sum\limits_{n=1}^{\infty} \ln\left(1 + \frac{1}{n^2}\right)$ 的收敛性.

解 因为

$$\lim_{n\to\infty}\frac{\ln\left(1+\dfrac{1}{n^2}\right)}{\dfrac{1}{n^2}}=1,$$

而级数 $\sum\limits_{n=1}^{\infty}\frac{1}{n^2}$ 收敛, 根据比较判别法的极限形式, $\sum\limits_{n=1}^{\infty}\ln\left(1+\frac{1}{n^2}\right)$ 收敛. □

定理 12.2.4 (比值判别法) 若正项级数 $\sum\limits_{n=1}^{\infty}u_n$ 的一般项满足

$$\lim_{n\to\infty}\frac{u_{n+1}}{u_n}=\rho,$$

则

(1) 当 $\rho<1$ 时, $\sum\limits_{n=1}^{\infty}u_n$ 收敛;

(2) 当 $\rho>1$ (或 $\rho=+\infty$) 时, $\sum\limits_{n=1}^{\infty}u_n$ 发散.

证明 (1) 当 $\rho<1$ 时, 取正数 ε, 使得 $0<\rho+\varepsilon=r<1$. 由极限定义知, 存在正整数 N, 当 $n>N$ 时,

$$\frac{u_{n+1}}{u_n}<\rho+\varepsilon=r<1,$$

即 $u_{n+1}<ru_n$, 因此

$$u_n<r^{n-N-1}u_{N+1},\quad n>N+1.$$

而级数 $\sum\limits_{n=1}^{\infty}r^nu_{N+1}$ 收敛, 故由比较判别法可知, $\sum\limits_{n=1}^{\infty}u_n$ 收敛.

(2) 当 $\rho>1$ 时, 取正数 ε, 使得 $\rho-\varepsilon>1$, 则存在正整数 N, 当 $n>N$ 时,

$$\frac{u_{n+1}}{u_n}>\rho-\varepsilon>1, \text{即 } u_{n+1}>u_n.$$

这表明, 当 $n>N$ 时, $\{u_n\}$ 严格单调增加, 因此 $\lim\limits_{n\to\infty}u_n\neq 0$, 故 $\sum\limits_{n=1}^{\infty}u_n$ 发散.

类似可证, 当 $\rho=+\infty$ 时, 级数 $\sum\limits_{n=1}^{\infty}u_n$ 仍发散. □

注 如果 $\lim\limits_{n\to\infty}\frac{u_{n+1}}{u_n}=1$, 则级数 $\sum\limits_{n=1}^{\infty}u_n$ 可能收敛, 也可能发散. 例如 p-级数

$\sum_{n=1}^{\infty}\frac{1}{n^p}$,

$$\lim_{n\to\infty}\frac{u_{n+1}}{u_n}=\lim_{n\to\infty}\frac{\frac{1}{(n+1)^p}}{\frac{1}{n^p}}=1.$$

但我们知道, 当 $p>1$ 时 p-级数收敛; 当 $p\leqslant 1$ 时 p-级数发散.

例 12.2.6 判别下列级数的收敛性.

(1) $\sum_{n=1}^{\infty}\frac{n+1}{2^n(n-1)!}$; (2) $\sum_{n=1}^{\infty}n!\left(\frac{3}{n}\right)^n$.

解 (1) $\lim_{n\to\infty}\frac{u_{n+1}}{u_n}=\lim_{n\to\infty}\frac{n+2}{2^{n+1}n!}\cdot\frac{2^n(n-1)!}{n+1}=\lim_{n\to\infty}\frac{n+2}{2n(n+1)}=0<1.$

由比值判别法可知该级数收敛.

(2) $$\lim_{n\to\infty}\frac{u_{n+1}}{u_n}=\lim_{n\to\infty}\frac{(n+1)!3^{n+1}}{(n+1)^{n+1}}\cdot\frac{n^n}{n!3^n}=3\lim_{n\to\infty}\left(\frac{n}{n+1}\right)^n$$

$$=3\lim_{n\to\infty}\frac{1}{\left(1+\frac{1}{n}\right)^n}=\frac{3}{\mathrm{e}}>1.$$

由比值判别法可知该级数发散. □

例 12.2.7 讨论 $\sum_{n=1}^{\infty}nx^n\ (x>0)$ 的敛散性.

解 $\lim_{n\to\infty}\frac{u_{n+1}}{u_n}=\lim_{n\to\infty}\frac{(n+1)x^{n+1}}{nx^n}=\lim_{n\to\infty}\frac{n+1}{n}x=x.$

当 $0<x<1$ 时, 由比值判别法知, 此时级数收敛.

当 $x>1$ 时, 由比值判别法知, 此时级数发散.

当 $x=1$ 时, 比值判别法失效. 但此时 $\sum_{n=1}^{\infty}nx^n=\sum_{n=1}^{\infty}n$, 故级数发散.

综上所述, 当 $0<x<1$ 时, 级数收敛; 当 $x\geqslant 1$ 时, 级数发散. □

定理 12.2.5 (根值判别法) 若正项级数 $\sum_{n=1}^{\infty}u_n$ 的一般项满足

$$\lim_{n\to\infty}\sqrt[n]{u_n}=\rho,$$

则

(1) 当 $\rho<1$ 时, $\sum\limits_{n=1}^{\infty}u_n$ 收敛.

(2) 当 $\rho>1$(或 $\rho=+\infty$) 时, $\sum\limits_{n=1}^{\infty}u_n$ 发散.

该定理的证明类似于定理 12.2.4, 请读者自行证明.

例 12.2.8 判别级数 $\sum\limits_{n=1}^{\infty}\left(\dfrac{n}{3n+1}\right)^n$ 的敛散性.

解 由于

$$\lim_{n\to\infty}\sqrt[n]{\left(\frac{n}{3n+1}\right)^n}=\lim_{n\to\infty}\frac{n}{3n+1}=\frac{1}{3}<1,$$

所以由根值判别法可知级数收敛. □

例 12.2.9 判定级数 $\sum\limits_{n=1}^{\infty}\dfrac{2+(-1)^n}{2^n}$ 的收敛性.

解 因为

$$\lim_{n\to\infty}\sqrt[n]{u_n}=\lim_{n\to\infty}\frac{1}{2}\sqrt[n]{2+(-1)^n}=\frac{1}{2}<1,$$

所以由根值判别法可知级数收敛. □

二、交错级数及其收敛判别法

定义 12.2.2 若级数的各项正负相间, 即形如

$$\sum_{n=1}^{\infty}(-1)^{n-1}u_n=u_1-u_2+u_3-u_4+\cdots+(-1)^{n-1}u_n+\cdots,$$

其中 $u_n>0,\ n=1,2,\cdots$, 称此级数为**交错级数**.

定理 12.2.6 (莱布尼茨判别法) 如果交错级数 $\sum\limits_{n=1}^{\infty}(-1)^{n-1}u_n$ 满足条件

(1) $u_n\geqslant u_{n+1},\ n=1,2,\cdots$;

(2) $\lim\limits_{n\to\infty}u_n=0$,

则级数 $\sum\limits_{n=1}^{\infty}(-1)^{n-1}u_n$ 收敛, 其和 $S\leqslant u_1$, 余项的绝对值 $|r_n|\leqslant u_{n+1}$.

证明 先考察交错级数 $\sum\limits_{n=1}^{\infty}(-1)^{n-1}u_n$ 前 $2n$ 项的和 S_{2n}, 并写成

$$S_{2n}=(u_1-u_2)+(u_3-u_4)+\cdots+(u_{2n-1}-u_{2n})$$

或

$$S_{2n} = u_1 - (u_2 - u_3) - (u_4 - u_5) - \cdots - (u_{2n-2} - u_{2n-1}) - u_{2n}.$$

根据条件 (1) 可知, $\{S_{2n}\}$ 单调增加, 且 $S_{2n} \leqslant u_1$, 故

$$\lim_{n\to\infty} S_{2n} = S \leqslant u_1.$$

再考察级数的前 $2n+1$ 项的和 S_{2n+1}. 显然 $S_{2n+1} = S_{2n} + u_{2n+1}$, 由条件 (2),

$$\lim_{n\to\infty} S_{2n+1} = \lim_{n\to\infty} (S_{2n} + u_{2n+1}) = \lim_{n\to\infty} S_{2n} + \lim_{n\to\infty} u_{2n+1} = S.$$

由于 $\lim\limits_{n\to\infty} S_{2n} = \lim\limits_{n\to\infty} S_{2n+1} = S$, 故 $\lim\limits_{n\to\infty} S_n = S$, 即 $\sum\limits_{n=1}^{\infty}(-1)^{n-1}u_n$ 收敛于 S, 且 $S \leqslant u_1$. 余项 r_n 的绝对值仍为收敛的交错级数, 根据上述讨论,

$$|r_n| = u_{n+1} - u_{n+2} + u_{n+3} - u_{n+4} + \cdots \leqslant u_{n+1}.$$

□

例 12.2.10 判别级数 $\sum\limits_{n=1}^{\infty}(-1)^{n-1}\dfrac{1}{n^p}$ 的敛散性, 其中 $p > 0$.

解 这是一个交错级数, 设 $u_n = \dfrac{1}{n^p}$, 满足

(1) $u_n > u_{n+1}$, $n = 1, 2, \cdots$;

(2) $\lim\limits_{n\to\infty} u_n = 0$.

由莱布尼茨判别法, 此级数收敛. □

例 12.2.11 判别级数 $\sum\limits_{n=2}^{\infty}(-1)^n\dfrac{1}{n\ln^p n}$ 的敛散性, 其中 $p > 0$.

解 这是一个交错级数, 设 $u_n = \dfrac{1}{n\ln^p n}$, 则

$$\lim_{n\to\infty} u_n = \lim_{n\to\infty} \frac{1}{n\ln^p n} = 0.$$

设 $f(x) = \dfrac{1}{x\ln^p x}, x \in (1, +\infty)$, 则 $f'(x) = -\dfrac{\ln^p x + p\ln^{p-1} x}{x^2\ln^{2p} x} < 0$, $x \in (1, +\infty)$. 故 $f(x)$ 在 $(1, +\infty)$ 上严格单调递减, 即 $u_n > u_{n+1}$, $n = 2, 3, \cdots$.

由莱布尼茨判别法, 此级数收敛. □

三、任意项级数及其收敛判别

所谓任意项级数, 是指一般意义下的常数项级数或者说我们不特别关注其一般项的符号.

定义 12.2.3 设 $\sum_{n=1}^{\infty} u_n$ 为任意项级数. 若正项级数 $\sum_{n=1}^{\infty} |u_n|$ 收敛, 则称级数 $\sum_{n=1}^{\infty} u_n$ **绝对收敛**; 若 $\sum_{n=1}^{\infty} |u_n|$ 发散, 而 $\sum_{n=1}^{\infty} u_n$ 收敛, 则称级数 $\sum_{n=1}^{\infty} u_n$ **条件收敛**.

定理 12.2.7 若级数 $\sum_{n=1}^{\infty} u_n$ 绝对收敛, 则 $\sum_{n=1}^{\infty} u_n$ 收敛.

证明 易见 $0 \leqslant |u_n| + u_n \leqslant 2|u_n|$, 且级数 $\sum_{n=1}^{\infty} 2|u_n|$ 收敛. 由正项级数的比较判别法, 级数 $\sum_{n=1}^{\infty}(|u_n| + u_n)$ 收敛. 根据性质 12.1.4, 级数

$$\sum_{n=1}^{\infty} u_n = \sum_{n=1}^{\infty} ((|u_n| + u_n) - |u_n|)$$

收敛. □

例 12.2.12 判别级数 $\sum_{n=1}^{\infty} \frac{\sin na}{n^2}$ 的收敛性, 其中 a 为任意常数.

解 因为 $\left|\frac{\sin na}{n^2}\right| \leqslant \frac{1}{n^2}$, 而级数 $\sum_{n=1}^{\infty} \frac{1}{n^2}$ 收敛, 所以级数 $\sum_{n=1}^{\infty} \left|\frac{\sin na}{n^2}\right|$ 也收敛, 从而级数 $\sum_{n=1}^{\infty} \frac{\sin na}{n^2}$ 绝对收敛. □

例 12.2.13 判别级数 $\sum_{n=1}^{\infty} \frac{(-1)^{n-1}}{\sqrt[3]{n}}$ 的敛散性.

解 由于 $\sum_{n=1}^{\infty} \left|\frac{(-1)^{n-1}}{\sqrt[3]{n}}\right| = \sum_{n=1}^{\infty} \frac{1}{\sqrt[3]{n}}$, 根据 p-级数性质, 可知此级数发散.

设 $u_n = \frac{1}{\sqrt[3]{n}}$. 则 $u_n > u_{n+1}$, 且 $\lim_{n\to\infty} u_n = 0$. 由莱布尼茨判别法知, $\sum_{n=1}^{\infty} \frac{(-1)^{n-1}}{\sqrt[3]{n}}$ 收敛. 故所要判断的级数条件收敛. □

在实际运算中, 有时会遇到两个级数的乘积. 级数的乘积有多种不同的定义, 此处我们按照对角线排列来定义两个级数的乘积.

设 $\sum\limits_{n=1}^{\infty} u_n$ 和 $\sum\limits_{n=1}^{\infty} v_n$ 为两个级数. 称

$$\sum_{n=1}^{\infty} w_n = \sum_{n=1}^{\infty}(u_1v_n + u_2v_{n-1} + \cdots + u_nv_1)$$

为级数 $\sum\limits_{n=1}^{\infty} u_n$ 和 $\sum\limits_{n=1}^{\infty} v_n$ 的**柯西乘积**.

如果级数 $\sum\limits_{n=1}^{\infty} u_n$ 与 $\sum\limits_{n=1}^{\infty} v_n$ 都绝对收敛, 则它们的柯西乘积 $\sum\limits_{n=1}^{\infty} w_n$ 也绝对收敛, 且

$$\left(\sum_{n=1}^{\infty} u_n\right)\left(\sum_{n=1}^{\infty} v_n\right) = \sum_{n=1}^{\infty} w_n.$$

如果级数 $\sum\limits_{n=1}^{\infty} u_n$ 与 $\sum\limits_{n=1}^{\infty} v_n$ 不绝对收敛, 则它们的柯西乘积未必收敛, 上述等式也未必成立.

习　题　12.2

1. 判断题.

(1) 若正项级数的部分和数列有界, 则该级数一定收敛.　(　　)

(2) 若正项级数 $\sum\limits_{n=1}^{\infty} a_n$ 收敛, 则必有 $\lim\limits_{n\to\infty}\dfrac{a_{n+1}}{a_n} < 1$.　(　　)

(3) 若正项级数 $\sum\limits_{n=1}^{\infty} a_n$ 发散, 则必有 $\lim\limits_{n\to\infty}\dfrac{a_{n+1}}{a_n} > 1$.　(　　)

(4) 设 $\sum\limits_{n=1}^{\infty} u_n$ 为正项级数. 若 $\sum\limits_{n=1}^{\infty} u_n$ 发散, 则 $\sum\limits_{n=1}^{\infty}(-1)^n u_n$ 一定发散.　(　　)

(5) 设 $\sum\limits_{n=1}^{\infty} u_n$ 为正项级数. 若 $\sum\limits_{n=1}^{\infty} u_n$ 收敛, 则 $\sum\limits_{n=1}^{\infty}(-1)^n u_n$ 一定收敛.　(　　)

(6) 设 $\sum\limits_{n=1}^{\infty} u_n$ 为任意项级数. 若 $\sum\limits_{n=1}^{\infty} u_n$ 收敛, 则 $\sum\limits_{n=1}^{\infty}(-1)^n u_n$ 一定收敛.　(　　)

(7) 设 $\sum\limits_{n=1}^{\infty} u_n$ 为任意项级数. 若 $\sum\limits_{n=1}^{\infty} u_n$ 发散, 则 $\sum\limits_{n=1}^{\infty}(-1)^n u_n$ 一定发散.　(　　)

(8) 任意项级数 $\sum\limits_{n=1}^{\infty} u_n$ 收敛是 $\sum\limits_{n=1}^{\infty} |u_n|$ 收敛的必要条件.　(　　)

(9) 级数 $\sum\limits_{n=1}^{\infty}|u_n|$ 收敛是 $\sum\limits_{n=1}^{\infty}ku_n$ 收敛的必要条件, 其中 k 为非零常数.　(　)

2. 填空题.

(1) 对于级数 $\sum\limits_{n=1}^{\infty}n^p$, 当 ______ 时, 它收敛; 当 ______ 时, 它发散.

(2) 设 $\sum\limits_{n=1}^{\infty}u_n$ 为正项级数, 则 $\sum\limits_{n=1}^{\infty}\dfrac{u_n}{n}$ 收敛是 $\sum\limits_{n=1}^{\infty}u_n$ 收敛的 ______ 条件.

(3) 已知级数$\sum\limits_{n=1}^{\infty}u_n$发散, 且 $\lim\limits_{n\to\infty}u_n=0$, 则$\sum\limits_{n=1}^{\infty}(u_n-u_{n-1})$______. (“收敛” 或 “发散”)

(4) 设正项级数 $\sum\limits_{n=1}^{\infty}u_n$ 与 $\sum\limits_{n=1}^{\infty}v_n$ 都收敛, 则 $\sum\limits_{n=1}^{\infty}\max\{u_n,v_n\}$______, $\sum\limits_{n=1}^{\infty}\min\{u_n,v_n\}$______. (“收敛” 或 “发散”)

3. 选择题.

(1) 设常数 $k>0$, 则级数 $\sum\limits_{n=1}^{\infty}(-1)^n\dfrac{k+n}{n^2}$(　).

(A) 发散　(B) 绝对收敛

(C) 条件收敛　(D) 收敛或发散与 k 的取值有关

(2) 设 a 为常数, 则级数 $\sum\limits_{n=1}^{\infty}\left(\dfrac{\sin(na)}{n^2}-\dfrac{1}{\sqrt{n}}\right)$(　).

(A) 绝对收敛　(B) 条件收敛

(C) 发散　(D) 收敛或发散与 k 的取值有关

(3) 已知级数 $\sum\limits_{n=1}^{\infty}(-1)^{n-1}u_n=2, \sum\limits_{n=1}^{\infty}u_{2n-1}=5$, 则 $\sum\limits_{n=1}^{\infty}u_n$ 等于 (　).

(A) 2　(B) 7

(C) 8　(D) 9

(4) 设 $0\leqslant u_n<\dfrac{1}{n}$, $n=1,2,\cdots$, 则下列级数中必收敛的是 (　).

(A) $\sum\limits_{n=1}^{\infty}u_n$　(B) $\sum\limits_{n=1}^{\infty}(-1)^n u_n$

(C) $\sum\limits_{n=1}^{\infty}\sqrt{u_n}$　(D) $\sum\limits_{n=1}^{\infty}(-1)^n u_n^2$

4. 用比较判别法判别下列级数的敛散性.

(1) $\sin\frac{\pi}{2}+\sin\frac{\pi}{2^2}+\cdots+\sin\frac{\pi}{2^n}+\cdots$;　(2) $\sum\limits_{n=1}^{\infty}\frac{1}{1+a^n}\ (a>0)$;

(3) $\sum\limits_{n=1}^{\infty}\frac{1}{\ln(1+n)}$;　(4) $\sum\limits_{n=1}^{\infty}n^{\frac{3}{2}}\sin\frac{\pi}{n^2}$.

5. 用比值判别法判别下列级数的敛散性.

(1) $\sum\limits_{n=1}^{\infty}\frac{5^n}{n!}$;　(2) $\sum\limits_{n=1}^{\infty}n\tan\frac{\pi}{2^{n+1}}$;　(3) $\sum\limits_{n=1}^{\infty}\frac{(n!)^2}{(2n)!}$.

6. 用根值判别法判别下列级数的敛散性.

(1) $\sum\limits_{n=1}^{\infty}\left(\frac{n}{3n-1}\right)^{2n-1}$;

(2) $\sum\limits_{n=1}^{\infty}\left(\frac{b}{u_n}\right)^n$, 其中 $u_n\to a(n\to\infty), u_n, b, a$ 为正数;

(3) $\sum\limits_{n=1}^{\infty}\frac{3^n}{2^n\arctan^n n}$.

7. 用莱布尼茨判别法判别下列级数的敛散性.

(1) $-\frac{1}{2}+\frac{3}{4}-\frac{4}{6}+\frac{5}{8}-\frac{6}{10}+\cdots$;　(2) $1-\frac{1}{\sqrt{2}}+\frac{1}{\sqrt{3}}-\frac{1}{\sqrt{4}}+\cdots$;

(3) $\sum\limits_{n=2}^{\infty}(-1)^n\frac{1}{\ln n}$;　(4) $\sum\limits_{n=1}^{\infty}(-1)^{n-1}\frac{n^2+1}{n^3}$.

8. 判别下列级数是绝对收敛还是条件收敛.

(1) $\sum\limits_{n=1}^{\infty}(-1)^{n-1}\frac{n}{3^{n-1}}$;　(2) $\sum\limits_{n=1}^{\infty}(-1)^{n+1}\frac{2^{n^2}}{n!}$;

(3) $\sum\limits_{n=1}^{\infty}\frac{(-1)^n}{\pi^n}\sin\frac{\pi}{n}$;　(4) $\sum\limits_{n=1}^{\infty}\frac{(-1)^n}{n-\ln n}$.

9. 设级数 $\sum\limits_{n=1}^{\infty}a_n^2$ 和级数 $\sum\limits_{n=1}^{\infty}b_n^2$ 都收敛, 证明

(1) $\sum\limits_{n=1}^{\infty}a_nb_n$ 绝对收敛;

(2) $\sum\limits_{n=1}^{\infty}(a_n+b_n)^2$ 收敛;

(3) $\sum\limits_{n=1}^{\infty}\frac{|a_n|}{n}$ 收敛.

12.3 幂 级 数

一、函数项级数的概念

设 $\{u_n(x)\}$ 为定义在区间 I 上的函数序列, 称表达式

$$\sum_{n=1}^{\infty} u_n(x) = u_1(x) + u_2(x) + \cdots + u_n(x) + \cdots \tag{12.3.1}$$

为**函数项级数**, 其中 $u_n(x)$ 称为它的**一般项**或**通项**, 前 n 项的和 $S_n(x) = \sum\limits_{k=1}^{n} u_k(x)$ 称为它的**部分和函数**.

取 $x = x_0 \in I$, 则函数项级数 (12.3.1) 成为常数项级数

$$\sum_{n=1}^{\infty} u_n(x_0) = u_1(x_0) + u_2(x_0) + \cdots + u_n(x_0) + \cdots . \tag{12.3.2}$$

如果 $\sum\limits_{n=1}^{\infty} u_n(x_0)$ 收敛 (或发散), 则称点 x_0 为函数项级数 $\sum\limits_{n=1}^{\infty} u_n(x)$ 的**收敛点 (或发散点)**. 级数 $\sum\limits_{n=1}^{\infty} u_n(x)$ 的全体收敛点构成的集合称为此级数的**收敛域**.

例如, 级数

$$\sum_{n=1}^{\infty} x^{n-1} = 1 + x + x^2 + \cdots + x^{n-1} + \cdots,$$

当 $|x| < 1$ 时, 级数收敛; 当 $|x| \geqslant 1$ 时, 级数发散. 故级数的收敛域为 $(-1,1)$.

设 I_0 为 $\sum\limits_{n=1}^{\infty} u_n(x)$ 的收敛域, 则对每一个 $x \in I_0$, 函数项级数 $\sum\limits_{n=1}^{\infty} u_n(x)$ 都有一个确定的和 $S(x) = \sum\limits_{n=1}^{\infty} u_n(x)$ 与之对应, 因此 $S(x)$ 是定义在 I_0 上的函数, 称其为 $\sum\limits_{n=1}^{\infty} u_n(x)$ 的**和函数**, 即

$$S(x) = \sum_{n=1}^{\infty} u_n(x), \quad x \in I_0.$$

根据上述讨论, 在收敛域 I_0 上,

$$\lim_{n\to\infty} S_n(x) = S(x).$$

称

$$r_n(x) = S(x) - S_n(x) = u_{n+1}(x) + u_{n+2}(x) + \cdots$$

为 $\sum_{n=1}^{\infty} u_n(x)$ 的**余项**. 易见, 对每个 $x \in I_0$, $\lim_{n\to\infty} r_n(x) = 0$.

下面讨论一类特殊的函数项级数: 幂级数.

二、幂级数及其收敛域

形如

$$\sum_{n=0}^{\infty} a_n(x-x_0)^n = a_0 + a_1(x-x_0) + a_2(x-x_0)^2 + \cdots + a_n(x-x_0)^n + \cdots \quad (12.3.3)$$

的函数级数称为**幂级数**, 其中 $a_0, a_1, \cdots, a_n, \cdots$ 称为**幂级数的系数**.

如果在式 (12.3.3) 中, 设 $x - x_0 = t$, 并将 t 仍记为 x, 则式 (12.3.3) 就转化为如下形式

$$\sum_{n=0}^{\infty} a_n x^n = a_0 + a_1 x + a_2 x^2 + \cdots + a_n x^n + \cdots . \quad (12.3.4)$$

故我们主要讨论幂级数 (12.3.4).

定理 12.3.1 (阿贝尔 (Abel) 定理)　对于幂级数 $\sum_{n=0}^{\infty} a_n x^n$, 下列结论成立.

(1) 若 $\sum_{n=0}^{\infty} a_n x^n$ 在点 x_0 $(x_0 \neq 0)$ 收敛, 则对满足条件 $|x| < |x_0|$ 的一切 x, $\sum_{n=0}^{\infty} a_n x^n$ 在点 x 绝对收敛;

(2) 若 $\sum_{n=0}^{\infty} a_n x^n$ 在点 x_0 发散, 则对满足条件 $|x| > |x_0|$ 的一切 x, $\sum_{n=0}^{\infty} a_n x^n$ 在点 x 发散.

证明　(1) 因为 $\sum_{n=0}^{\infty} a_n x_0^n$ 收敛, 故 $\lim_{n\to\infty} a_n x_0^n = 0$. 因此数列 $\{a_n x_0^n\}$ 有界, 即存在 $M > 0$, 使得

$$|a_n x_0^n| \leqslant M, \quad n = 0, 1, 2, \cdots .$$

若 x 满足 $|x| < |x_0|$, 则

$$|a_n x^n| = |a_n x_0^n| \cdot \left|\frac{x^n}{x_0^n}\right| \leqslant M \left|\frac{x}{x_0}\right|^n .$$

由于 $\left|\frac{x}{x_0}\right| < 1$, 故几何级数 $\sum_{n=0}^{\infty} M\left|\frac{x}{x_0}\right|^n$ 收敛, 从而 $\sum_{n=0}^{\infty} |a_n x^n|$ 收敛, 即幂级数

$\sum\limits_{n=0}^{\infty} a_n x^n$ 在点 x 绝对收敛.

(2) 若存在某点 x_1, $|x_1| > |x_0|$, 幂级数 $\sum\limits_{n=0}^{\infty} a_n x^n$ 在点 x_1 收敛. 则根据 (1) 的结论, $\sum\limits_{n=0}^{\infty} a_n x^n$ 在点 x_0 绝对收敛, 与题设矛盾. □

由阿贝尔定理可知, 如果 $\sum\limits_{n=0}^{\infty} a_n x^n$ 在非零点 x_0 收敛, 则对开区间 $(-|x_0|, |x_0|)$ 内的任一点 x, $\sum\limits_{n=0}^{\infty} a_n x^n$ 绝对收敛; 如果 $\sum\limits_{n=0}^{\infty} a_n x^n$ 点在非零点 x_1 发散, 则对 $(-\infty, -|x_1|) \cup (|x_1|, +\infty)$ 内的任一点 x, $\sum\limits_{n=0}^{\infty} a_n x^n$ 发散.

显然, $\sum\limits_{n=0}^{\infty} a_n x^n$ 在 $x = 0$ 收敛. 如果 $\sum\limits_{n=0}^{\infty} a_n x^n$ 除原点外既有收敛点又有发散点, 则必然存在 $R > 0$, $\sum\limits_{n=0}^{\infty} a_n x^n$ 在 $(-R, R)$ 上绝对收敛, 而在 $(-\infty, -R) \cup (R, +\infty)$ 上发散, 如图 12.3.1 所示. 分界点 R 与 $-R$ 可能是级数的收敛点, 也可能是发散点, 视具体情况而定. 上述正数 R 称为幂级数 $\sum\limits_{n=0}^{\infty} a_n x^n$ 的**收敛半径**; 开区间 $(-R, R)$ 称为 $\sum\limits_{n=0}^{\infty} a_n x^n$ 的**收敛区间**. 根据 $\sum\limits_{n=0}^{\infty} a_n x^n$ 在 $x = \pm R$ 处的收敛性就可以确定它的收敛域. 因此, $\sum\limits_{n=0}^{\infty} a_n x^n$ 的收敛域只可能是 $(-R, R)$, $(-R, R]$, $[-R, R)$ 及 $[-R, R]$ 之一.

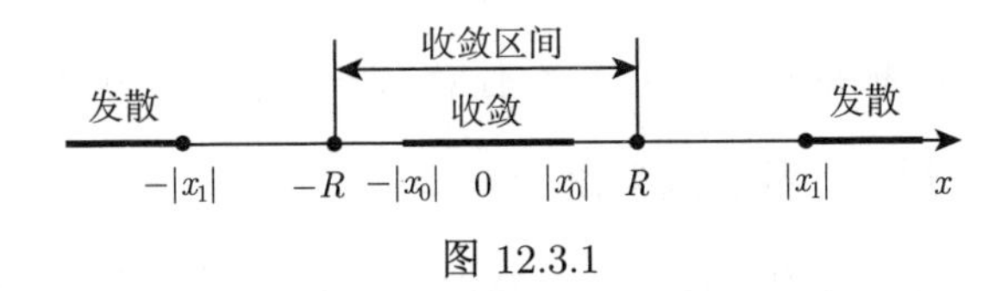

图 12.3.1

如果幂级数 $\sum\limits_{n=0}^{\infty} a_n x^n$ 仅在 $x = 0$ 收敛, 则它的收敛半径定义为 $R = 0$. 如果 $\sum\limits_{n=0}^{\infty} a_n x^n$ 在 $(-\infty, +\infty)$ 的每一点都收敛, 显然, 它在 $(-\infty, +\infty)$ 上绝对收敛, 此时收敛半径定义为 $R = +\infty$.

定理 12.3.2 设幂级数 $\sum\limits_{n=0}^{\infty} a_n x^n$ 的一般项满足: 存在某个正整数 N, 当 $n > N$ 时, $a_n \neq 0$, 且存在极限

$$\lim_{n\to\infty}\left|\frac{a_{n+1}}{a_n}\right| = \rho.$$

则

(1) 当 $0 < \rho < +\infty$ 时, 收敛半径 $R = \dfrac{1}{\rho}$;

(2) 当 $\rho = 0$ 时, 收敛半径 $R = +\infty$;

(3) 当 $\rho = +\infty$ 时, 收敛半径 $R = 0$.

证明 显然级数在 $x = 0$ 收敛. 下面假设 $x \neq 0$. 考察级数 $\sum\limits_{n=0}^{\infty} |a_n x^n|$. 若 $0 \leqslant \rho < +\infty$, 利用正项级数的比值判别法,

$$\lim_{n\to\infty}\left|\frac{a_{n+1}x^{n+1}}{a_n x^n}\right| = \lim_{n\to\infty}\left|\frac{a_{n+1}}{a_n}\right| \cdot |x| = \rho|x|. \tag{12.3.5}$$

情形 (1): $0 < \rho < +\infty$. 根据式 (12.3.5), 当 $\rho|x| < 1$, 即 $|x| < \dfrac{1}{\rho}$ 时, $\sum\limits_{n=0}^{\infty} |a_n x^n|$ 收敛, 从而 $\sum\limits_{n=0}^{\infty} a_n x^n$ 绝对收敛; 当 $\rho|x| > 1$, 即 $|x| > \dfrac{1}{\rho}$ 时, 则存在正整数 N, 当 $n > N$ 时,

$$|a_{n+1}x^{n+1}| > |a_n x^n|,$$

从而 $\lim\limits_{n\to\infty} a_n x^n \neq 0$. 因此, 级数 $\sum\limits_{n=0}^{\infty} a_n x^n$ 发散. 故收敛半径 $R = \dfrac{1}{\rho}$.

情形 (2): $\rho = 0$. 根据式 (12.3.5), 对任意 $x \neq 0$, $\rho|x| = 0 < 1$, 因此, $\sum\limits_{n=0}^{\infty} a_n x^n$ 对所有的 $x \in \mathbb{R}$ 绝对收敛, 故收敛半径 $R = +\infty$.

情形 (3): $\rho = +\infty$. 则对一切 $x \neq 0$ 及充分大的 n, $\left|\dfrac{a_{n+1}}{a_n}x\right| > 1$. 此时,

$$|a_{n+1}x^{n+1}| = |a_n x^n| \cdot \left|\frac{a_{n+1}}{a_n}x\right| > |a_n x^n|.$$

因此, $\lim\limits_{n\to\infty} a_n x^n \neq 0$, 从而级数 $\sum\limits_{n=0}^{\infty} a_n x^n$ 发散. 故 $\sum\limits_{n=0}^{\infty} a_n x^n$ 仅在 $x = 0$ 收敛, 收敛半径为 $R = 0$. □

定理 12.3.3 设幂级数 $\sum\limits_{n=0}^{\infty} a_n x^n$ 的一般项满足

$$\lim_{n\to\infty} \sqrt[n]{|a_n|} = \rho.$$

则

(1) 当 $0 < \rho < +\infty$ 时, 收敛半径 $R = \dfrac{1}{\rho}$;

(2) 当 $\rho = 0$ 时, 收敛半径 $R = +\infty$;

(3) 当 $\rho = +\infty$ 时, 收敛半径 $R = 0$.

证明类似于定理 12.3.2. 请读者自行证明.

例 12.3.1 求幂级数 $\sum\limits_{n=1}^{\infty}(-1)^{n-1}\dfrac{x^n}{n}$ 的收敛域.

解 因为 $\rho = \lim\limits_{n\to\infty}\left|\dfrac{a_{n+1}}{a_n}\right| = \lim\limits_{n\to\infty}\dfrac{\dfrac{1}{n+1}}{\dfrac{1}{n}} = 1$, 所以收敛半径为 $R = \dfrac{1}{\rho} = 1$. 收敛区间为 $(-1, 1)$.

当 $x = 1$ 时, 级数 $\sum\limits_{n=1}^{\infty}(-1)^{n-1}\dfrac{1}{n}$ 收敛. 当 $x = -1$ 时, 级数 $\sum\limits_{n=1}^{\infty}\left(-\dfrac{1}{n}\right)$ 发散.

因此, 此幂级数的收敛域为 $(-1, 1]$. □

例 12.3.2 求幂级数 $\sum\limits_{n=1}^{\infty}\dfrac{2n-1}{2^n}x^{2n-2}$ 的收敛域.

解 由于所求级数缺少奇次幂的项, 不能直接利用定理 12.3.2 或定理 12.3.3 来求收敛半径. 设 $y = x^2$, 则原级数转化为 $\sum\limits_{n=1}^{\infty}\dfrac{2n-1}{2^n}y^{n-1}$. 根据定理 12.3.2,

$$\rho = \lim_{n\to\infty}\left|\frac{\dfrac{2n+1}{2^{n+1}}}{\dfrac{2n-1}{2^n}}\right| = \lim_{n\to\infty}\left|\frac{2n+1}{2n-1}\cdot\frac{2^n}{2^{n+1}}\right| = \frac{1}{2}.$$

故级数 $\sum\limits_{n=1}^{\infty}\dfrac{2n-1}{2^n}y^{n-1}$ 的收敛半径为 2. 因此, $\sum\limits_{n=1}^{\infty}\dfrac{2n-1}{2^n}x^{2n-2}$ 的收敛半径为 $\sqrt{2}$, 收敛区间为 $(-\sqrt{2}, \sqrt{2})$.

当 $x = \pm\sqrt{2}$ 时, 级数 $\sum\limits_{n=0}^{\infty}\dfrac{2n-1}{2^n}(\sqrt{2})^{2n-2} = \dfrac{1}{2}\sum\limits_{n=0}^{\infty}(2n-1)$ 发散.

故 $\sum_{n=1}^{\infty}\frac{2n-1}{2^n}x^{2n-2}$ 的收敛域为 $(-\sqrt{2},\sqrt{2})$. □

例 12.3.3 求幂级数 $\sum_{n=1}^{\infty}\frac{(x-1)^n}{2^n n}$ 的收敛域.

解 设 $t=x-1$, 上述级数变为 $\sum_{n=1}^{\infty}\frac{t^n}{2^n n}$. 因为

$$\rho=\lim_{n\to\infty}\left|\frac{a_{n+1}}{a_n}\right|=\lim_{n\to\infty}\frac{2^n\cdot n}{2^{n+1}\cdot(n+1)}=\frac{1}{2},$$

所以 $\sum_{n=1}^{\infty}\frac{t^n}{2^n n}$ 的收敛半径 $R=2$, 收敛区间为 $(-2,2)$.

当 $t=2$ 时, 级数 $\sum_{n=1}^{\infty}\frac{1}{n}$ 发散; 当 $t=-2$ 时, 级数 $\sum_{n=1}^{\infty}\frac{(-1)^n}{n}$ 收敛. 因此级数 $\sum_{n=1}^{\infty}\frac{t^n}{2^n n}$ 的收敛域为 $[-2,2)$.

因为 $t\in[-2,2)$ 等价于 $x-1\in[-2,2)$, 即 $x\in[-1,3)$, 所以 $\sum_{n=1}^{\infty}\frac{(x-1)^n}{2^n n}$ 的收敛域为 $[-1,3)$. □

三、幂级数的性质

我们知道, 多项式函数在 $(-\infty,+\infty)$ 上连续、可导且在任何有限区间上可积. 幂级数的和函数在收敛区间内也同样具有这些性质.

定理 12.3.4 设幂级数 $\sum_{n=0}^{\infty}a_nx^n$ 及 $\sum_{n=0}^{\infty}b_nx^n$ 的收敛半径分别为 R_1,R_2, 取 $R=\min\{R_1,R_2\}$, 则在 $(-R,R)$ 内

$$\sum_{n=0}^{\infty}a_nx^n\pm\sum_{n=0}^{\infty}b_nx^n=\sum_{n=0}^{\infty}(a_n\pm b_n)x^n.$$

定理 12.3.5 设幂级数 $\sum_{n=0}^{\infty}a_nx^n$ 的和函数为 $S(x)$, 收敛半径为 $R>0$, 收敛域为 I, 则

(1) $S(x)$ 在收敛域 I 上连续, 即, 对任意的 $x_0 \in I$,

$$\lim_{x\to x_0} S(x) = \lim_{x\to x_0}\sum_{n=0}^{\infty} a_n x^n = \sum_{n=0}^{\infty}\lim_{x\to x_0} a_n x^n = \sum_{n=0}^{\infty} a_n x_0^n = S(x_0).$$

(2) $S(x)$ 在收敛区间 $(-R, R)$ 内可导, 且可逐项求导:

$$\frac{\mathrm{d}}{\mathrm{d}x}S(x) = \frac{\mathrm{d}}{\mathrm{d}x}\sum_{n=0}^{\infty} a_n x^n = \sum_{n=0}^{\infty}\frac{\mathrm{d}}{\mathrm{d}x}(a_n x^n) = \sum_{n=1}^{\infty} n a_n x^{n-1},$$

且求导后的幂级数与原幂级数有相同的收敛半径 R.

(3) $S(x)$ 在收敛域 I 上可积, 且可逐项积分:

$$\int_a^b S(x)\mathrm{d}x = \int_a^b \left(\sum_{n=0}^{\infty} a_n x^n\right)\mathrm{d}x = \sum_{n=0}^{\infty}\int_a^b a_n x^n \mathrm{d}x,$$

其中 a, b 为 I 中的任意两点.

特别地, 对任意的 $x \in I$,

$$\int_0^x \left(\sum_{n=0}^{\infty} a_n x^n\right)\mathrm{d}x = \sum_{n=0}^{\infty}\int_0^x a_n x^n \mathrm{d}x = \sum_{n=0}^{\infty}\frac{a_n}{n+1}x^{n+1},$$

且积分后的幂级数与原级数有相同的收敛半径 R.

此处我们没有给出定理 12.3.5 的证明, 感兴趣的读者请查阅相关书籍.

例 12.3.4 求幂级数 $\sum\limits_{n=1}^{\infty} n x^{n-1}$ 的和函数.

解 不难求出此幂级数的收敛域为 $(-1, 1)$. 设

$$S(x) = \sum_{n=1}^{\infty} n x^{n-1}, \quad x \in (-1, 1).$$

对任意的 $x \in (-1, 1)$, 应用幂级数的逐项积分公式,

$$\int_0^x S(x)\mathrm{d}x = \int_0^x \left(\sum_{n=1}^{\infty} n x^{n-1}\right)\mathrm{d}x = \sum_{n=1}^{\infty}\int_0^x n x^{n-1}\mathrm{d}x = \sum_{n=1}^{\infty} x^n = \frac{x}{1-x}.$$

故 $S(x) = \left(\dfrac{x}{1-x}\right)' = \dfrac{1}{(1-x)^2}$, $x \in (-1, 1)$. □

例 12.3.5 求幂级数 $\sum\limits_{n=0}^{\infty}\dfrac{1}{n+1}x^n$ 的和函数.

解　不难求出此幂级数的收敛域为 $[-1,1)$. 设

$$S(x)=\sum_{n=0}^{\infty}\frac{1}{n+1}x^n,$$

显然 $S(0)=1$. 对 $xS(x)=\sum\limits_{n=0}^{\infty}\frac{x^{n+1}}{n+1}$ 应用逐项求导公式,

$$\frac{\mathrm{d}}{\mathrm{d}x}(xS(x))=\frac{\mathrm{d}}{\mathrm{d}x}\sum_{n=0}^{\infty}\frac{x^{n+1}}{n+1}=\sum_{n=0}^{\infty}\frac{\mathrm{d}}{\mathrm{d}x}\left(\frac{x^{n+1}}{n+1}\right)=\sum_{n=0}^{\infty}x^n=\frac{1}{1-x},\quad x\in(-1,1).$$

对上式从 0 到 x 积分, 其中 $x\in(-1,1)$, 则

$$xS(x)=\int_0^x\frac{1}{1-x}\mathrm{d}x=-\ln(1-x).$$

故

$$S(x)=\begin{cases}-\dfrac{1}{x}\ln(1-x), & (-1,0)\cup(0,1),\\ 1, & x=0.\end{cases}$$

根据定理 12.3.5, $S(x)$ 在 $x=-1$ 右连续, 而在区间 $(-1,0)$ 上 $S(x)=-\dfrac{1}{x}\ln(1-x)$. 故

$$S(-1)=\lim_{x\to(-1)^+}S(x)=\lim_{x\to(-1)^+}-\frac{1}{x}\ln(1-x).$$

所以

$$S(x)=\begin{cases}-\dfrac{1}{x}\ln(1-x), & [-1,0)\cup(0,1),\\ 1, & x=0.\end{cases}$$

□

例 12.3.6　求幂级数 $\sum\limits_{n=1}^{\infty}\frac{n(n+1)}{2}x^{n-1}$ 的和函数, 并求数项级数 $\sum\limits_{n=0}^{\infty}\frac{n(n+1)}{2^n}$ 的和.

解　该级数的收敛域为 $(-1,1)$. 易见

$$\sum_{n=1}^{\infty}x^{n+1}=x^2+x^3+\cdots+x^{n+1}+\cdots=\frac{x^2}{1-x},\quad x\in(-1,1).$$

逐项求导两次

$$\left(\sum_{n=1}^{\infty}x^{n+1}\right)'=\sum_{n=1}^{\infty}(n+1)x^n=\frac{1}{(1-x)^2}-1,\quad x\in(-1,1),$$

$$\left(\sum_{n=1}^{\infty} x^{n+1}\right)'' = \sum_{n=1}^{\infty} n(n+1)x^{n-1} = \frac{2}{(1-x)^3}, \quad x \in (-1,1).$$

故

$$\sum_{n=1}^{\infty} \frac{n(n+1)}{2} x^{n-1} = \frac{1}{(1-x)^3}, \quad x \in (-1,1).$$

根据幂级数在收敛域上连续性, 取 $x = \frac{1}{2}$, 则 $\sum_{n=0}^{\infty} \frac{n(n+1)}{2^n} = 8.$ □

习 题 12.3

1. 判断题.

(1) 若级数 $\sum_{n=0}^{\infty} a_n$ 发散, 则幂级数 $\sum_{n=0}^{\infty} a_n x^n$ 仅在 $x = 0$ 处收敛. ( )

(2) 若级数 $\sum_{n=0}^{\infty} a_n$ 收敛, 则幂级数 $\sum_{n=0}^{\infty} a_n x^n$ 的收敛半径 $R \geqslant 1$. ( )

(3) 若幂级数 $\sum_{n=0}^{\infty} a_n x^n$ 在 x_0 处收敛, 则其在 $-x_0$ 处也收敛. ( )

2. 选择题.

(1) 若 $\sum_{n=0}^{\infty} a_n (x-1)^n$ 在 $x = -1$ 处收敛, 则此级数在 $x = 2$ 处 ( ).

(A) 条件收敛　　(B) 绝对收敛

(C) 发散　　(D) 敛散性不确定

(2) 若$\sum_{n=0}^{\infty} a_n x^n$ 的收敛半径为 R_1, $\sum_{n=0}^{\infty} b_n x^n$ 的收敛半径为 R_2, 则级数 $\sum_{n=0}^{\infty}(a_n + b_n)x^n$ 的收敛半径为 ( ).

(A) R_1　　(B) R_2

(C) $\max\{R_1, R_2\}$　　(D) $\min\{R_1, R_2\}$

(3) 若幂级数 $\sum_{n=0}^{\infty} a_n x^n$ 的收敛半径 $R < +\infty$, 则级数 $\sum_{n=0}^{\infty} a_n x^{2n}$ 的收敛半径为 ( ).

(A) R　　(B) R^2

(C) $\sqrt{R}$　　(D) 不确定

3. 求下列级数的收敛域.

(1) $\sum_{n=0}^{\infty}\frac{(-1)^n}{2^n}x^n$;

(2) $\sum_{n=0}^{\infty}\frac{(-1)^n}{2n+1}x^{2n+1}$;

(3) $\sum_{n=1}^{\infty}\frac{2n-1}{2^n}x^{2n-2}$;

(4) $\sum_{n=1}^{\infty}\frac{(x-3)^n}{n^2}$.

4. 求下列幂级数的和函数.

(1) $\sum_{n=1}^{\infty}\frac{(-1)^{n-1}}{2n-1}x^{2n-1}$;

(2) $\sum_{n=0}^{\infty}(2n+1)x^n$;

(3) $\sum_{n=1}^{\infty}n4^nx^n$;

(4) $\sum_{n=0}^{\infty}\frac{x^n}{2^{n-1}}$.

5. 求幂级数 $\sum_{n=1}^{\infty}\frac{x^{2n-1}}{2n-1}$ 的和函数, 并求级数 $\sum_{n=1}^{\infty}\frac{1}{(2n-1)2^n}$ 的和.

12.4 函数的幂级数展开

我们已经讨论了幂级数在收敛域内的和函数以及和函数的性质, 现在讨论它的反问题: 一般函数 $f(x)$ 能否用一个幂级数来表示?

若函数 $f(x)$ 在区间 I 上可表示成幂级数, 即存在幂级数 $\sum_{n=0}^{\infty}a_n(x-x_0)^n$, 使得

$$f(x)=\sum_{n=0}^{\infty}a_n(x-x_0)^n,\quad x\in I, \tag{12.4.1}$$

则称 $f(x)$**在 I 上可展开为关于 $(x-x_0)$ 的幂级数**. 式 (12.4.1) 称为 $f(x)$ 的**幂级数展开式**.

函数 $f(x)$ 在区间 I 上能否展开为幂级数, 实际上就是问是否存在一个幂级数, 使得它在 I 上的和函数就是 $f(x)$. 这里需要解决两个问题:

(1) 在何条件下 $f(x)$ 可以展开为式 (12.4.1) 中的幂级数?

(2) 如果 $f(x)$ 可以展开为式 (12.4.1) 中的幂级数, 如何确定幂级数的系数 a_n?

由于幂级数在收敛区间内有任意阶导数, 这就要求 $f(x)$ 在相应的区间内也要有任意阶导数. 我们先讨论问题 (2).

一、泰勒级数

定理 12.4.1 假设 $f(x)$ 在 x_0 的某个邻域有任意阶导数, 且在该邻域内可展开为关于 $(x-x_0)$ 的幂级数, 即

$$f(x)=\sum_{n=0}^{\infty}a_n(x-x_0)^n, \tag{12.4.2}$$

则

$$a_n = \frac{1}{n!} f^{(n)}(x_0), \quad n = 0, 1, 2, \cdots.$$

证明 根据幂级数的逐项可导性质, 在该邻域内对 (12.4.2) 两边逐项求导,

$$f^{(k)}(x) = \sum_{n=k}^{\infty} n(n-1)\cdots(n-k+1)a_n(x-x_0)^{n-k}, \quad k = 1, 2, \cdots.$$

取 $x = x_0$, 则

$$a_k = \frac{1}{k!} f^{(k)}(x_0), \quad k = 0, 1, 2, \cdots. \qquad \square$$

根据定理 12.4.1, 如果 $f(x)$ 在 x_0 的某个邻域可以展开为关于 $(x - x_0)$ 的幂级数, 则幂级数的系数由 $f(x)$ 唯一确定, 也就是说 $f(x)$ 的幂级数展开式是唯一的.

定义 12.4.1 如果 $f(x)$ 在 x_0 的某个邻域有任意阶导数, 则称级数

$$\sum_{n=0}^{\infty} \frac{f^{(n)}(x_0)}{n!}(x - x_0)^n \tag{12.4.3}$$

为函数 $f(x)$ 在 x_0 的**泰勒级数**.

当 $x_0 = 0$ 时, 泰勒级数为

$$\sum_{n=0}^{\infty} \frac{f^{(n)}(0)}{n!} x^n, \tag{12.4.4}$$

级数 (12.4.4) 称为 $f(x)$ 的**麦克劳林级数**.

由上面讨论可知, 如果 $f(x)$ 在 x_0 的某邻域能展开为关于 $(x - x_0)$ 的幂级数, 则它必为 $f(x)$ 在 x_0 的泰勒级数. 但是, 一个任意阶可导的函数的泰勒级数未必收敛于该函数本身.

由泰勒公式可知, 若 $f(x)$ 在 x_0 的某邻域 I 内具有任意阶导数, 则对于任意 $x \in I$, $f(x)$ 的 n 阶泰勒公式为

$$f(x) = P_n(x) + R_n(x), \tag{12.4.5}$$

其中 $P_n(x) = \sum_{k=0}^{n} \frac{f^{(k)}(x_0)}{k!}(x - x_0)^k$ 为 $f(x)$ 在 x_0 的 n 阶泰勒多项式, $R_n(x)$ 为 $f(x)$ 关于 $P_n(x)$ 的余项. 应用拉格朗日型余项表示, 则

$$R_n(x) = \frac{f^{(n+1)}(\xi)}{(n+1)!}(x - x_0)^{n+1}, \quad \text{其中 } \xi \text{ 位于 } x_0 \text{ 与 } x \text{ 之间}.$$

如果 $f(x)$ 在 x_0 的泰勒级数 $\sum\limits_{n=0}^{\infty}\frac{f^{(n)}(x_0)}{n!}(x-x_0)^n$ 在 I 内收敛于 $f(x)$, 则其部分和函数 $P_n(x)=\sum\limits_{k=0}^{n}\frac{f^{(k)}(x_0)}{k!}(x-x_0)^k$ 收敛于 $f(x)$, 即 $\lim\limits_{n\to\infty}P_n(x)=f(x)$, 因此

$$\lim_{n\to\infty}R_n(x)=0. \tag{12.4.6}$$

反之, 如果 $f(x)$ 在 I 内关于 n 阶泰勒多项式 $P_n(x)$ 的余项 $R_n(x)$ 满足 (12.4.6), 则

$$\lim_{n\to\infty}P_n(x)=f(x).$$

这表明级数 $f(x)$ 在 x_0 的泰勒级数收敛于 $f(x)$.

综合上面讨论, 即得下面定理.

定理 12.4.2　设函数 $f(x)$ 在 x_0 的某邻域 I 内具有任意阶导数, 则 $f(x)$ 在 I 内可展开为关于 $(x-x_0)$ 的幂级数, 或 $f(x)$ 在 x_0 的泰勒级数在 I 内收敛于 $f(x)$, 即

$$f(x)=\sum_{n=0}^{\infty}\frac{f^{(n)}(x_0)}{n!}(x-x_0)^n,\quad x\in I \tag{12.4.7}$$

的充要条件是 $f(x)$ 在 x_0 的 n 阶泰勒多项式的余项 $R_n(x)$ 满足

$$\lim_{n\to\infty}R_n(x)=0,\quad x\in I.$$

此时, 称式 (12.4.7) 为 $f(x)$**在点** x_0 **的泰勒展开**.

二、函数的幂级数展开

例 12.4.1　将函数 $f(x)=\mathrm{e}^x$ 展开为关于 x 的幂级数.

解　在 4.3 节, 我们给出了 e^x 在 $x=0$ 的泰勒公式

$$\mathrm{e}^x=1+x+\frac{x^2}{2!}+\cdots+\frac{x^n}{n!}+R_n(x),\quad x\in(-\infty,+\infty),$$

其中 $R_n(x)$ 表示成拉格朗日余项为

$$R_n(x)=\frac{\mathrm{e}^{\theta x}}{(n+1)!}x^{n+1},\ 0<\theta<1.$$

由于对任意的 $x\in(-\infty,+\infty)$,

$$|R_n(x)|\leqslant\frac{\mathrm{e}^{|x|}}{(n+1)!}|x|^{n+1}\to 0\quad(n\to\infty),$$

从而

$$e^x = \sum_{n=0}^{\infty} \frac{x^n}{n!} = 1 + x + \frac{1}{2!}x^2 + \cdots + \frac{1}{n!}x^n + \cdots, \quad x \in (-\infty, +\infty). \qquad \square$$

例 12.4.2 将函数 $f(x) = \sin x$ 展开为关于 x 的幂级数.

解 $\sin x$ 在 $x = 0$ 的泰勒公式为

$$\sin x = x - \frac{x^3}{3!} + \frac{x^5}{5!} - \cdots + (-1)^{n-1}\frac{x^{2n-1}}{(2n-1)!} + R_{2n}(x), \quad x \in (-\infty, +\infty),$$

其中

$$R_{2n}(x) = \frac{\sin\left(\theta x + \frac{(2n+1)\pi}{2}\right)}{(2n+1)!}x^{2n+1}, \quad 0 < \theta < 1.$$

由于对任意的 $x \in (-\infty, +\infty)$,

$$|R_{2n}(x)| \leqslant \frac{|x|^{2n+1}}{(2n+1)!} \to 0 \quad (n \to \infty),$$

所以

$$\begin{aligned}\sin x &= \sum_{n=1}^{\infty}(-1)^{n-1}\frac{x^{2n-1}}{(2n-1)!} \\ &= x - \frac{x^3}{3!} + \frac{x^5}{5!} - \cdots + (-1)^{n-1}\frac{x^{2n-1}}{(2n-1)!} + \cdots, \quad x \in (-\infty, +\infty).\end{aligned} \qquad \square$$

例 12.4.3 将函数 $f(x) = (1+x)^\alpha$ 展开为关于 x 的幂级数, 其中 α 为非零任意常数.

解 如果 α 为正整数, 则

$$(1+x)^\alpha = \sum_{k=0}^{\alpha}\binom{\alpha}{k}x^k.$$

如果 α 不是正整数, 则

$$(1+x)^\alpha = \sum_{n=0}^{\infty}\binom{\alpha}{n}x^n, \quad x \in (-1, 1), \tag{12.4.8}$$

其中 $\binom{\alpha}{0} = 1$, $\binom{\alpha}{n} = \frac{\alpha(\alpha-1)\cdots(\alpha-n+1)}{n!}$, $n = 1, 2, \cdots$.

式 (12.4.8) 中的函数的定义域或幂级数的收敛域可能包含区间的左端点或右端点. 请读者进一步讨论. $\square$

根据幂级数的四则运算、逐项求导和逐项积分性质等, 我们可以通过若干函数的已知泰勒展开来求其他函数的泰勒展开.

例 12.4.4　将 $f(x)=\cos x$ 展开为关于 x 的幂级数.

解　根据例 12.4.2,

$$\sin x = x-\frac{x^3}{3!}+\frac{x^5}{5!}-\cdots+(-1)^{n-1}\frac{x^{2n-1}}{(2n-1)!}+\cdots,\quad x\in(-\infty,+\infty).$$

由于幂级数在收敛区间上可以逐项求导, 所以

$$\begin{aligned}\cos x&=\sum_{n=0}^{\infty}\frac{(-1)^n}{(2n)!}x^{2n}\\&=1-\frac{x^2}{2!}+\frac{x^4}{4!}-\cdots+(-1)^n\frac{x^{2n}}{(2n)!}+\cdots,\quad x\in(-\infty,+\infty).\end{aligned}$$

□

例 12.4.5　将函数 $f(x)=\ln(1+x)$ 展开为关于 x 的幂级数.

解　因为

$$\frac{1}{1+x}=\sum_{n=0}^{\infty}(-x)^n=1-x+x^2-x^3+\cdots+(-1)^nx^n+\cdots,\quad x\in(-1,1).$$

对任意的 $x\in(-1,1)$, 对上述幂级数逐项积分, 得

$$\begin{aligned}\ln(1+x)&=\int_0^x\frac{1}{1+x}\mathrm{d}x=\int_0^x\sum_{n=0}^{\infty}(-x)^n\mathrm{d}x\\&=\sum_{n=0}^{\infty}\int_0^x(-x)^n\mathrm{d}x=\sum_{n=0}^{\infty}(-1)^n\frac{x^{n+1}}{n+1}\\&=x-\frac{x^2}{2}+\frac{x^3}{3}+\cdots+(-1)^{n-1}\frac{x^n}{n}+\cdots=\sum_{n=1}^{\infty}\frac{(-1)^{n-1}}{n}x^n.\end{aligned}$$

根据定理 12.3.5, 逐项积分后的幂级数与原级数具有相同的收敛半径, 故幂级数 $\sum\limits_{n=1}^{\infty}\frac{(-1)^{n-1}}{n}x^n$ 的收敛区间为 $(-1,1)$. 当 $x=-1$ 时, $\sum\limits_{n=1}^{\infty}\frac{(-1)^{n-1}}{n}x^n$ 发散; 当 $x=1$ 时, $\sum\limits_{n=1}^{\infty}\frac{(-1)^{n-1}}{n}x^n$ 收敛. 故 $\sum\limits_{n=1}^{\infty}\frac{(-1)^{n-1}}{n}x^n$ 的收敛域为 $(-1,1]$.

由于 $\ln(1+x)$ 在 $x=1$(左) 连续, 所以

$$\ln(1+x)=\sum_{n=1}^{\infty}\frac{(-1)^{n-1}}{n}x^n$$

$$= x - \frac{x^2}{2} + \frac{x^3}{3} + \cdots + (-1)^{n-1}\frac{x^n}{n} + \cdots, \quad x \in (-1,1]. \qquad \square$$

例 12.4.6　将 $f(x) = \arctan x$ 展开为关于 x 的幂级数.

解　由于

$$\frac{1}{1+x} = \sum_{n=0}^{\infty}(-x)^n,\ x \in (-1,1),$$

以 x^2 替换 x, 可得

$$\frac{1}{1+x^2} = \sum_{n=0}^{\infty}\left(-x^2\right)^n, \quad x \in (-1,1).$$

逐项积分可得

$$\begin{aligned}
\arctan x &= \int_0^x \frac{1}{1+x^2}\mathrm{d}x = \int_0^x \sum_{n=0}^{\infty}\left(-x^2\right)^n \mathrm{d}x \\
&= \sum_{n=0}^{\infty}\int_0^x \left(-x^2\right)^n \mathrm{d}t = \sum_{n=0}^{\infty}(-1)^n\frac{x^{2n+1}}{2n+1} \\
&= x - \frac{1}{3}x^3 + \frac{1}{5}x^5 - \cdots + (-1)^n\frac{1}{2n+1}x^{2n+1} + \cdots \\
&= \sum_{n=1}^{\infty}\frac{(-1)^{n-1}}{2n-1}x^{2n-1}, \quad x \in (-1,1).
\end{aligned}$$

由于幂级数 $\sum\limits_{n=1}^{\infty}\frac{(-1)^{n-1}}{2n-1}x^{2n-1}$ 在 $x = \pm 1$ 收敛, 而 $\arctan x$ 在 $x = \pm 1$ 连续, 所以

$$\begin{aligned}
\arctan x &= \sum_{n=1}^{\infty}\frac{(-1)^{n-1}}{2n-1}x^{2n-1} \\
&= x - \frac{1}{3}x^3 + \frac{1}{5}x^5 - \cdots + (-1)^n\frac{1}{2n+1}x^{2n+1} + \cdots, \quad x \in [-1,1]. \qquad \square
\end{aligned}$$

例 12.4.7　将函数 $f(x) = \dfrac{1}{x^2 - 3x - 4}$ 展开为关于 $(x-1)$ 的幂级数.

解　易见

$$\begin{aligned}
\frac{1}{x^2-3x-4} &= \frac{1}{(x-4)(x+1)} = \frac{1}{5}\cdot\frac{1}{x-4} - \frac{1}{5}\cdot\frac{1}{x+1} \\
&= -\frac{1}{5}\cdot\frac{1}{3-(x-1)} - \frac{1}{5}\cdot\frac{1}{2+(x-1)} \\
&= -\frac{1}{15}\cdot\frac{1}{1-\dfrac{x-1}{3}} - \frac{1}{10}\cdot\frac{1}{1+\dfrac{x-1}{2}}
\end{aligned}$$

$$= -\frac{1}{15}\sum_{n=0}^{\infty}\left(\frac{x-1}{3}\right)^n - \frac{1}{10}\sum_{n=0}^{\infty}\left(-\frac{x-1}{2}\right)^n$$
$$= \frac{1}{5}\sum_{n=0}^{\infty}\left(\frac{(-3)^{n+1}-2^{n+1}}{6^{n+1}}\right)(x-1)^n.$$

由于 $\sum\limits_{n=0}^{\infty}\left(\frac{x-1}{3}\right)^n$ 收敛当且仅当 $\frac{x-1}{3} \in (-1,1)$, 即 $x \in (-2,4)$; 而 $\sum\limits_{n=0}^{\infty}\left(-\frac{x-1}{2}\right)^n$ 收敛当且仅当$-\frac{x-1}{2} \in (-1,1)$, 即 $x \in (-1,3)$. 取这两个幂级数收敛域的交集, 即为 $f(x)$ 展开的幂级数的收敛域. 故

$$\frac{1}{x^2-3x-4} = \frac{1}{5}\sum_{n=0}^{\infty}\left(\frac{(-3)^{n+1}-2^{n+1}}{6^{n+1}}\right)(x-1)^n, \quad x \in (-1,3).$$ □

例 12.4.8 将 $f(x) = \ln x$ 展开为 $(x-1)$ 的幂级数.

解 根据例 12.4.5,

$$\ln(1+x) = \sum_{n=1}^{\infty}\frac{(-1)^{n-1}}{n}x^n, \quad x \in (-1,1],$$

在上式中以 $x-1$ 替换 x, 得

$$\ln x = \sum_{n=1}^{\infty}\frac{(-1)^{n-1}}{n}(x-1)^n, \quad x \in (0,2].$$ □

三、幂级数在近似计算中的应用

利用函数的泰勒展开, 可以按照所要求的精度计算近似值.

例 12.4.9 计算 $\ln 2$ 的近似值, 要求误差不超过 0.0001.

解 由例 12.4.5 可知

$$\ln 2 = 1 - \frac{1}{2} + \frac{1}{3} - \frac{1}{4} + \cdots + (-1)^{n-1}\frac{1}{n} + \cdots . \tag{12.4.9}$$

如果取前 n 项之和作为 $\ln 2$ 的近似值, 根据定理 12.2.6, 其误差为 $|R_n| \leqslant \frac{1}{n+1}$.

为使得误差不超过 10^{-4}, 只要 $\frac{1}{n+1} < 10^{-4}$ 即可, 即 $n \geqslant 10^4$, 这意味着需要对级数 (12.4.9) 的前 10^4 项进行求和. 显然计算量很大. 为此, 我们作如下改进.

由于

$$\ln(1+x)=x-\frac{x^2}{2}+\frac{x^3}{3}-\frac{x^4}{4}+\cdots+(-1)^{n-1}\frac{x^n}{n}+\cdots, \quad x\in(-1,1],$$

以 $-x$ 替换 x, 得

$$\ln(1-x)=-x-\frac{x^2}{2}-\frac{x^3}{3}-\frac{x^4}{4}-\cdots-\frac{x^n}{n}+\cdots, \quad x\in[-1,1).$$

上述两式相减, 得

$$\ln\frac{1+x}{1-x}=2\left(x+\frac{x^3}{3}+\frac{x^5}{5}+\cdots+\frac{x^{2n-1}}{2n-1}+\cdots\right), \quad x\in(-1,1). \tag{12.4.10}$$

设 $\frac{1+x}{1-x}=2$, 解得 $x=\frac{1}{3}\in(-1,1)$, 代入式 (12.4.10), 得

$$\ln 2=2\left(\frac{1}{3}+\frac{1}{3}\left(\frac{1}{3}\right)^3+\frac{1}{5}\left(\frac{1}{3}\right)^5+\frac{1}{7}\left(\frac{1}{3}\right)^7+\cdots\right).$$

如果取前 4 项作为 $\ln 2$ 的近似值, 则误差

$$|R_4|=2\left(\frac{1}{9}\left(\frac{1}{3}\right)^9+\frac{1}{11}\left(\frac{1}{3}\right)^{11}+\frac{1}{13}\left(\frac{1}{3}\right)^{13}+\cdots\right)$$
$$<\frac{2}{3^{11}}\left(1+\frac{1}{9}+\left(\frac{1}{9}\right)^2+\cdots\right)=\frac{1}{4\cdot 3^9}<\frac{1}{70000}<10^{-4}.$$

因此,

$$\ln 2\approx 2\left(\frac{1}{3}+\frac{1}{3}\left(\frac{1}{3}\right)^3+\frac{1}{5}\left(\frac{1}{3}\right)^5+\frac{1}{7}\left(\frac{1}{3}\right)^7\right)\approx 0.6931.$$ □

例 12.4.10 计算定积分 $I=\int_0^{\frac{1}{2}}\frac{\mathrm{d}x}{\sqrt{1+x^4}}$ 的近似值, 要求误差不超过 10^{-4}.

解 因为 $\frac{1}{\sqrt{1+x^4}}$ 的原函数不能用初等函数表示, 我们可以将被积函数展开为幂级数. 根据例 12.4.3,

$$\frac{1}{\sqrt{1+x^4}}=(1+x^4)^{-\frac{1}{2}}=1-\frac{1}{2}x^4+\frac{1\cdot 3}{2\cdot 4}x^8-\frac{1\cdot 3\cdot 5}{2\cdot 4\cdot 6}x^{12}+\cdots, \quad x\in(-1,1).$$

根据幂级数的逐项积分性质,

$$\int_0^{\frac{1}{2}}\frac{\mathrm{d}x}{\sqrt{1+x^4}}=\left.\left(x-\frac{1}{2\cdot 5}x^5+\frac{1\cdot 3}{2\cdot 4\cdot 9}x^9-\frac{1\cdot 3\cdot 5}{2\cdot 4\cdot 6\cdot 13}x^{13}+\cdots\right)\right|_0^{\frac{1}{2}}$$
$$=\frac{1}{2}-\frac{1}{10}\left(\frac{1}{2}\right)^5+\frac{1}{24}\left(\frac{1}{2}\right)^9-\frac{5}{208}\left(\frac{1}{2}\right)^{13}+\cdots.$$

根据定理 12.2.6, 如果取前两项之和作为积分的近似值, 其误差

$$|R_2| < \frac{1}{24}\left(\frac{1}{2}\right)^9 = \frac{1}{12288} < 10^{-4},$$

满足所要求的精度. 因此

$$\int_0^{\frac{1}{2}} \frac{\mathrm{d}x}{\sqrt{1+x^4}} \approx \frac{1}{2} - \frac{1}{10}\left(\frac{1}{2}\right)^{-5} \approx 0.4969. \qquad \square$$

习 题 12.4

1. 将下列函数展开为关于 x 的幂级数, 并确定收敛域.

(1) $\dfrac{3}{(1+2x)(1-x)}$; (2) $\dfrac{x}{\sqrt{1-2x}}$;

(3) $\ln(1+x+x^2+x^3)$; (4) $(1+x)\ln(1+x)$.

2. 将 $\cos^2 x$ 展开为关于 x 的幂级数, 并确定其收敛域.

3. 将 $f(x) = \dfrac{1}{(1-x)^2}$ 展开为关于 x 的幂级数.

4. 将函数 $f(x) = \ln\dfrac{x}{1+x}$ 展开为关于 $(x-1)$ 的幂级数, 并确定其收敛域.

5. 利用函数的泰勒展开式, 求下列各数的近似值 (精确到 0.0001).

(1) $\dfrac{1}{\sqrt[3]{36}}$; (2) $\cos 2^\circ$; (3) $\arcsin\dfrac{1}{2}$.

6. 利用被积函数的泰勒展开式, 求下列定积分的近似值 (精确到 0.0001).

(1) $\displaystyle\int_0^1 \sin x^2 \mathrm{d}x$; (2) $\displaystyle\int_0^{\frac{1}{4}} \sqrt{1+x^2}\mathrm{d}x$.

12.5 傅里叶级数

幂级数是最简单的函数项级数. 本节开始研究另一类在理论和应用上都非常重要的函数项级数: 三角级数.

一、三角函数系的正交性

在自然界和工程技术中, 常见的周期现象可用一个周期函数来描述, 简单的周期现象如弹簧的简谐振动、蒸汽机活塞的往复运动、交流电的电流与电压等, 都可用周期为 $T = \dfrac{2\pi}{\omega}$ 的正弦函数

$$y = A\sin(\omega t + \varphi)$$

来表示, 其中 A 为振幅, ω 为角频率, φ 为初相.

一些比较复杂的周期运动可以视为不同频率的谐波的叠加, 电工学中称为谐波分析法. 在数学上就是将非正弦的周期函数 $f(t)$ 用一系列正弦函数

$$A_n \sin(n\omega t + \varphi_n)$$

的和来表示, 即

$$f(t) = A_0 + \sum_{n=1}^{\infty} A_n \sin(n\omega t + \varphi_n), \tag{12.5.1}$$

其中 A_0, A_n, φ_n $(n = 1, 2, \cdots)$ 为常数. 常数项 A_0 称为 $f(t)$ 的直流分量, $A_n \sin(n\omega t + \varphi_n)$ 称为 $f(t)$ 的 n 次谐波, $n = 1, 2, \cdots$.

为方便起见, 将 n 次谐波按三角公式变形为

$$A_n \sin(n\omega t + \varphi_n) = A_n \sin\varphi_n \cos n\omega t + A_n \cos\varphi_n \sin n\omega t.$$

设 $\dfrac{a_0}{2} = A_0, a_n = A_n \sin\varphi_n, b_n = A_n \cos\varphi_n (n = 1, 2, \cdots)$, 并记 $x = \omega t$, 则 (12.5.1) 式右端级数就可以表示为

$$\frac{1}{2}a_0 + \sum_{n=1}^{\infty}(a_n \cos nx + b_n \sin nx). \tag{12.5.2}$$

形如式 (12.5.2) 的级数称为**三角级数**, 其中 a_0, a_n, b_n $(n = 1, 2, \cdots)$ 为常数.

注意到式 (12.5.2) 每一项都是周期为 2π 的函数. 如果级数 (12.5.2) 收敛, 则它的和函数也必为周期为 2π 的函数. 设 $f(x)$ 是周期为 2π 的函数. 则在何条件下, $f(x)$ 可以展开为级数 (12.5.2)? 如果 $f(x)$ 可以展开为级数 (12.5.2), 则如何确定系数 a_0, a_n, b_n? 我们将对这些问题展开讨论.

称函数系

$$\{1, \cos x, \sin x, \cos 2x, \sin 2x, \cdots, \cos nx, \sin nx, \cdots\} \tag{12.5.3}$$

为**三角函数系**. 函数系 (12.5.3) 有下面重要性质: 任意两个不同函数的乘积在 $[-\pi, \pi]$ 上的积分为零. 具体如下:

对于任意正整数 n 与 m,

$$\int_{-\pi}^{\pi} 1 \cdot \cos nx \mathrm{d}x = 0, \quad \int_{-\pi}^{\pi} 1 \cdot \sin nx \mathrm{d}x = 0, \quad \int_{-\pi}^{\pi} \sin mx \cos nx \mathrm{d}x = 0;$$

$$\int_{-\pi}^{\pi} \sin mx \sin nx \mathrm{d}x = 0, \quad \int_{-\pi}^{\pi} \cos mx \cos nx \mathrm{d}x = 0, \quad m \neq n.$$

请读者自行验证.

设 $C[-\pi,\pi]$ 为区间 $[-\pi,\pi]$ 上的可积或在广义积分意义下平方可积的函数全体. 则 $C[-\pi,\pi]$ 为区间 $[-\pi,\pi]$ 在通常函数乘积和数乘意义下构成的实数域 $\mathbb{R}$ 上的向量空间. 在 $C[-\pi,\pi]$ 中引入内积

$$\langle f(x),g(x)\rangle=\frac{1}{\pi}\int_{-\pi}^{\pi}f(x)g(x)\mathrm{d}x.$$

则 $C[-\pi,\pi]$ 为 $\mathbb{R}$ 上的欧氏空间. 根据上述等式, 三角函数系 (12.5.3) 中任意两个不同函数的内积为零, 因此 (12.5.3) 构成了 $C[-\pi,\pi]$ 的一个正交系统.

函数 $f(x)\in C[-\pi,\pi]$ 的范数 (或长度) 为 $\|f(x)\|=\langle f(x),f(x)\rangle^{\frac{1}{2}}$. 容易验证

$$\left\|\frac{1}{\sqrt{2}}\right\|=\left[\frac{1}{\pi}\int_{-\pi}^{\pi}\left(\frac{1}{\sqrt{2}}\right)^2\mathrm{d}x\right]^{\frac{1}{2}}=1,$$

$$\|\cos nx\|=\left[\frac{1}{\pi}\int_{-\pi}^{\pi}\cos^2 nx\mathrm{d}x\right]^{\frac{1}{2}}=1,$$

$$\|\sin nx\|=\left[\frac{1}{\pi}\int_{-\pi}^{\pi}\sin^2 nx\mathrm{d}x\right]^{\frac{1}{2}}=1.$$

因此,

$$\left\{\frac{1}{\sqrt{2}},\cos x,\sin x,\cos 2x,\sin 2x,\cdots,\cos nx,\sin nx,\cdots\right\}$$

构成了 $C[-\pi,\pi]$ 的一个标准正交系.

二、函数展开为傅里叶级数

定理 12.5.1 设 $f(x)$ 是周期为 2π 的函数, 在 $[-\pi,\pi]$ 上可积且可以展开为三角级数

$$f(x)=\frac{a_0}{2}+\sum_{n=1}^{\infty}(a_n\cos nx+b_n\sin nx), \tag{12.5.4}$$

且右边级数在 $[-\pi,\pi]$ 可以逐项积分. 则

$$\begin{aligned}a_n&=\frac{1}{\pi}\int_{-\pi}^{\pi}f(x)\cos nx\mathrm{d}x,\quad n=0,1,2,\cdots,\\ b_n&=\frac{1}{\pi}\int_{-\pi}^{\pi}f(x)\sin nx\mathrm{d}x,\quad n=1,2,\cdots.\end{aligned} \tag{12.5.5}$$

证明 先对 (12.5.4) 两边从 $-\pi$ 到 π 逐项积分, 并根据三角函数系的正交性, 得

$$\int_{-\pi}^{\pi}f(x)\mathrm{d}x=\int_{-\pi}^{\pi}\frac{a_0}{2}\mathrm{d}x+\sum_{n=1}^{\infty}\left(a_n\int_{-\pi}^{\pi}\cos nx\mathrm{d}x+b_n\int_{-\pi}^{\pi}\sin nx\mathrm{d}x\right)=a_0\pi,$$

故

$$a_0 = \frac{1}{\pi}\int_{-\pi}^{\pi} f(x)\mathrm{d}x.$$

用 $\cos nx$ 乘以 (12.5.4) 式两边, 再从 $-\pi$ 到 π 逐项积分, 应用三角函数系的正交性, 得

$$\begin{aligned}\int_{-\pi}^{\pi} f(x)\cos nx\mathrm{d}x &= \int_{-\pi}^{\pi}\frac{a_0}{2}\cos nx\mathrm{d}x \\ &\quad + \sum_{k=1}^{\infty}\left(a_k\int_{-\pi}^{\pi}\cos kx\cos nx\mathrm{d}x + b_k\int_{-\pi}^{\pi}\sin kx\cos nx\mathrm{d}x\right) \\ &= a_n\int_{-\pi}^{\pi}\cos^2 nx\mathrm{d}x = a_n\pi,\end{aligned}$$

故

$$a_n = \frac{1}{\pi}\int_{-\pi}^{\pi} f(x)\cos nx\mathrm{d}x, \quad n = 1, 2, \cdots.$$

类似地, 用 $\sin nx$ 乘以 (12.5.4) 两边, 再从 $-\pi$ 到 π 逐项积分, 可得

$$b_n = \frac{1}{\pi}\int_{-\pi}^{\pi} f(x)\sin nx\mathrm{d}x, \quad n = 1, 2, \cdots.$$ □

式 (12.5.4) 称为 $f(x)$ 的**傅里叶展开**. 式 (12.5.5) 称为**欧拉-傅里叶**(Euler-Fourier)**公式**. 此外, 如果式 (12.5.4) 右边的级数在 $[-\pi, \pi]$ 上一致收敛, 则它在 $[-\pi, \pi]$ 上就可以逐项积分. 感兴趣的读者请查阅相关书籍.

一般情况下, 我们并不知道一个函数会收敛于一个三角级数. 设周期为 2π 的函数 $f(x)$ 在 $[-\pi, \pi]$ 上可积或广义积分意义下绝对可积. 则可以利用欧拉 - 傅里叶公式求出式 (12.5.5) 中的 a_n, b_n, 并记

$$f(x) \sim \frac{a_0}{2} + \sum_{n=1}^{\infty}(a_n\cos nx + b_n\sin nx). \tag{12.5.6}$$

式 (12.5.6) 右边的级数称为函数 $f(x)$ 的**傅里叶级数**, a_n, b_n 称为 $f(x)$ 的**傅里叶系数**.

在式 (12.5.6) 中, 我们使用 "$\sim$" 而不是 "$=$", 是因为我们并不知道右边的级数是否收敛; 即使收敛, 也不知道它是否收敛于 $f(x)$. 下面给出式 (12.5.6) 中级数 (即 $f(x)$ 的傅里叶级数) 收敛的充分条件. 此处我们没有给出证明, 感兴趣的读者请查阅相关书籍.

定理 12.5.2 (狄利克雷收敛定理) 设 $f(x)$ 是周期为 2π 的函数. 若它满足条件:

(1) $f(x)$ 在一个周期内连续或只有有限个第一类间断点;

(2) $f(x)$ 在一个周期内至多只有有限个极值点,

则 $f(x)$ 的傅里叶级数收敛, 并且

(1) 当 x 是 $f(x)$ 的连续点时, 则 $f(x)$ 的傅里叶级数收敛于 $f(x)$;

(2) 当 x 是 $f(x)$ 的第一类间断点时, 则 $f(x)$ 的傅里叶级数收敛于 $\frac{1}{2}(f(x^-)+f(x^+))$.

例 12.5.1 设 $f(x)$ 是周期为 2π 的周期函数, 它在 $[-\pi,\pi)$ 上的表达式为

$$f(x)=\begin{cases}-1, & -\pi\leqslant x<0,\\ 1, & 0\leqslant x<\pi.\end{cases}$$

将 $f(x)$ 展开为傅里叶级数.

解 函数 $f(x)$ 在点 $x=k\pi\ (k\in\mathbb{Z})$ 不连续, 而在其他点连续. 根据狄利克雷收敛定理, $f(x)$ 的傅里叶级数收敛, 并且在点 $x=k\pi$ 收敛于

$$\frac{1}{2}(f(\pi^-)+f(\pi^+))=0,$$

当 $x\neq k\pi\ (k\in\mathbb{Z})$ 时, $f(x)$ 的傅里叶级数收敛于 $f(x)$.

傅里叶系数计算如下:

$$\begin{aligned}a_n&=\frac{1}{\pi}\int_{-\pi}^{\pi}f(x)\cos nx\mathrm{d}x\\&=\frac{1}{\pi}\int_{-\pi}^{0}(-1)\cos nx\mathrm{d}x+\frac{1}{\pi}\int_{0}^{\pi}1\cdot\cos nx\mathrm{d}x\\&=0,\quad n=0,1,2,\cdots;\\ b_n&=\frac{1}{\pi}\int_{-\pi}^{\pi}f(x)\sin nx\mathrm{d}x\\&=\frac{1}{\pi}\int_{-\pi}^{0}(-1)\sin nx\mathrm{d}x+\frac{1}{\pi}\int_{0}^{\pi}1\cdot\sin nx\mathrm{d}x\\&=\frac{2}{n\pi}(1-(-1)^n)=\begin{cases}\dfrac{4}{n\pi}, & n=2k-1,k\in\mathbb{Z}^+,\\ 0, & n=2k,k\in\mathbb{Z}^+.\end{cases}\end{aligned}$$

故 $f(x)$ 的傅里叶级数展开为

$$f(x)=\frac{4}{\pi}\left(\sin x+\frac{1}{3}\sin 3x+\cdots+\frac{1}{2n-1}\sin(2n-1)x+\cdots\right)$$

$$= \frac{4}{\pi}\sum_{n=1}^{\infty}\frac{1}{2n-1}\sin(2n-1)x,\ x\in\mathbb{R}\backslash\{k\pi\mid k\in\mathbb{Z}\}. \tag{12.5.7}$$

□

在式 (12.5.7) 中取 $x=\frac{\pi}{2}$, 则

$$\frac{\pi}{4}=\sum_{n=1}^{\infty}(-1)^{n-1}\frac{1}{2n-1}=1-\frac{1}{3}+\frac{1}{5}-\frac{1}{7}+\cdots+(-1)^{n-1}\frac{1}{2n-1}+\cdots.$$

例 12.5.2 设 $f(x)$ 是周期为 2π 的周期函数, 它在 $[-\pi,\pi)$ 上的表达式为

$$f(x)=\begin{cases} x, & -\pi\leqslant x<0,\\ 0, & 0\leqslant x<\pi.\end{cases}$$

将 $f(x)$ 展开为傅里叶级数.

解 函数 $f(x)$ 在点 $x=(2k+1)\pi$ $(k\in\mathbb{Z})$ 不连续, 而在其他点都连续. 根据狄利克雷收敛定理, $f(x)$ 的傅里叶级数在 $x=(2k+1)\pi$ $(k\in\mathbb{Z})$ 处收敛于

$$\frac{1}{2}[f(\pi^-)+f(\pi^+)]=\frac{1}{2}(0-\pi)=-\frac{\pi}{2}.$$

当 $x\neq(2k+1)\pi$ $(k\in\mathbb{Z})$ 时, $f(x)$ 的傅里叶级数收敛于 $f(x)$.

傅里叶系数计算如下:

$$a_0=\frac{1}{\pi}\int_{-\pi}^{\pi}f(x)\mathrm{d}x=\frac{1}{\pi}\int_{-\pi}^{0}x\mathrm{d}x=-\frac{\pi}{2};$$

$$\begin{aligned} a_n&=\frac{1}{\pi}\int_{-\pi}^{\pi}f(x)\cos nx\mathrm{d}x=\frac{1}{\pi}\int_{-\pi}^{0}x\cos nx\mathrm{d}x\\ &=\frac{1}{n^2\pi}(1-\cos n\pi)=\begin{cases}\dfrac{2}{n^2\pi}, & n=2k-1,k\in\mathbb{Z}^+,\\ 0, & n=2k,k\in\mathbb{Z}^+;\end{cases}\end{aligned}$$

$$\begin{aligned} b_n&=\frac{1}{\pi}\int_{-\pi}^{\pi}f(x)\sin nx\mathrm{d}x=\frac{1}{\pi}\int_{-\pi}^{0}x\sin nx\mathrm{d}x\\ &=-\frac{\cos n\pi}{n}=\frac{(-1)^{n-1}}{n},\quad n=1,2,\cdots.\end{aligned}$$

故 $f(x)$ 的傅里叶级数展开为

$$f(x)=-\frac{\pi}{4}+\frac{2}{\pi}\sum_{n=1}^{\infty}\frac{\cos(2n-1)x}{(2n-1)^2}+\sum_{n=1}^{\infty}\frac{(-1)^{n-1}\sin nx}{n},\quad x\in\mathbb{R}\backslash\{(2k+1)\pi\mid k\in\mathbb{Z}\}.$$

□

三、正弦级数和余弦级数

由例 12.5.1 看出, 如果 $f(x)$ 是以 2π 为周期的奇函数 (或偶函数), 或 $f(x)$ 在 $[-\pi,\pi]$ 上除去有限个点外满足奇函数 (或偶函数) 的性质, 则 $f(x)$ 的傅里叶级数只含正弦函数 (或余弦函数).

(1) 当 $f(x)$ 为奇函数时, $f(x)\cos nx$ 是奇函数, $f(x)\sin nx$ 是偶函数, 故傅里叶系数为

$$a_n = 0, \quad n = 0, 1, 2, \cdots;$$

$$b_n = \frac{2}{\pi}\int_0^{\pi} f(x)\sin nx\mathrm{d}x, \quad n = 1, 2, \cdots.$$

因此, 奇函数的傅里叶级数只含有正弦项, 即

$$f(x) \sim \sum_{n=1}^{\infty} b_n \sin nx. \tag{12.5.8}$$

形如式 (12.5.8) 的级数称为**正弦级数**.

(2) 当 $f(x)$ 为偶函数时, $f(x)\cos nx$ 是偶函数, $f(x)\sin nx$ 是奇函数, 故傅里叶系数为

$$a_n = \frac{2}{\pi}\int_0^{\pi} f(x)\cos nx\mathrm{d}x, \quad n = 0, 1, 2, \cdots;$$

$$b_n = 0, \quad n = 1, 2, \cdots.$$

因此偶函数的傅里叶级数只含有余弦项, 即

$$f(x) \sim \frac{a_0}{2} + \sum_{n=1}^{\infty} a_n \cos nx. \tag{12.5.9}$$

形如式 (12.5.9) 的级数称为**余弦级数**.

例 12.5.3 设 $f(x) = |\sin x|$, 将 $f(x)$ 展开为傅里叶级数.

解 显然 $f(x) = |\sin x|$ 在整个数轴上连续, 故 $f(x)$ 的傅里叶级数处处收敛于 $f(x)$. 由于 $f(x)$ 是偶函数, 故其傅里叶级数是余弦级数:

$$\frac{a_0}{2} + \sum_{n=1}^{\infty} a_n \cos nx,$$

其中

$$\begin{aligned} a_n &= \frac{2}{\pi}\int_0^{\pi} f(x)\cos nx\mathrm{d}x = \frac{2}{\pi}\int_0^{\pi} \sin x \cos nx\mathrm{d}x \\ &= \frac{1}{\pi}\int_0^{\pi} [\sin(1-n)x + \sin(1+n)x]\mathrm{d}x \end{aligned}$$

$$= \begin{cases} 0, & n = 2k-1, k \in \mathbb{Z}^+, \\ -\dfrac{4}{\pi(n^2-1)}, & n = 2k, k \in \mathbb{N}. \end{cases}$$

因此, $f(x)$ 的傅里叶展开为

$$f(x) = |\sin x| = \frac{2}{\pi} - \sum_{n=1}^{\infty} \frac{4}{\pi(4n^2-1)} \cos 2nx, \quad x \in \mathbb{R}.$$ □

四、非周期函数的傅里叶展开

1. $[-\pi, \pi]$ 上函数的傅里叶展开

如果函数 $f(x)$ 仅仅定义在区间 $[-\pi, \pi]$ 上且满足狄利克雷收敛定理的条件, 则 $f(x)$ 仍可展开为傅里叶级数. 首先我们必须把 $f(x)$ 延拓为周期为 2π 的函数 $F(x)$, 使得 $F(x)$ 在 $[-\pi, \pi)$ (或 $(-\pi, \pi]$) 上的限制即为 $f(x)$, 即

$$F(x) = f(x), \quad x \in [-\pi, \pi) \ (\text{或} x \in (-\pi, \pi]).$$

其次我们把 $F(x)$ 展开为傅里叶级数. 在端点 $x = \pm\pi$ 处, 如果 $f((-\pi)^+) \neq f(\pi^-)$, 则 $F(x)$ 的傅里叶级数收敛于 $\frac{1}{2}(f((-\pi)^+) + f(\pi^-))$; 如果 $f((-\pi)^+) = f(\pi^-) = f(-\pi)$, 则 $F(x)$ 在 $x = \pm\pi$ 处连续, 因此 $F(x)$ 的傅里叶级数收敛于 $f(-\pi)$. 对于 $(-\pi, \pi)$ 内的点, 依据狄利克雷收敛定理, 对级数的收敛性作类似判断. 由于 $f(x) = F(x)$, $x \in [-\pi, \pi)$, 故我们得到 $f(x)$ 在 $[-\pi, \pi)$ 上的傅里叶级数, 且根据收敛性讨论, 我们也就获得了 $f(x)$ 在 $[-\pi, \pi]$ 的傅里叶展开.

例 12.5.4 将函数 $f(x) = \begin{cases} -x, & -\pi \leqslant x < 0 \\ x, & 0 \leqslant x \leqslant \pi \end{cases}$ 展开为傅里叶级数.

解 由于 $f(x)$ 不是周期函数, 但它在区间 $[-\pi, \pi]$ 上满足狄利克雷收敛定理的条件, 所以我们对 $f(x)$ 延拓为周期为 2π 的函数 $F(x)$. 注意到 $f((-\pi)^+) = f(\pi^-) = f(-\pi)$, 所以 $F(x)$ 在 $\mathbb{R}$ 上连续, 如图 12.5.1 所示. 因此 $F(x)$ 的傅里叶级数在 $[-\pi, \pi]$ 上收敛于 $f(x)$.

由于 $F(x)$ 为偶函数, 所以

$$F(x) \sim \frac{a_0}{2} + \sum_{n=1}^{\infty} a_n \cos nx,$$

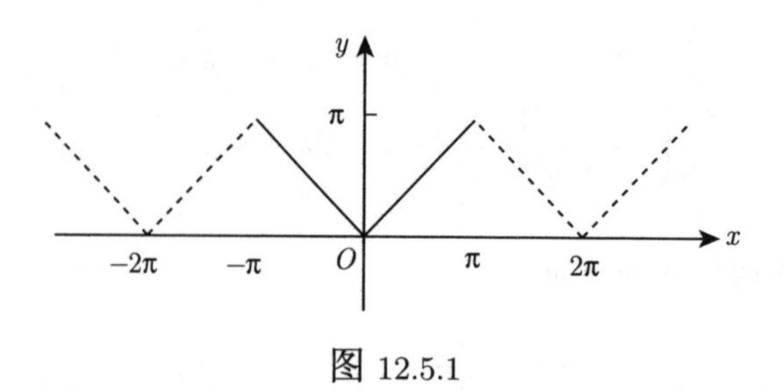

图 12.5.1

其中

$$
\begin{aligned}
a_0 &= \frac{2}{\pi}\int_0^{\pi} f(x)\mathrm{d}x = \frac{2}{\pi}\int_0^{\pi} x\mathrm{d}x = \pi; \\
a_n &= \frac{2}{\pi}\int_0^{\pi} f(x)\cos nx\mathrm{d}x = \frac{2}{\pi}\int_0^{\pi} x\cos nx\mathrm{d}x \\
&= \frac{2}{n^2\pi}(\cos n\pi - 1) = \begin{cases} -\dfrac{4}{n^2\pi}, & n = 2k-1, k\in\mathbb{Z}^+, \\ 0, & n = 2k, k\in\mathbb{Z}^+. \end{cases}
\end{aligned}
$$

故 $f(x)$ 的傅里叶展开为

$$
f(x) = \frac{\pi}{2} - \frac{4}{\pi}\sum_{n=1}^{\infty}\frac{1}{(2n-1)^2}\cos(2n-1)x, \quad x\in[-\pi,\pi]. \qquad \square
$$

2. $[0,\pi]$ 上函数的傅里叶展开

因实际需求, 有时要把仅仅定义在区间 $[0,\pi]$ 上的函数 $f(x)$ 展开为正弦级数与余弦级数. 利用延拓思想, 可按下面方法处理.

(1) 如果要把 $f(x)$ 在 $[0,\pi]$ 上展开为正弦级数, 只需要把 $f(x)$ 延拓到 $[-\pi,\pi]$ 上的奇函数 $F(x)$, 然后再延拓到周期为 2π 的函数, 按照上一小节的方法就可以将 $f(x)$ 展开为傅里叶正弦级数了.

采用奇延拓, 定义 $F(x)$ 如下:

$$
F(x) = \begin{cases} f(x), & 0\leqslant x\leqslant\pi, \\ -f(-x), & -\pi\leqslant x<0. \end{cases}
$$

则 $F(x)$ 在 $[0,\pi]$ 上的限制就是 $f(x)$. 如果 $F(0)=0$, 即 $f(0)=0$, 则 $F(x)$ 是 $[-\pi,\pi]$ 上的奇函数. 但是, 即使 $f(0)\neq 0$, 这也并不影响 $F(x)$ 展开为正弦级数. 请读者思考原因.

(2) 类似地, 如果要把 $f(x)$ 在 $[0,\pi]$ 上的展开为余弦级数, 只需要把 $f(x)$ 延拓到 $[-\pi,\pi]$ 上的偶函数 $F(x)$, 然后再延拓到周期为 2π 的函数, 按照上一小节的方法就可以将 $f(x)$ 展开为傅里叶余弦级数了.

采用偶延拓, 定义 $F(x)$ 如下:

$$F(x)=\begin{cases} f(x), & 0\leqslant x\leqslant \pi, \\ f(-x), & -\pi\leqslant x<0. \end{cases}$$

则 $F(x)$ 是 $[-\pi,\pi]$ 上的偶函数, 它在 $[0,\pi]$ 上的限制就是 $f(x)$.

例 12.5.5 将函数$f(x)=\begin{cases} x, & 0\leqslant x\leqslant \dfrac{\pi}{2}, \\ \pi-x, & \dfrac{\pi}{2}<x\leqslant \pi \end{cases}$ 分别展开为傅里叶正弦级数和余弦级数.

解 (1) 先求正弦级数. 采用奇延拓, 把 $f(x)$ 延拓到 $[-\pi,\pi]$ 上的奇函数 $F(x)$, 如图 12.5.2 所示. 再把 $F(x)$ 延拓到周期为 2π 的函数 $\tilde{F}(x)$. 易见 $\tilde{F}(x)$ 在 $\mathbb{R}$ 上连续, 因此 $\tilde{F}(x)$ 的傅里叶级数在 $\mathbb{R}$ 上收敛于 $\tilde{F}(x)$. 此傅里叶级数在 $[0,\pi]$ 上的限制就是 $f(x)$.

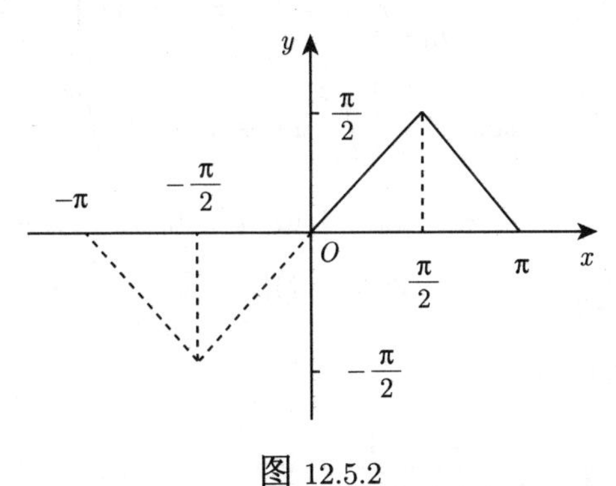

图 12.5.2

通过计算,

$$\begin{aligned} b_n &= \frac{2}{\pi}\int_0^{\pi} f(x)\sin nx\mathrm{d}x=\frac{2}{\pi}\left(\int_0^{\frac{\pi}{2}} x\sin nx\mathrm{d}x+\int_{\frac{\pi}{2}}^{\pi}(\pi-x)\sin nx\mathrm{d}x\right) \\ &= \begin{cases} 0, & n=2k, k\in\mathbb{Z}^+, \\ \dfrac{4(-1)^{k-1}}{(2k-1)^2\pi}, & n=2k-1, k\in\mathbb{Z}^+. \end{cases} \end{aligned}$$

故 $f(x)$ 的傅里叶展开为

$$f(x)=\frac{4}{\pi}\sum_{n=1}^{\infty}\frac{(-1)^{n-1}}{(2n-1)^2}\sin(2n-1)x, \quad x\in[0,\pi].$$

(2) 再求余弦级数. 采用偶延拓, 把 $f(x)$ 延拓到 $[-\pi,\pi]$ 上的偶函数 $G(x)$, 如图 12.5.3 所示. 再把 $G(x)$ 延拓到周期为 2π 的函数 $\tilde{G}(x)$. 易见 $\tilde{G}(x)$ 在 $\mathbb{R}$ 上连续,

因此 $\tilde{G}(x)$ 的傅里叶级数在 $\mathbb{R}$ 上收敛于 $\tilde{G}(x)$. 此傅里叶级数在 $[0,\pi]$ 上的限制就是 $f(x)$.

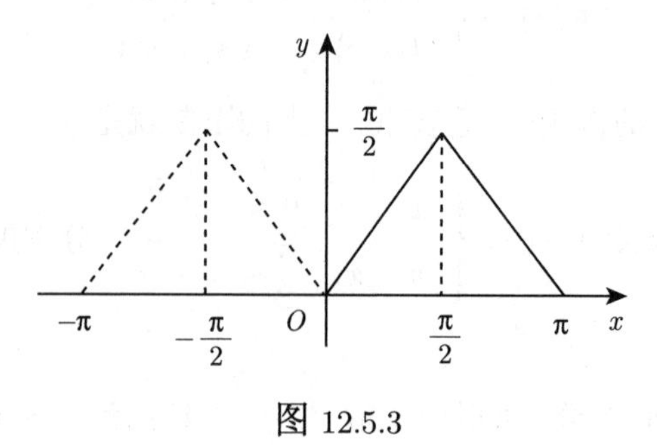

图 12.5.3

通过计算,

$$a_0 = \frac{2}{\pi}\int_0^{\pi} f(x)\mathrm{d}x = \frac{2}{\pi}\left(\int_0^{\frac{\pi}{2}} x\mathrm{d}x + \int_{\frac{\pi}{2}}^{\pi}(\pi - x)\mathrm{d}x\right) = \frac{\pi}{2},$$

$$a_n = \frac{2}{\pi}\int_0^{\pi} f(x)\cos nx\mathrm{d}x = \frac{2}{\pi}\left[\int_0^{\frac{\pi}{2}} x\cos nx\mathrm{d}x + \int_{\frac{\pi}{2}}^{\pi}(\pi - x)\cos nx\mathrm{d}x\right]$$

$$= \begin{cases} 0, & n = 2k-1 \text{ 或 } n = 4k, k \in \mathbb{Z}^+, \\ -\dfrac{2}{(2k-1)^2\pi}, & n = 2(2k-1), k \in \mathbb{Z}^+. \end{cases}$$

所以 $f(x)$ 的傅里叶展开为

$$f(x) = \frac{\pi}{4} - \frac{2}{\pi}\sum_{n=1}^{\infty}\frac{1}{(2n-1)^2}\cos(4n-2)x, \quad x \in [0,\pi]. \qquad \square$$

五、任意周期的函数的傅里叶展开

如果函数$f(x)$ 的周期为 $2T$, 作变换 $x = \dfrac{T}{\pi}t$, 则

$$\varphi(t) = f\left(\frac{T}{\pi}t\right)$$

是周期为 2π 的函数. 利用前面的结果,

$$\varphi(t) \sim \frac{a_0}{2} + \sum_{n=1}^{\infty}(a_n\cos nt + b_n\sin nt),$$

代回变量, 就有

$$f(x) \sim \frac{1}{2}a_0 + \sum_{n=1}^{\infty}\left(a_n\cos\frac{n\pi}{T}x + b_n\sin\frac{n\pi}{T}x\right). \tag{12.5.10}$$

相应的傅里叶系数为

$$a_n = \frac{1}{\pi}\int_{-\pi}^{\pi}\varphi(t)\cos nt\mathrm{d}t = \frac{1}{T}\int_{-T}^{T}f(x)\cos\frac{n\pi}{T}x\mathrm{d}x, \quad n=0,1,2,\cdots;$$

$$b_n = \frac{1}{\pi}\int_{-\pi}^{\pi}\varphi(t)\sin nt\mathrm{d}t = \frac{1}{T}\int_{-T}^{T}f(x)\sin\frac{n\pi}{T}x\mathrm{d}x, \quad n=1,2,\cdots. \tag{12.5.11}$$

请读者应用定积分的换元法验证上述公式.

根据变量关系 $x = \dfrac{T}{\pi}t$, 狄利克雷收敛定理在区间 $[-T,T]$ 上也成立, 即, 若 $f(x)$ 在 $[-T,T]$ 上连续或只有有限个第一类间断点, 且在 $[-T,T]$ 上至多只有有限个极值点, 则 $f(x)$ 的傅里叶级数收敛, 并且

(1) 当 x 是 $f(x)$ 的连续点时, 则 $f(x)$ 的傅里叶级数收敛于 $f(x)$;

(2) 当 x 是 $f(x)$ 的第一类间断点时, 则 $f(x)$ 的傅里叶级数收敛于 $\dfrac{1}{2}(f(x^-)+f(x^+))$.

例 12.5.6 设 $f(x)$ 是周期为 4 的函数, 它在 $[-2,2)$ 上的表达式为

$$f(x) = \begin{cases} 0, & -2\leqslant x<0, \\ k, & 0\leqslant x<2, \end{cases}$$

其中 k 为非零常数. 将 $f(x)$ 展开为傅里叶级数.

解 取 $T=2$, 根据式 (12.5.11), 可得

$$a_0 = \frac{1}{2}\int_{-2}^{0}0\mathrm{d}x + \frac{1}{2}\int_{0}^{2}k\mathrm{d}x = k;$$

$$a_n = \frac{1}{2}\int_{0}^{2}k\cos\frac{n\pi x}{2}\mathrm{d}x = 0, \quad n=1,2,\cdots;$$

$$\begin{aligned} b_n &= \frac{1}{2}\int_{0}^{2}k\sin\frac{n\pi x}{2}\mathrm{d}x = \frac{k}{n\pi}(1-\cos n\pi) \\ &= \begin{cases} \dfrac{2k}{n\pi}, & n=2k-1, k\in\mathbb{Z}^+, \\ 0, & n=2k, k\in\mathbb{Z}^+. \end{cases} \end{aligned}$$

故 $f(x)$ 的傅里叶级数为

$$f(x) \sim \frac{k}{2} + \frac{2k}{\pi}\sum_{n=1}^{\infty}\frac{1}{2n-1}\sin\frac{(2n-1)\pi x}{2}.$$

由于 $f(x)$ 在点 $x=2l\ (l\in\mathbb{Z})$ 不连续, 而在其他点都连续. 故 $f(x)$ 的傅里叶展开为

$$f(x) = \frac{k}{2} + \frac{2k}{\pi}\sum_{n=1}^{\infty}\frac{1}{2n-1}\sin\frac{(2n-1)\pi x}{2}, \quad x\in\mathbb{R}\backslash\{2l\mid l\in\mathbb{Z}\}.$$

易见 $f(x)$ 的傅里叶级数在 $x=2l\ (l\in\mathbb{Z})$ 收敛于 $\dfrac{1}{2}(f(x^-)+f(x^+))=\dfrac{k}{2}$, 如图 12.5.4 所示. □

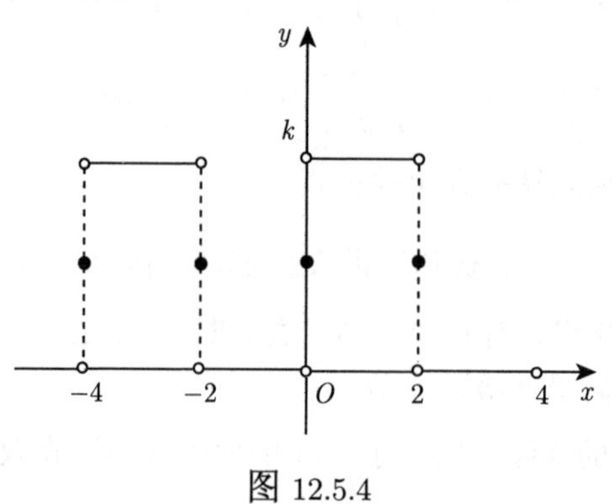

图 12.5.4

例 12.5.7 将 $f(x)=x$ 在 $[0,2]$ 上分别展开为正弦级数和余弦级数.

解 (1) 先将 $f(x)$ 展开为正弦级数. 为此先将 $f(x)$ 延拓成 $[-2,2]$ 上的奇函数 $F(x)$, 再把 $F(x)$ 延拓到周期为 4 的函数 $\tilde{F}(x)$. 易见, $\tilde{F}(x)$ 在 $x=4k+2\ (k\in\mathbb{Z})$ 不连续, 而在其他点都连续. 故 $\tilde{F}(x)$ 的傅里叶级数在 $x=2$ 收敛于 $\dfrac{1}{2}(f(2^-)+f((-2)^+)=0$, 而在 $x\in[0,2)$ 时收敛于 $f(x)$.

取 $T=2$, 根据式 (12.5.11), 结合 $\tilde{F}(x)$ 为奇函数, 可得 $a_n=0,\ n=0,1,2,\cdots$;

$$b_n=\frac{2}{T}\int_0^T f(x)\sin\frac{n\pi}{T}x\mathrm{d}x=\int_0^2 x\sin\frac{n\pi}{2}x\mathrm{d}x=(-1)^{n+1}\frac{4}{n\pi},\quad n=1,2,\cdots.$$

所以 $f(x)$ 的傅里叶展开为

$$f(x)=\frac{4}{\pi}\sum_{n=1}^{\infty}(-1)^{n+1}\frac{1}{n}\sin\frac{n\pi}{2}x,\quad x\in[0,2).$$

(2) 再将 $f(x)$ 展开为余弦级数. 先将 $f(x)$ 延拓成 $[-2,2]$ 上的偶函数 $G(x)$, 再把 $G(x)$ 延拓到周期为 4 的函数 $\tilde{G}(x)$. 易见, $\tilde{G}(x)$ 在 $\mathbb{R}$ 上连续. 故 $\tilde{F}(x)$ 的傅里叶级数在 $[0,2]$ 上收敛于 $f(x)$.

取 $T=2$, 根据式 (12.5.11), 结合 $\tilde{F}(x)$ 为偶函数, 可得 $b_n=0,\ n=1,2,\cdots$;

$$a_0=\int_0^2 x\mathrm{d}x=2,$$

$$a_n=\int_0^2 x\cos\frac{n\pi}{2}x\mathrm{d}x=\begin{cases}0, & n=2k,k\in\mathbb{Z}^+,\\ -\dfrac{8}{n^2\pi^2}, & n=2k-1,k\in\mathbb{Z}^+.\end{cases}$$

所以 $f(x)$ 的傅里叶展开为

$$f(x)=1-\frac{8}{\pi^2}\sum_{n=1}^{\infty}\frac{1}{(2n-1)^2}\cos\frac{(2n-1)\pi}{2}x,\quad x\in[0,2].$$ □

习 题 12.5

1. 判断题.

(1) 设 $f(x)$是周期为 2π 的函数. 如果它满足狄利克雷收敛定理中的条件, 则其傅里叶级数在任一点 x 收敛于 $\frac{f(x^-)+f(x^+)}{2}$. ( )

(2) 只有周期函数才有可能展开为傅里叶级数. ( )

2. 选择题.

(1) 设 $f(x)=\begin{cases}\sin x, & 0\leqslant x\leqslant\pi,\\ \cos x, & -\pi\leqslant x<0\end{cases}$ 的傅里叶展开在 $x=0$ 和 $x=\pi$ 分别收敛于 A 和 B, 则 ( ).

(A) $A=0,B=1$ (B) $A=1,B=0$ (C) $A=\frac{1}{2},B=0$ (D) $A=\frac{1}{2},B=-\frac{1}{2}$

(2) 若函数 $f(x)$ 满足 $f(x+\pi)=-f(x)$, 则 $f(x)$ 在区间 $[-\pi,\pi]$ 上的傅里叶系数 a_n 和 b_n 必然满足 ( ).

(A) $a_{2n}=b_{2n+1}=0$ (B) $a_{2n+1}=b_{2n}=0$

(C) $a_{2n}=b_{2n}=0$ (D) $a_{2n+1}=b_{2n+1}=0$

3. 将下列周期为 2π 的函数 $f(x)$ 展开为傅里叶级数.

(1) $f(x)=3x^2+1,\ -\pi\leqslant x<\pi$;

(2) $f(x)=\begin{cases}3x, & -\pi\leqslant x<0,\\ 0, & 0\leqslant x<\pi.\end{cases}$

4. 将下列函数展开为傅里叶级数.

(1) $f(x)=2\sin\frac{x}{3},\ -\pi\leqslant x\leqslant\pi$;

(2) $f(x)=\begin{cases}e^x, & -\pi\leqslant x<0,\\ 1, & 0\leqslant x\leqslant\pi.\end{cases}$

5. 将函数 $f(x)=2x^2,\ x\in[0,\pi]$ 分别展开为正弦级数和余弦级数.

6. 已知函数 $f(x)$ 是周期为 T 的周期函数, 在 $\left[-\frac{T}{2},\frac{T}{2}\right]$ 上其表达式为 $f(x)=1-x^2$, 求 $f(x)$ 的傅里叶级数.

7. 将下列函数展开为正弦级数和余弦级数.

(1) $f(x)=x^2,\ 0\leqslant x\leqslant L$;

(2) $f(x)=\begin{cases} x, & 0\leqslant x<1, \\ 1, & 1\leqslant x\leqslant 2. \end{cases}$

复习题 12

1. 选择题.

(1) 已知正项级数$\sum\limits_{n=1}^{\infty}u_n$ 发散, 则级数 $\sum\limits_{n=1}^{\infty}\dfrac{u_n}{1+u_n}$(　　).

(A) 收敛　　(B) 发散　　(C) 绝对收敛　　(D) 敛散性不确定

(2) 对任意项级数 $\sum\limits_{n=1}^{\infty}u_n$, 设 $\lim\limits_{n\to\infty}\left|\dfrac{u_{n+1}}{u_n}\right|=\rho$, 则当 ρ 取下列何值时, 不能判定其敛散性.(　　)

(A) $\rho=0$　　(B) $\rho=\dfrac{1}{2}$　　(C) $\rho=1$　　(D) $\rho=2$

(3) 若级数 $\sum\limits_{n=1}^{\infty}a_n(x-2)^n$ 在 $x=-2$ 收敛, 则此级数在 $x=5$(　　).

(A) 发散　　(B) 收敛　　(C) 绝对收敛　　(D) 敛散性不确定

(4) 设函数 $f(x)=x^2,\ x\in[0,1]$; $S(x)=\sum\limits_{n=1}^{\infty}b_n\sin n\pi x,\ x\in(-\infty,+\infty)$, 其中 $b_n=2\int_0^1 f(x)\sin n\pi x\mathrm{d}x,\ n=1,2,\cdots$, 则 $S\left(-\dfrac{1}{2}\right)=$(　　).

(A) $-\dfrac{1}{2}$　　(B) $-\dfrac{1}{4}$　　(C) $\dfrac{1}{4}$　　(D) $\dfrac{1}{2}$

2. 判别下列级数的敛散性.

(1) $\sum\limits_{n=1}^{\infty}\left(\sqrt{n+2}-2\sqrt{n+1}+\sqrt{n}\right)$;　　(2) $\sum\limits_{n=1}^{\infty}\dfrac{4^n n!}{n^n}$;

(3) $\sum\limits_{n=1}^{\infty}\mathrm{e}^{-\sqrt{n}}$;　　(4) $\sum\limits_{n=1}^{\infty}\left(n^{\frac{1}{n^2+1}}-1\right)$.

3. 设数列 $\{na_n\}$ 收敛, 且级数 $\sum\limits_{n=1}^{\infty}n(a_n-a_{n-1})$ 收敛. 证明 $\sum\limits_{n=1}^{\infty}a_n$ 也收敛.

4. 证明级数 $\sum\limits_{n=2}^{\infty}\sin\left(n\pi+\dfrac{1}{\ln n}\right)$ 条件收敛.

5. 设 $f(x)$ 在 $x=0$ 的某邻域内具有二阶连续导数, 且 $\lim\limits_{x\to 0}\dfrac{f(x)}{x}=0$. 证明级数

$\sum_{n=1}^{\infty} f\left(\frac{1}{n}\right)$ 绝对收敛.

6. 求下列幂级数的和函数.

(1) $\sum_{n=1}^{\infty} (-1)^n \frac{x^{n+1}}{n(n+1)}$; (2) $\sum_{n=0}^{\infty} (n+1)^2 x^n$.

7. 设 $a_1 = a_2 = 1$, $a_{n+1} = a_n + a_{n-1}$, $n = 2, 3, \cdots$. 证明: 当 $|x| < \frac{1}{2}$ 时, 幂级数 $\sum_{n=1}^{\infty} a_n x^{n-1}$ 收敛, 并求其和函数.

8. 求下列函数项级数的收敛域及和函数.

(1) $\sum_{n=1}^{\infty} \frac{(-1)^n}{n(n+2)} \left(\frac{1+x}{1-x}\right)^n$; (2) $\sum_{n=1}^{\infty} \frac{(x^2-1)^n}{n(n+1)}$.

9. 将下列函数展开为关于 x 的幂级数.

(1) $x \arctan x - \ln \sqrt{1+x^2}$; (2) $\int_0^x \frac{1-\cos\sqrt{t}}{t} \mathrm{d}t$.

10. 设函数 $f(x) = \begin{cases} \frac{\sin x}{x}, & x \neq 0, \\ 1, & x = 0. \end{cases}$ 求 $f^{(k)}(0)$, $k = 1, 2, 3, \cdots$.

11. 已知函数 $f(x) = x^2$, $x \in (0, 2\pi)$.

(1) 将 $f(x)$ 展开为周期为 2π 的傅里叶级数;

(2) 证明 $\frac{\pi^2}{6} = \frac{1}{1^2} + \frac{1}{2^2} + \frac{1}{3^2} + \cdots + \frac{1}{n^2} + \cdots$;

(3) 求 $\int_0^1 \frac{\ln(1+x)}{x} \mathrm{d}x$.

12. 如图 12.5.5 所示的折线 OAB 给出的函数为 $y = f(x)$, $x \in [0, 2]$. 把 $f(x)$ 展开为 $[0, 2]$ 上的余弦级数, 并求级数 $\sum_{n=1}^{\infty} \frac{1}{(2n-1)^2}$ 的和.

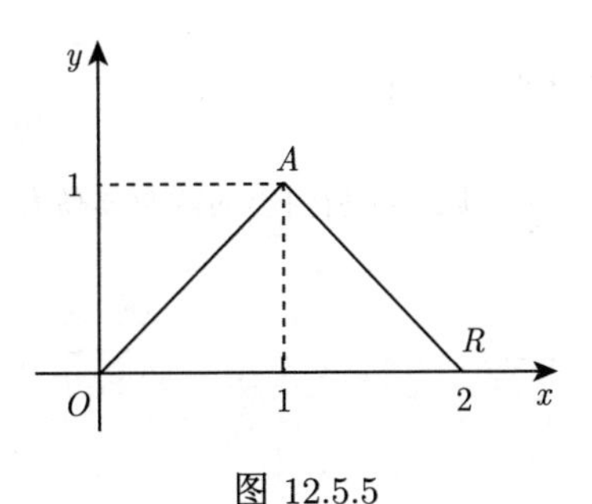

图 12.5.5

习题参考答案

第 8 章

习题 8.1

1. $3\sqrt{3}$. 2. 略.

3. $z^2-2x-6y+2z+11=0$.

4. $(x-3)^2+(y+2)^2+(z-1)^2=14$.

5. $x^2+(y-2)^2+z^2=4$.

习题 8.2

1. $4\boldsymbol{e_1}+\boldsymbol{e_3}$, $-2\boldsymbol{e_1}+4\boldsymbol{e_2}-3\boldsymbol{e_3}$, $-3\boldsymbol{e_1}+10\boldsymbol{e_2}-7\boldsymbol{e_3}$.

2. $3\boldsymbol{a}+3\boldsymbol{b}-5\boldsymbol{c}$.

3. (1) 5; (2) -3; (3) $-\dfrac{7}{2}$; (4) 11.

4. (1) 4; (2) 64; (3) 144.

5. 略.

6. $12\sqrt{2}$. 7. 略.

8. 不共面; 该平行六面体体积 $V=2$.

9. (1) 共面; (2) $V=\dfrac{58}{3}$, 顶点 D 所引出的四面体高为 $\dfrac{29}{7}$.

习题 8.3

1. $13x-y-7z-37=0$.

2. $2x+2y-3z=0$.

3. $\dfrac{1}{2}\sqrt{b^2c^2+c^2a^2+a^2b^2}$.

4. $l=\dfrac{7}{9}, m=\dfrac{13}{9}, n=\dfrac{37}{9}$.

5. 3.

6. $\dfrac{\pi}{3}$.

7. $\sqrt{3}$.

8. $\dfrac{x-1}{1}=\dfrac{y}{1}=\dfrac{z+2}{2}$.

9. $x-8y-13z+9=0$.

10. $x+5y+z-1=0$.

11. $11x+2y+z-15=0$.

12. $\dfrac{x+3}{4}=\dfrac{y-2}{3}=\dfrac{z-5}{1}$.

13. $\dfrac{x-2}{-1}=\dfrac{y-1}{1}=\dfrac{z-2}{0}$.

14. (1) 异面, $3\sqrt{30}$; (2) 异面, $\dfrac{10\sqrt{131}}{131}$.

15. 15.

16. $\begin{cases} y-z-1=0, \\ x+y+z=0. \end{cases}$

17. $6x-3y-2z+4=0$ 或 $3x+24y+16z+19=0$.

习题 8.4

1. $2y-2z-1=0$.

2. $x^2+y^2+3z^2-2xy-8x+8y-8z-26=0$.

3. $x^2+y^2-z^2=0$.

4. $xy+xz+yz=0$.

5. (1) $y^2+z^2=5x$; (2) $x^2+y^2+z^2=9$.

6. $\begin{cases} (x+1)^2+y^2=1, \\ z=0. \end{cases}$

7. $\begin{cases} x^2+z+z^2=1, \\ y=0. \end{cases}$

复习题 8

1~2. 略.

3. $\lambda=40$.

4. 略.

5. $\boldsymbol{a}\cdot\boldsymbol{b}=\pm 2$.

6. $\boldsymbol{c}=5\boldsymbol{a}+\boldsymbol{b}$, 6, $\dfrac{51}{\sqrt{14}}$.

7. $x-3y+z+2=0$.

8. $\begin{cases} x-y=0, \\ x+y-3z+1=0. \end{cases}$

9. L_1, L_2 为异面直线, $d=\dfrac{7}{\sqrt{6}}$.

10. $\begin{cases} x-y+2z-1=0, \\ x-3y-2z+1=0. \end{cases}$

11. $\begin{cases} 3x-4y+z=1, \\ 10x-4y-3z+22=0. \end{cases}$

12. $\dfrac{x+1}{13}=\dfrac{y}{16}=\dfrac{z-1}{25}$.

13. $x^2+y^2=\dfrac{13}{36}z^2$.

14. $\dfrac{x^2}{25}+\dfrac{y^2}{9}-\dfrac{(z-1)^2}{4}=0$.

15. $\begin{cases} x^2+y^2=2x, \\ z=0. \end{cases}$

第 9 章

习题 9.1

1. (1) ×; (2) √; (3) √.

2. $t^2 f(x,y)$.

3. (1) $\{(x,y)|x+y>1\}$; (2) $\{(x,y)|-5\leqslant x\leqslant 5,-4\leqslant y\leqslant 4\}$.

4. 略.

5. (1) a; (2) 2; (3) 0; (4) e; (5) $\ln 2$; (6) $-\dfrac{1}{3}$; (7) 0;

6. 略.

习题 9.2

1. (1) √; (2) ×; (3) ×.

2. $f'_x(0,0)=0, f'_y(0,0)=0$, 不连续, 不可微.

3. (1) $\dfrac{\partial z}{\partial x}=-\dfrac{1}{x}, \dfrac{\partial z}{\partial y}=\dfrac{1}{y}$;

(2) $\dfrac{\partial z}{\partial x}=(x^2+y^2)^{-\frac{1}{2}}-x(x+1)(x^2+y^2)^{-\frac{3}{2}}, \dfrac{\partial z}{\partial y}=-y(x+1)(x^2+y^2)^{-\frac{3}{2}}$;

(3) $\dfrac{\partial z}{\partial x}=yx^{y-1}+y^x\ln y, \dfrac{\partial z}{\partial y}=xy^{x-1}+x^y\ln x$.

4. (1) $f'_x(3,4)=\dfrac{2}{5}, f'_y(0,5)=0$; (2) $f'_x\left(0,\dfrac{\pi}{4}\right)=0, f'_y\left(0,\dfrac{\pi}{4}\right)=-\mathrm{e}^{-\frac{\pi}{4}}$

5. (1) $\dfrac{\partial^2 z}{\partial x^2}=2a^2\cos 2(ax+by), \dfrac{\partial^2 z}{\partial x\partial y}=2ab\cos 2(ax+by)=\dfrac{\partial^2 z}{\partial y\partial x}$,

$\dfrac{\partial^2 z}{\partial y^2}=2b^2\cos 2(ax+by)$;

(2) $\dfrac{\partial^2 z}{\partial x^2}=-\dfrac{2x}{(1+x^2)^2}, \dfrac{\partial^2 z}{\partial x\partial y}=\dfrac{\partial^2 z}{\partial y\partial x}=0, \dfrac{\partial^2 z}{\partial y^2}=-\dfrac{2y}{(1+y^2)^2}$.

6. (1) $\dfrac{\partial^2 f}{\partial x\partial y}=\dfrac{x^4+6x^2y^2+y^4}{(x^2+y^2)^2}$;

(2) $\dfrac{\partial^2 z}{\partial x^2}=\dfrac{2}{y}\sec^2\dfrac{x^2}{y}\left(1+\dfrac{4x^2}{y}\tan\dfrac{x^2}{y}\right)$;

(3) $\dfrac{\partial^3 u}{\partial x\partial y\partial z}=\mathrm{e}^{xyz}(1+3xyz+x^2y^2z^2)$.

7. (1) $\mathrm{d}z=\dfrac{2(x\mathrm{d}y-y\mathrm{d}x)}{(x-y)^2}$; (2) $\mathrm{d}z=\mathrm{sgn}y\cdot\left(\dfrac{\mathrm{d}x}{\sqrt{y^2-x^2}}-\dfrac{x}{y}\dfrac{\mathrm{d}y}{\sqrt{y^2-x^2}}\right)$;

(3) $\mathrm{d}u=\left(\dfrac{1}{z}-\dfrac{y}{x^2}\right)\mathrm{d}x+\left(\dfrac{1}{x}-\dfrac{z}{y^2}\right)\mathrm{d}y+\left(\dfrac{1}{y}-\dfrac{x}{z^2}\right)\mathrm{d}z$.

8. $\mathrm{d}z=-4\mathrm{d}x+12\mathrm{d}y$.

9. 略.

10. $\Delta z\approx 0.0714$, $\mathrm{d}z=0.075$.

11. $\sqrt{(1.02)^3+(1.97)^3}\approx 2.95$.

习题 9.3

1. (1) $\dfrac{\mathrm{d}z}{\mathrm{d}t}=(\cos t-4t)\mathrm{e}^{\sin t-2t^2}$.

(2) $\dfrac{\partial z}{\partial x}=\dfrac{2x^2-12y^2+2xy}{(y+2x)^2}$, $\dfrac{\partial z}{\partial y}=\dfrac{4y^2+16xy-9x^2}{(y+2x)^2}$.

(3) $\dfrac{\mathrm{d}z}{\mathrm{d}x}=\dfrac{(1+x)\mathrm{e}^x}{\sqrt{1-x^2\mathrm{e}^{2x}}}$.

(4) $\dfrac{\partial u}{\partial x}=4x(x^2-y^2)$, $\dfrac{\partial u}{\partial y}=-4y(x^2-y^2)$.

2. (1) $\dfrac{\partial z}{\partial x}=f_1'+y\mathrm{e}^{xy}f_2'$, $\dfrac{\partial z}{\partial y}=f_1'+x\mathrm{e}^{xy}f_2'$; (2) $\dfrac{\partial z}{\partial x}=f_1'+yf_2'$, $\dfrac{\partial z}{\partial y}=xf_2'$.

3. 0.

4. $\dfrac{\partial u}{\partial x}=\dfrac{y}{z}\ln x+\dfrac{y}{z}+\varphi\left(\dfrac{y}{x},\dfrac{z}{x}\right)-\dfrac{y}{x}\varphi_1'-\dfrac{z}{x}\varphi_2'$, $\dfrac{\partial u}{\partial y}=\dfrac{x}{z}\ln x+\varphi_1'$, $\dfrac{\partial u}{\partial z}=-\dfrac{xy}{z^2}\ln x+\varphi_2'$.

5. $4x^2f''+2f'$.

6. $\dfrac{\partial^2 z}{\partial x^2}=f_{11}''+\dfrac{2}{y}f_{12}''+\dfrac{1}{y^2}f_{22}''$, $\dfrac{\partial^2 z}{\partial x\partial y}=f_{11}''+\left(\dfrac{1}{y}-\dfrac{x}{y^2}\right)f_{12}''-\dfrac{x}{y^3}f_{22}''-\dfrac{1}{y^2}f_2'$.

7~8. 略.

9. $2z$.

10. $\dfrac{\partial^2 z}{\partial y^2}=\dfrac{2x}{y^3}f_2'\left(x,\dfrac{x}{y}\right)+\dfrac{x^2}{y^4}f_{22}''\left(x,\dfrac{x}{y}\right)$.

11. (1) $\mathrm{d}u=\left(\dfrac{yf_1'}{2\sqrt{xy}}+f_2'\right)\mathrm{d}x+\left(\dfrac{xf_1'}{2\sqrt{xy}}+f_2'\right)\mathrm{d}y$;

(2) $\mathrm{d}u=\dfrac{f_1'}{y}\mathrm{d}x+\left(\dfrac{1}{z}f_2'-\dfrac{x}{y^2}f_1'\right)\mathrm{d}y-\dfrac{y}{z^2}f_2'\mathrm{d}z$.

习题 9.4

1. (1) $\dfrac{\mathrm{d}y}{\mathrm{d}x}=\dfrac{a^2}{(x+y)^2}$; (2) $\dfrac{\mathrm{d}y}{\mathrm{d}x}=\dfrac{y^2}{(1-y\ln x)x}$.

2. (1) $\dfrac{\partial z}{\partial x}=\dfrac{z}{x+z}$, $\dfrac{\partial z}{\partial y}=\dfrac{z^2}{(x+z)y}$;

(2) $\dfrac{\partial z}{\partial x}=\dfrac{yz}{\cos z-xy}$, $\dfrac{\partial z}{\partial y}=\dfrac{xz}{\cos z-xy}$,

$$\dfrac{\partial^2 z}{\partial x\partial y}=\dfrac{z\cos^2 z-x^2y^2z+xyz^2\sin z}{(\cos z-xy)^3}.$$

3. 略.

4. $\dfrac{\partial^2 z}{\partial x^2}=\dfrac{2y^2z\mathrm{e}^z-2xy^3z-y^2z^2\mathrm{e}^z}{(\mathrm{e}^z-xy)^3}$, $\dfrac{\partial^2 z}{\partial x\partial y}=\dfrac{z\mathrm{e}^{2z}-x^2y^2z-xyz^2\mathrm{e}^z}{(\mathrm{e}^z-xy)^3}$.

5. 略.

6. $\dfrac{\mathrm{d}y}{\mathrm{d}x}=-\dfrac{x(6z+1)}{2y(3z+1)}$, $\dfrac{\mathrm{d}z}{\mathrm{d}x}=\dfrac{x}{3z+1}$.

7. $\mathrm{d}u=\dfrac{(x\cos v+\sin v)\mathrm{d}x+(x\cos v-\sin u)\mathrm{d}y}{x\cos v+y\cos u}$,

$\mathrm{d}v=\dfrac{(y\cos u-\sin v)\mathrm{d}x+(y\cos u+\sin u)\mathrm{d}y}{x\cos v+y\cos u}$.

8. $\dfrac{\partial u}{\partial x}=\dfrac{f_1'\cdot u(1-2yvg_2')-f_1'\cdot g_1'}{(1-f_1'\cdot x)(1-2yvg_2')-f_2'\cdot g_1'}$, $\dfrac{\partial v}{\partial x}=\dfrac{g_1'\cdot(xf_1'+uf_1'-1)}{(1-f_1'\cdot x)(1-2yvg_2')-f_2'\cdot g_1'}$.

习题 9.5

1. (1) C; (2) C.

2. $\dfrac{x-\dfrac{1}{2}}{\dfrac{1}{4}}=\dfrac{y-2}{-1}=\dfrac{z-1}{2}$, $2x-8y+16z=1$.

3. $\dfrac{x-x_0}{1}=\dfrac{y-y_0}{\dfrac{m}{y_0}}=\dfrac{z-z_0}{-\dfrac{1}{2z_0}}$, $(x-x_0)+\dfrac{m}{y_0}(y-y_0)-\dfrac{1}{2z_0}(z-z_0)=0$.

4. $2x+y-4=0$.

5. $2ax_0x+2by_0y-z-z_0=0$, $\dfrac{x-x_0}{2ax_0}=\dfrac{y-y_0}{2by_0}=\dfrac{z-z_0}{-1}$.

6. $3x+6z=21$ 或 $x+4y+6z=21$.

7. $2x+2y-z-3=0$.

8. 略.

习题 9.6

1. (1) ×;　　(2) ×.

2. (1) 在 $(2,-2)$ 点取得极大值, 极大值为 8.

   (2) 当 $a>0$ 时, 在 $\left(\dfrac{a}{3},\dfrac{a}{3}\right)$ 点处取极大值, 极大值为 $\dfrac{1}{27}a^3$;

   当 $a<0$ 时, 在 $\left(\dfrac{a}{3},\dfrac{a}{3}\right)$ 点处取极小值, 极小值为 $\dfrac{1}{27}a^3$.

   (3) 在 $(0,0)$ 点取得极大值, 极大值为 1.

3. $\left(\dfrac{1}{2},\dfrac{1}{2}\right)$.

4. $\dfrac{\sqrt{3}}{9}$.

5. $d=\sqrt{9+5\sqrt{3}}$, $d=\sqrt{9-5\sqrt{3}}$.

6. 当箱子的长、宽、高均取 2 米时, 所用材料最省.

习题 9.7

1. $f(x,y)=-30+20(y+3)+\dfrac{1}{2}\left[6(x-2)^2+8(x-2)(y+3)-4(y+3)^2\right]$.

2. $f(x,y)=x+y-\dfrac{1}{2}(x+y)^2+\dfrac{1}{3}(x+y)^3+R_3$, 其中 $R_3=-\dfrac{(x+y)^4}{4(1+\theta x+\theta y)^4}$ $(0<\theta<1)$.

复习题 9

1. $f'_x(0,0)=f'_y(0,0)=0$, $f(x,y)$ 在 $(0,0)$ 处不连续.

2. 略.

3. $f(x,y)$ 在 $(0,0)$ 点处连续但不可微.

4. $\dfrac{\partial^2 z}{\partial x^2}=4f''_{11}+4y\cos x f''_{12}+y^2\cos^2 x f''_{22}-y\sin x f'_2$,

$\dfrac{\partial^2 z}{\partial x\partial y}=-2f''_{11}+(2\sin x-y\cos x)f''_{12}+y\sin x\cos x f''_{22}+\cos x f'_2$.

5. $\dfrac{\mathrm{d}u}{\mathrm{d}x}=f'_x+f'_y\cos x-f'_z\dfrac{1}{\varphi'_3}\left(2x\varphi'_1+\mathrm{e}^{\sin x}\cos x\cdot\varphi'_2\right)$.

6 . $\dfrac{\partial^2 u}{\partial x^2}=\dfrac{u(y^z-1)y^z}{x^2}$, $\dfrac{\partial^2 u}{\partial z^2}=uy^z\ln x\ln^2 y(1+y^z\ln x)$,

$\dfrac{\partial^2 u}{\partial y\partial z}=y^{z-1}u\ln x\left[1+z\ln y(1+y^z\ln x)\right]$, $\dfrac{\partial^2 u}{\partial x\partial z}=\dfrac{y^z u\ln y}{x}(1+y^z\ln x)$.

7. 略.

8. $\dfrac{\partial^2 z}{\partial u\partial v}=\dfrac{1}{2u}\dfrac{\partial z}{\partial v}$.

9. $\dfrac{\partial^2 u}{\partial x\partial y}=\dfrac{4(2v^2-u)}{(4uv+1)^3}$.

10. $\left(\dfrac{1}{9a^2},\dfrac{1}{9b^2},\dfrac{1}{9c^2}\right)$.

11. 略.

第 10 章

习题 10.1

1. (1) $\displaystyle\iint_D (x+y)^2\mathrm{d}\sigma\geqslant\iint_D (x+y)^3\mathrm{d}\sigma$;　(2) $\displaystyle\iint_D (x+y)^2\mathrm{d}\sigma\leqslant\iint_D (x+y)^3\mathrm{d}\sigma$;

(3) $\displaystyle\iint_D \ln(x+y)\mathrm{d}\sigma\geqslant\iint_D [\ln(x+y)]^2\,\mathrm{d}\sigma$;　(4) $T_3<T_1<T_2$.

2. (1) $[0,2]$;　(2) $[0,\pi^2]$;　(3) $\left[4\pi\mathrm{e}^{-\sin^2\sqrt{2}},4\pi\mathrm{e}^{\sin^2\sqrt{2}}\right]$;　(4) $[0,2\sqrt{5}]$.

3. π.

习题 10.2

1. (1) $\frac{20}{3}$; (2) $-\frac{3}{2}\pi$; (3) $\frac{1}{2}(\sin 1-\sin 4+3\cos 1)$; (4) $\frac{1}{2}$.

2. (1) $\int_0^4 \mathrm{d}x\int_{\frac{x}{2}}^{\sqrt{x}} f(x,y)\mathrm{d}y$;

(2) $\int_0^1 \mathrm{d}x\int_0^{x^2} f(x,y)\,\mathrm{d}y+\int_1^{\sqrt{2}} \mathrm{d}x\int_0^{\sqrt{2-x^2}} f(x,y)\,\mathrm{d}y$;

(3) $\int_0^1 \mathrm{d}y\int_{\sqrt{y}}^{1+\sqrt{1-y^2}} f(x,y)\mathrm{d}x$.

3. (1) $-6\pi^2$; (2) $\frac{8}{15}$; (3) $-\frac{8}{3}$.

4. (1) π (2) $\frac{8}{3}$; (3) 1.

5. (1) $\frac{46}{15}$; (2) $\frac{19}{4}+\ln 2$.

6. (1) $\frac{9}{8}$; (2) $\frac{\mathrm{e}-1}{2}$; (3) $\frac{3}{2}\pi$.

习题 10.3

1. (1) $\frac{\pi^2}{16}-\frac{1}{2}$; (2) $\frac{\pi}{6}$; (3) $\frac{1}{364}$; (4) $\frac{\pi}{4}h^2R^2$.

2. (1) $\frac{7}{12}\pi$; (2) $\frac{16}{3}\pi$; (3) $\frac{7}{6}\pi a^4$; (4) $\frac{8}{15}\pi$.

习题 10.4

1. $\sqrt{2}\pi$. 2. $4a^2$. 3. $16R^2$.

4. $\left(0,\frac{7}{3}\right)$. 5. $\left(0,0,\frac{5}{4}a\right)$. 6. $\frac{8}{15}\pi\rho a^5$. 7. $\frac{1}{2}\pi\rho h a^4$.

8. $F_x=F_y=0$, $F_z=2\pi\rho h\left[-h-\sqrt{a^2+(h-c)^2}+\sqrt{a^2+c^2}\right]$.

复习题 10

1. $\frac{3}{2}\pi$.

2. $4-\frac{\pi}{2}$.

3. $a^2\left(\frac{\pi^2}{16}-\frac{1}{2}\right)$.

4. $\frac{2}{3}$.

5. $-\frac{3}{4}$.

6. $\frac{\pi}{4}-\frac{1}{3}$.

7. $\frac{256}{3}\pi$.

8. 128π.

9. $\frac{1}{4}$.

10. (1) $x^2+y^2=(1-z)^2+z^2$;　　(2) $\left(0,\ 0,\ \frac{7}{5}\right)$.

11. 100 小时.

12. $\left(-\frac{R}{4},\ 0,\ 0\right)$.

第 11 章

习题 11.1

1. (1) $\frac{2\pi}{3}(3a^2+4\pi^2b^2)\sqrt{a^2+b^2}$;　　(2) $4\sqrt{2}$;　　(3) $-\frac{\pi}{3}$.

2. (1) π;　　(2) $\frac{13}{6}$;　　(3) $\frac{256}{15}a^3$;　　(4) $1+\sqrt{2}$.

3. $\int_{\theta_1}^{\theta_2} f\left(r\cos\theta, r\sin\theta\right)\sqrt{\left(r(\theta)\right)^2+\left(r'(\theta)\right)^2}\mathrm{d}\theta$.

习题 11.2

1. $-\frac{31}{6}$.

2. 4π.

3. (1) $-\frac{4}{3}R^3$;　　(2) 0.

4. $\frac{4}{3}$.

5. 0.

6. -2π.

习题 11.3

1. $\frac{\sqrt{3}}{12}$.

2. $\frac{32}{9}\sqrt{2}$.

3. $\frac{125\sqrt{5}-1}{420}$.

4. $\frac{64\sqrt{2}}{15}a^4$.

5. $\frac{2}{15}\pi(1+6\sqrt{3})$.

习题 11.4

1. $\frac{1}{4}-\frac{\pi}{6}$.

2. $\frac{7}{6}$.

3. 6.

4. $4\pi R^3$.

5. $\frac{8}{3}\pi R^3$.

习题 11.5

1. (1) $\frac{1}{2}\pi R^4$;　　(2) -2.

2. (1) $-\frac{\pi^2}{2}$;　　(2) $\left(\frac{\pi}{2}+2\right)a^2b-\frac{\pi}{2}a^3$;　　(3) $\frac{\pi}{2}-4$.

3. $-\pi$.

4. $e^{\pi a}\sin 2a$.

5. $\frac{e^x-e^{-x}}{2}$.

6. $\dfrac{1}{2}$.

7. (1) $\dfrac{1}{2}x^2+2xy+\dfrac{1}{2}y^2$;　　(2) $y^2\sin x+x^2\cos y$.

习题 11.6

1. (1) $\dfrac{12}{5}\pi R^5$;　　(2) $\dfrac{1}{2}$;　　(3) $-\dfrac{\pi}{6}$.

2. (1) $\dfrac{\pi}{2}$;　　(2) $-\pi$;　　(3) $-\dfrac{1}{2}\pi a^3$.

3. 4π.

习题 11.7

1. (1) $\dfrac{3}{2}$;　　(2) $-\sqrt{3}\pi a^2$;　　(3) $-2\pi a(a+b)$;　　(4) $-\dfrac{3}{8}\pi a^3$.

习题 11.8

1. (1) $1-\sqrt{3}$;　　(2) 5.

2. $\sqrt{|\cos^2\alpha-\sin^2\alpha|}$.

3. (1) $-\dfrac{\sqrt{3}}{9}(1,1,1)$;　　(2) $(1,1,1)$.

4. (1) $\dfrac{2}{\sqrt{x^2+y^2+z^2}}$;　　(2) $\mathrm{e}^{x+y+z}(3xyz+2xy+2zx+2yz)$.

5. (1) $-2(z,x,y)$.

(2) $2z\mathrm{e}^y\boldsymbol{i}-(1+x\mathrm{e}^y)\boldsymbol{k}$.

6. $y=C_1x$, $z=C_2x^2$, C_1,C_2 为常数.

7. π.

8. 2π.

复习题 11

1. $\sqrt{2}$.

2. 4.

3. πa^2.

4. $\dfrac{\pi}{2}-4$.

5. $\dfrac{\sqrt{2}}{2}\pi$.

6. 略.

7. (1) 略; (2) $I=\dfrac{c}{d}-\dfrac{a}{b}$.

8. $\dfrac{3\pi}{2}$.

9. (1) $\begin{cases} x^2+y^2=2x, \\ z=0; \end{cases}$ (2) 64.

10. $\dfrac{\pi}{2}$.

11. π.

12. $f(x)=\dfrac{e^x}{x}(e^x-1)$.

13. -24.

第 12 章

习题 12.1

1. (1) ×; (2) √; (3) ×; (4) ×; (5) ×; (6) √.

2. (1) $u_1=2,\ u_n=-\dfrac{1}{n(n-1)}\ (n\geqslant 2),\ S=1$; (2) $u_n=\dfrac{1}{2^n},\ S=1$.

3. (1) 收敛; (2) 发散; (3) 收敛; (4) 发散; (5) 发散;
(6) 发散; (7) 发散; (8) 发散; (9) 发散; (10) 收敛.

习题 12.2

1. (1) √; (2) ×; (3) ×; (4) ×; (5) √; (6) ×; (7) ×; (8) √; (9) ×.

2. (1) $p<-1,\ p\geqslant -1$; (2) 必要; (3) 收敛; (4) 收敛, 收敛.

3. (1) C; (2) C; (3) C; (4) D.

4. (1) 收敛; (2) 当 $a>1$ 时收敛, 当 $0<a\leqslant 1$ 时发散; (3) 发散; (4) 发散.

5. (1) 收敛; (2) 收敛; (3) 收敛.

6. (1) 收敛; (2) 当 $a<b$ 时发散, 当 $a>b$ 时收敛, 当 $a=b$ 时敛散性不确定;

   (3) 收敛.

7. (1) 发散; (2) 收敛; (3) 收敛; (4) 收敛.

8. (1) 绝对收敛; (2) 发散; (3) 绝对收敛; (4) 条件收敛.

9. 略.

习题 12.3

1. (1) $\times$; (2) $\surd$; (3) $\times$.

2. (1) B; (2) D; (3) C.

3. (1) $(-2,2)$; (2) $[-1,1]$; (3) $(-\sqrt{2},\sqrt{2})$; (4) $[2,4]$.

4. (1) $S(x)=\arctan x,\ x\in[-1,1]$; (2) $S(x)=\dfrac{1+x}{(1-x)^2},\ x\in(-1,1)$;

   (3) $S(x)=\dfrac{4x}{(1-4x)^2},\ x\in\left(-\dfrac{1}{4},\dfrac{1}{4}\right)$;

   (4) $S(x)=\dfrac{4}{2-x},\ x\in(-2,2)$.

5. $\dfrac{1}{2}\ln\dfrac{1+x}{1-x}, x\in(-1,1)$; $\dfrac{\sqrt{2}}{2}\ln(1+\sqrt{2})$.

习题 12.4

1. (1) $\displaystyle\sum_{n=0}^{\infty}[1+(-1)^n2^{n+1}]x^n,\ x\in\left(-\frac{1}{2},\frac{1}{2}\right)$;

   (2) $\displaystyle x+\sum_{n=1}^{\infty}\frac{(2n-1)!!}{n!}x^{n+1},\ x\in\left[-\frac{1}{2},\frac{1}{2}\right)$;

   (3) $\displaystyle\sum_{n=1}^{\infty}(-1)^{n-1}\frac{x^n+x^{2n}}{n},\ x\in(-1,1]$;

   (4) $\displaystyle x+\sum_{n=1}^{\infty}(-1)^{n-1}\frac{x^{n+1}}{n(n+1)},\ x\in(-1,1]$.

2. $\displaystyle 1+\frac{1}{2}\sum_{n=1}^{\infty}(-1)^n\frac{4^n}{(2n)!}x^{2n},\ x\in(-\infty,\infty)$.

3. $\sum_{n=1}^{\infty} nx^{n-1},\ x\in(-1,1)$.

4. $-\ln 2+\sum_{n=1}^{\infty}\frac{(-1)^{n-1}}{n}\left(1-\frac{1}{2^n}\right)(x-1)^n,\ x\in(0,2]$.

5. (1) 0.2487;　(2) 0.9994;　(3) 0.5231.

6. (1) 0.3103;　(2) 0.2526.

习题 12.5

1. (1) √;　(2) ×.

2. (1) D;　(2) C.

3. (1) $\pi^2+1+12\sum_{n=1}^{\infty}\frac{(-1)^n}{n^2}\cos nx,\ x\in(-\infty,\infty)$.

(2) 当 $x\neq(2k+1)\pi, k=0,\pm1,\pm2,\cdots$ 时, 展开式为

$$-\frac{3}{4}\pi+\frac{6}{\pi}\sum_{n=1}^{\infty}\frac{1}{(2n-1)^2}\cos(2n-1)x+3\sum_{n=1}^{\infty}\frac{(-1)^{n+1}}{n}\sin nx;$$

当 $x=(2k+1)\pi, k=0,\pm1,\pm2,\cdots$ 时, 级数收敛于 $-\frac{3}{2}\pi$.

4. (1) $2\sin\frac{x}{3}=\frac{18\sqrt{3}}{\pi}\sum_{n=1}^{\infty}\frac{(-1)^{n+1}n}{9n^2-1}\sin nx,\ x\in(-\pi,\pi)$; 当 $x=\pm\pi$ 时, 级数收敛于 0.

(2) 当 $x\in(-\pi,\pi)$ 时, 展开式为

$$\frac{1+\pi-e^{-\pi}}{2\pi}+\frac{1}{\pi}\sum_{n=1}^{\infty}\left\{\frac{1+(-1)^n e^{-\pi}}{1+n^2}\cos nx+\left[\frac{-n+(-1)^n ne^{-\pi}}{1+n^2}+\frac{1}{n}\left(1-(-1)^n\right)\right]\sin nx\right\};$$

当 $x=\pm\pi$ 时, 收敛于 $\frac{1+e^{-\pi}}{2}$.

5. 正弦级数: $\frac{4}{\pi}\sum_{n=1}^{\infty}\left[-\frac{2}{n^3}+(-1)^n\left(\frac{2}{n^3}-\frac{\pi^2}{n}\right)\right]\sin nx,\ x\in[0,\pi)$;

余弦级数: $\frac{2}{3}\pi^2+8\sum_{n=1}^{\infty}\frac{(-1)^n}{n^2}\cos nx,\ x\in[0,\pi]$.

6. $1-\frac{T^2}{12}+\frac{T^2}{\pi^2}\sum_{n=1}^{\infty}\frac{(-1)^{n+1}}{n^2}\cos\frac{2n\pi x}{T},\ x\in(-\infty,\infty)$.

7. (1) 正弦级数: $\frac{2L^2}{\pi}\sum_{n=1}^{\infty}\left[\frac{(-1)^{n+1}}{n}+\frac{2[(-1)^n-1]}{n^3\pi^2}\right]\sin\frac{n\pi x}{L},\ x\in[0,L)$;

余弦级数: $\dfrac{L^2}{3}+\dfrac{4L^2}{\pi^2}\sum\limits_{n=1}^{\infty}\dfrac{(-1)^n}{n^2}\cos\dfrac{n\pi x}{L}$, $x\in[0,L]$.

(2) 正弦级数: $\dfrac{2}{\pi}\sum\limits_{n=1}^{\infty}\left[\dfrac{(-1)^{n+1}}{n}+\dfrac{2}{n^2\pi}\sin\dfrac{n\pi}{2}\right]\sin\dfrac{n\pi x}{2}$, $x\in[0,2)$;

余弦级数: $\dfrac{3}{4}+\dfrac{4}{\pi^2}\sum\limits_{n=1}^{\infty}\dfrac{1}{n^2}\left(\cos\dfrac{n\pi}{2}-1\right)\cos\dfrac{n\pi x}{2}$, $x\in[0,2]$.

复习题 12

1. (1) B; (2) C; (3) C; (4) B.

2. (1) 收敛; (2) 发散; (3) 收敛; (4) 收敛.

3~5. 略.

6. (1) $S(x)=\begin{cases}x-(1+x)\ln(1+x), & x\in(-1,1),\\ -1, & x=-1,\\ 1-2\ln 2, & x=1.\end{cases}$

(2) $S(x)=\dfrac{1+x}{(1-x)^3}$, $x\in(-1,1)$.

7. $S(x)=\dfrac{1}{1-x-x^2}$, $x\in\left(-\dfrac{1}{2},\dfrac{1}{2}\right)$.

8. (1) 收敛域为 $(-\infty,0]$, $S(x)=\begin{cases}-\dfrac{(t^2-1)\ln(1+t)}{2t^2}-\dfrac{2-t}{4t}, & x\neq-1,\\ 0, & x=-1,\end{cases}$ 其中 $t=\dfrac{1+x}{1-x}$.

(2) 收敛域为 $[-\sqrt{2},\sqrt{2}]$,

$$S(x)=\begin{cases}\dfrac{2-x^2}{x^2-1}\ln(2-x^2)+1, & x\in(-\sqrt{2},-1)\cup(-1,1)\cup(1,\sqrt{2}),\\ 0, & x=\pm1,\\ 1, & x=\pm\sqrt{2}.\end{cases}$$

9. (1) $\sum\limits_{n=1}^{\infty}(-1)^{n-1}\dfrac{x^{2n}}{(2n-1)2n}$, $x\in[-1,1]$;

(2) $\sum\limits_{n=1}^{\infty}(-1)^{n-1}\dfrac{x^n}{(2n)!\cdot n}$, $x\in(0,+\infty)$.

10. $f^{(k)}(0)=\begin{cases}0, & k=2m+1,\\ \dfrac{(-1)^m}{2m+1}, & k=2m,\end{cases}\quad m=0,1,2,\cdots.$

11. (1) 当 $0<x<2\pi$ 时, $\dfrac{4}{3}\pi^2+\sum\limits_{n=1}^{\infty}\left(\dfrac{4}{n^2}\cos nx-\dfrac{4}{n}\pi\sin nx\right)$;

当 $x=0,2\pi$ 时, 级数收敛于 $2\pi^2$;

(2) 略. (3) $\dfrac{\pi^2}{12}$.

12. $\dfrac{1}{2}-\sum\limits_{n=1}^{\infty}\dfrac{4}{(2n-1)^2\pi^2}\cos(2n-1)\pi x,\ x\in[0,2]$,

$\sum\limits_{n=1}^{\infty}\dfrac{1}{(2n-1)^2}=\dfrac{\pi^2}{8}$.